KMO BIBLE
한국수학올림피아드 바이블 프리미엄
PREMIUM

제2권 대수(함수 및 부등식)

류한영, 강형종, 이주형, 신인숙 지음

씨실과 날실

씨실과 날실은 도서출판 세화의 자매브랜드입니다.

KMOBIBLE을 만드신 선생님들 소개

류한영
멘사수학연구소 소장
(전) 경기과학고등학교 수학교사
주요사항
전국연합학력평가 출제위원 역임
경기도 수학경시대회 출제위원 역임
아주대학교 과학영재교육원 강사 역임
영재올림피아드 수학기본편, 동남문화사, 2005 공저
수리논술 생각타래, 진학에듀, 2005 공저
통합논술교과서, 시사영어사, 2007 공저
KMO FINAL TEST, 도서출판 세화, 2007 공저
올림피아드 초등수학 클래스, 씨실과날실, 2018 감수
올림피아드 중등수학 베스트, 씨실과날실, 2018 감수
101 대수, 씨실과날실, 2009, 감수
책으로부터의 문제(Problems from the book), 씨실과날실, 2010 감수
초등 · 중학 新 영재수학의 지름길, 씨실과날실, 2016, 2019 감수
e-mail : onezero10@hanmail.net

강형종
멘사수학연구소 부소장
(전) 경기과학고등학교 수학교사
(현) 분당중앙중학교 수학교사
주요사항
전국연합학력평가 출제위원 역임
경기도 수학경시대회 출제위원 역임
가천대학교 과학영재교육원 강사역임
수리논술 생각타래, 진학에듀, 2005 공저
KMO FINAL TEST, 도서출판 세화, 2007 공저
책으로부터의 문제(Problems from the book), 씨실과날실, 2010 감수
초등 · 중학 新 영재수학의 지름길, 씨실과날실, 2016, 2019 감수
e-mail : tamrakhj@hanmail.net

이주형
멘사수학연구소 경시팀장
주요사항
KMO FINAL TEST, 도서출판 세화, 2007 공저
365일 수학愛미치다(도형편), 씨실과날실, 2009 저
올림피아드 초등수학 클래스, 씨실과날실, 2018 감수
올림피아드 중등수학 베스트, 씨실과날실, 2018 감수
101 대수, 씨실과날실, 2009, 번역
책으로부터의 문제(Problems from the book), 씨실과날실, 2010 번역
초등 · 중학 新 영재수학의 지름길, 씨실과날실, 2016, 2019 감수
영재학교/과학고 합격수학, 씨실과날실, 2017, 공저
e-mail : buraqui.lee@gmail.com

신인숙
아주대학교 강의교수
주요사항
아주대학교 과학영재교육원 강사 역임
경기도 영재교육담당교원직무연수 강사 역임
올림피아드 초등수학 클래스, 씨실과날실, 2018 감수
올림피아드 중등수학 베스트, 씨실과날실, 2018 감수
101 대수, 씨실과날실, 2009 감수
책으로부터의 문제(Problems from the book), 씨실과날실, 2010 번역
초등 · 중학 新 영재수학의 지름길, 씨실과날실, 2016, 2019 감수
영재학교/과학고 합격수학, 씨실과날실, 2017, 공저
e-mail : isshin@ajou.ac.kr

이 책의 내용에 관하여 궁금한 점이나 상담을 원하시는 독자 여러분께서는 E-MAIL이나 전화로 연락을 주시거나 도서출판 세화(www.sehwapub.co.kr) 게시판에 글을 남겨 주시면 적절한 확인 절차를 거쳐서 풀이에 관한 상세 설명이나 국내의 경시대회 일정 안내 등을 받을수 있습니다.

KMO BIBLE
한국수학올림피아드 바이블 프리미엄 제2권 대수

도서출판세화				(주)씨실과 날실			
1판 1쇄 발행	2008년 1월 1일			3판 1쇄 개정 · 증보판 발행	2013년 1월 15일		
1판 4쇄 발행	2008년 7월 1일			4판 1쇄 개정판 발행	2014년 3월 10일		
1판 5쇄 발행	2009년 1월 1일			5판 1쇄 개정판 발행	2015년 3월 10일		
1판 6쇄 발행	2009년 4월 1일			6판 1쇄 개정판 발행	2016년 9월 10일		
1판 7쇄 발행	2010년 3월 10일			7판 1쇄 개정판 발행	2018년 1월 30일		
2판 1쇄 개정 · 증보판 발행	2011년 3월 20일			8판 1쇄 개정판 발행	2019년 7월 20일		
2판 2쇄 발행	2012년 1월 1일			9판 1쇄 개정판 발행	2021년 2월 10일		
				9판 2쇄 발행	2022년 7월 10일		
				10판 1쇄 발행	2024년 2월 20일		

저자 | 류한영, 강형종, 이주형, 신인숙 펴낸이 | 구정자
펴낸곳 | (주)씨실과 날실 출판등록 |(등록번호: 2007.6.15 제|302-2007-000035호)
주소 | 경기도 파주시 회동길 325-22(서패동 469-2) 1층 전화 | (031)955-9445 fax | (031)955-9446

판매대행 | 도서출판 세화 출판등록 |(등록번호: 1978.12.26 제1-338호)
구입문의 | (031)955-39331~2 편집부 | (031)955-9333 fax | (031)955-9334
주소 | 경기도 파주시 회동길 325-22(서패동 469-2)

정가 17,000원

KMO BIBLE

한국수학올림피아드 바이블 프리미엄

PREMIUM

제2권 대수(함수 및 부등식)

머리말

KMO BIBLE 프리미엄 시리즈를 발간하면서

수학은 자연과학을 가장 잘 표현하는 언어입니다. 우리가 일상생활을 하면서 늘 가까이 느끼고 같이 숨쉬고 있는 학문입니다. 이와 같이 기본적이면서도 가장 중요한 학문인 수학에 관심 있고, 열정 있는 학생들을 위하여 각 나라마다 수학올림피아드가 매년 개최됩니다. 수학 영재를 발굴하고 자신의 수학적 재능을 표현할 수 있는 수학올림피아드 준비하는 학생, 과학영재교육원 시험 준비생, 특목고 준비생들에게 조금이나마 도움이 되길 바라는 마음으로 이 책을 출간하게 되었습니다.

한국수학올림피아드(The Korea Mathematical Olympiad, KMO)는 대한수학회에서 주관하며, 중등부, 고등부 구분하여 1차시험과 2차시험으로 나누어져 있습니다. 2006년도부터 1차시험은 주관식 단답형 20문항, 100점 만점으로 구성되어 있고, 각 문항의 배점은 난이도에 따라 4점, 5점, 6점으로 구성되어 있으며, 답안은 OMR 카드에 주관식 단답형(000~999)으로 기재하게 되어 있습니다. 2차시험은 오전, 오후로 나눠서 2시간 30분동안 4문항씩 총 8문항, 56점 만점으로 구성되어 있고, 각 문항의 배점은 7점이며, 주관식 서술형으로 되어 있습니다. 본 대회의 출제범위는 국제수학올림피아드(IMO)의 출제범위와 동일하며 기하, 정수론, 함수 및 부등식, 조합 등 4분야로 나누어 문제가 출제됩니다. (미적분은 제외됩니다.) 중등부에서는 고등부보다는 다소 적은 수학적 지식을 갖고도 풀 수 있는 문제가 출제됩니다. 중등부 한국수학올림피아드 응시 지원대상은 (1) 중학교 재학생 또는 이에 준하는 자, (2) 탁월한 수학적 재능이 있는 초등학생입니다. 또한 중등부와 고등부 입상자에게 한국수학올림피아드 2차 시험 응시자격을 부여하고, 한국수학올림피아드 최종시험은 KMO 2차시험 고등부 금, 은, 동상 수상자 및 중등부 금상 이상 수상자에게 응시자격이 부여합니다.

국제수학올림피아드(International Mathematical Olympiad, IMO)는 1950년에 창설되었고, 한 나라의 기

초과학 또는 과학교육 수준을 가늠하는 국제 청소년 수학경시대회로서 대회를 통하여 수학영재의 조기 발굴 및 육성, 세계 수학자 및 수학 영재들의 국제 친선 및 문화교류, 수학교육의 정보교환 등을 목적으로 합니다. 1959년 루마니아에서 동구권 7개국 참가로 시작된 본 대회는 국제과학올림피아드 중에서도 가장 전통있는 대회로 참가국이 구주, 미주, 아주지역으로 점차 확대되었습니다. 우리나라는 지난 1988년 제29회 호주대회에 처음 참가하였고, 제 41회 국제수학올림피아드(IMO-2000)은 대전에서 개최하였습니다. 매년 참가하여 꾸준히 좋은 성적을 거두고 있으며 6명의 대표를 선출하여 참가하고 있습니다.

본 교재의 시리즈는 제1권 정수론, 제2권 대수(함수 및 부등식), 제3권 기하, 제4권 조합, 제5권 1차 모의고사, 제6권 2차 모의고사 총 6권으로 구성되었으며, 각 권마다 KMO에 필요한 개념정리를 통해서 KMO 1차시험과 2차시험에 필요한 필수 내용을 학습할 수 있게 하였고, KMO를 비롯한 IMO, 미국, 캐나다, 러시아 등 세계 여러 나라의 올림피아드 문제와 국내 유명 대학에서 실시하고 있는 수학경시대회의 문제를 예제, 연습문제, 종합문제에 포함시켜 실전 감각을 높이고자 하였습니다. 또한, 연습문제와 종합문제에는 별도의 표시(★)를 하여 문제의 난이도 및 중요도를 알 수 있게 하였습니다.

본 교재의 출판을 맡아주신 (주) 씨실과 날실 관계자 여러분께 심심한 사의를 표합니다. 아무쪼록 이 책이 수학올림피아드 준비하는 학생 여러분들에게 조금이나마 도움이 되길 바랍니다.

끝으로, 수학올림피아드, 영재학교 대비 교재 등의 출간에 열정적으로 일 하시다가 갑작스럽게 운명을 달리하신 故 박정석 사장님의 명복을 빕니다.

저자 일동

일러두기

약어 설명

- AMO : 호주수학올림피아드

- APMO : 아시아-태평양 수학올림피아드

- ARML : 미국지역수학리그

- Baltic : Baltic Ways

- BMO : 영국수학올림피아드

- ChMO : 중국수학올림피아드

- CMO : 캐나다수학올림피아드

- CRUX : CRUX Mathematicorum with Mathematical Mayhem

- FHMC : Five Hundred Mathematical Challenges

- HKMO : 홍콩수학올림피아드

- HKPSC : IMO 홍콩대표선발시험

- HMMT : 하버드-MIT 수학토너먼트

- HMO : 헝가리수학올림피아드

- IMO : 국제수학올림피아드

- IrMO : 이란수학올림피아드

- ItMO : 이탈리아수학올림피아드

- JMO : 일본수학올림피아드

- KMO : 한국수학올림피아드

- MathRef : Mathematical Reflections

- PMO : 폴란드수학올림피아드

- RMO : 러시아수학올림피아드

- RoMO : 루마니아수학올림피아드

- USAMO : 미국수학올림피아드

- VMO : 베트남수학올림피아드

기호 설명

- $\mathbb{N}$: 자연수(양의 정수)의 집합

- $\mathbb{Z}$: 정수의 집합

- $\mathbb{Q}$: 유리수의 집합

- $\mathbb{R}$: 실수의 집합

- $a \mid b$: 정수 b는 정수 a로 나누어 떨어진다.

- $\displaystyle\sum_{k=1}^{n} k = 1 + 2 + \cdots + n.$

- $\displaystyle\prod_{k=1}^{n} k = 1 \times 2 \times \cdots \times n.$

- $f'(x)$: 함수 $f(x)$의 1계도함수(한번 미분)

- $f''(x)$: 함수 $f(x)$의 2계도함수(두번 미분)

차 례

제 1 장

방정식과 함수

- 꼭 암기해야 할 내용

- 다항식의 나머지 정리와 인수정리

- 비에트의 정리(근과 계수와의 관계)

- 인수분해

- 끼워넣기 식의 합

- 함수방정식

1.1 다항식과 방정식

- 이 절의 주요 내용

  • 다항식의 나눗셈 정리, 대수학의 기본정리

  • 비에트의 정리(근과 계수와의 관계)

정의 1.1.1 ——————————

다항식 $f(x) = a_n x^n + a_{n-1} x^{n-1} + \cdots + a_1 x + a_0$에서, n을 다항식의 차수라고 하고, $\deg(f(x)) = n$으로 나타낸다. 또한, $a_i (i = 1, 2, \cdots, n)$을 다항식의 계수라고 한다.

정리 1.1.2 (다항식의 나눗셈 정리) ——————

$\deg(f(x)) \geq \deg(g(x))$인 다항식 $f(x)$와 $g(x)$에 대하여

$$f(x) = g(x)q(x) + r(x), \quad \deg(r(x)) < \deg(g(x))$$

를 만족하는 다항식 $q(x)$와 $r(x)$가 유일하게 존재한다. 이 때, $q(x)$를 몫, $r(x)$를 나머지라고 한다.

예제 1.1.3 ——————————

$f(x) = x^7 - 1$, $g(x) = x^3 + x + 1$일 때, $f(x)$을 $g(x)$로 나눈 몫과 나머지를 구하여라.

풀이

풀이 직접 $f(x)$를 $g(x)$로 나누자. 그러면

$$x^7 - 1 = (x^3 + x + 1)(x^4 - x^2 - x + 1) + 2x^2 - 2$$

이므로 몫은 $x^4 - x^2 - x + 1$이고, 나머지는 $2x^2 - 2$이다.

예제 **1.1.4** _____

다항식 $x^{81} + x^{49} + x^{25} + x^9 + x$를 $x^3 - x$으로 나눈 나머지를 구하여라.

풀이

풀이1 나눗셈 정리에 의하여

$$x^{81} + x^{49} + x^{25} + x^9 + x = (x^3 - x)Q(x) + R(x) \quad (1)$$

를 만족하는 다항식 $Q(x)$와 $R(x)$가 유일하게 존재한다. 여기서, $R(x) = ax^2 + bx + c$의 형태이다. 식 (1)의 양변에 $x = 0$, $x = 1$, $x = -1$를 대입하면

$$\begin{cases} R(0) = 0 = c, \\ R(1) = 5 = a + b + c, \\ R(-1) = -5 = a - b + c \end{cases}$$

이다. 이를 풀면, $a = 0$, $b = 5$, $c = 0$이다. 따라서 $R(x) = 5x$이다.

풀이2 주어진 식을 다음과 같이 변형하자.

$$x(x^{80} - 1) + x(x^{48} - 1) + x(x^{24} - 1) + x(x^8 - 1) + 5x.$$

그러면, 위 식의 앞에서 네 개의 식은 $x^3 - x = x(x^2 - 1)$으로 나누어떨어짐을 알 수 있다. 따라서 나머지는 $5x$이다.

예제 **1.1.5** _____

다항식 x^n를 $x^2 - x - 1$로 나누었을 때, 피보나치 수 F_n을 이용하여 몫과 나머지를 구하여라. 단, $n \geq 2$이고, 피보나치 수 F_n은 $F_{n+2} = F_{n+1} + F_n$, $F_1 = 1$, $F_2 = 1$을 만족한다.

풀이

풀이 나눗셈 정리에 의하여

$$x^n = (x^2 - x - 1)Q(x) + R(x) \qquad (1)$$

를 만족하는 $Q(x)$와 $R(x)$가 유일하게 존재한다. 이제, a, b를 방정식 $x^2 - x - 1 = 0$의 두 근이라 하자. 즉, $a = \dfrac{1+\sqrt{5}}{2}$, $b = \dfrac{1-\sqrt{5}}{2}$이다. 식 (1)에서 $x = a$, $x = b$를 대입하면, $R(a) = a^n$, $R(b) = b^n$이 나온다. 그러면, $R(x)$는

$$R(x) = R(a) + \frac{R(a) - R(b)}{a - b}(x - a)$$
$$= \frac{(a^n - b^n)x - ab(a^{n-1} - b^{n-1})}{a - b}$$

이다. $a - b = \sqrt{5}$, $ab = -1$이므로, 피보나치 수 F_n을 이용하여

$$F_n = \frac{a^n - b^n}{\sqrt{5}}$$

로 나타내면,

$$R(x) = F_n x + F_{n-1}$$

이다. 그리고,

$$Q(x) = F_1 x^{n-2} + F_2 x^{n-3} + \cdots + F_{n-1}$$

이다.

정리 **1.1.6 (다항식의 나머지 정리와 인수정리)**
$\deg(f(x)) = n$인 다항식 $f(x)$와 실수 a에 대하여, $f(x)$를 $x - a$로 나누면

$$f(x) = (x-a)q(x) + r, \quad \deg(q(x)) = n-1$$

을 만족하는 $q(x)$와 실수 r이 존재한다. $x = a$를 대입하면 $f(a) = r$이고, 따라서

$$f(x) = (x-a)q(x) + f(a)$$

이다. 만약 $f(a) = 0$일 때, a를 $f(x) = 0$의 근(해)라고 한다. 또한,

$$f(x) = (x-a)q(x)$$

이다. 또, a_1, a_2가 $f(x) = 0$의 서로 다른 해라고 하면

$$f(x) = (x-a_1)(x-a_2)q_1(x), \quad \deg(q_1(x)) = n-2$$

이다. a_1, a_2, $\cdots$, a_n이 $f(x) = 0$의 해이면,

$$f(x) = c(x-a_1)(x-a_2)\cdots(x-a_n)$$

이다. c는 상수이다.

정리 **1.1.7 (대수학의 기본정리)**
n차 다항식 $f(x) = a_n x^n + a_{n-1}x^{n-1} + \cdots + a_1 x + a_0$는 복소수근을 포함하여 n개의 근을 갖는다.

정리 **1.1.8 (비에트의 정리)**
다음과 같은 관계를 비에트의 정리 또는 근과 계수와의 관계라고 한다.

(1) 이차방정식 $ax^2 + bx + c = 0$의 두 근을 α, β라고 하면, 다음이 성립한다.

$$\alpha + \beta = -\frac{b}{a}, \quad \alpha\beta = \frac{c}{a}$$

(2) 삼차방정식 $ax^3 + bx^2 + cx + d = 0$의 세 근을 α, β, γ라고 하면, 다음이 성립한다.

$$\alpha+\beta+\gamma = -\frac{b}{a}, \quad \alpha\beta+\beta\gamma+\gamma\alpha = \frac{c}{a}, \quad \alpha\beta\gamma = -\frac{d}{a}$$

(3) n차 방정식 $a_n x^n + a_{n-1}x^{n-1} + \cdots + a_1 x + a_0 = 0$(단, a_k는 x^k의 계수이다. $k = 0, 1, \cdots, n$)의 n개의 근을 $x_1, x_2, \cdots, x_n$이라고 하면, 다음이 성립한다.

$$x_1 + x_2 + \cdots + x_n = -\frac{a_{n-1}}{a_n}$$

$$x_1 x_2 + x_1 x_3 + \cdots + x_{n-1}x_n = \frac{a_{n-2}}{a_n}$$

$$\vdots$$

$$x_1 x_2 \cdots x_n = (-1)^n \frac{a_0}{a_n}$$

증명

(1) 이차방정식 $ax^2 + bx + c = 0$의 두 근을 α, β라고 하면

$$ax^2 + bx + c = a(x - \alpha)(x - \beta)$$

$$= ax^2 - a(\alpha + \beta)x + a\alpha\beta = 0$$

이 된다. 계수를 비교하면, $b = -a(\alpha + \beta)$, $c = a\alpha\beta$이다. 따라서 $\alpha + \beta = -\dfrac{b}{a}$, $\alpha\beta = \dfrac{c}{a}$이다.

(2) 삼차방정식 $ax^3 + bx^2 + cx + d = 0$의 세 근을 α, β, γ라고 하면

$$ax^3 + bx^2 + cx + d$$
$$= a(x-\alpha)(x-\beta)(x-\gamma)$$
$$= ax^3 - a(\alpha+\beta+\gamma)x^2 + a(\alpha\beta+\beta\gamma+\gamma\alpha)x$$
$$- a\alpha\beta\gamma = 0$$

이 된다. 계수를 비교하면, $b = -a(\alpha+\beta+\gamma)$, $c = a(\alpha\beta+\beta\gamma+\gamma\alpha)$, $d = -a\alpha\beta\gamma$이다. 따라서 $\alpha + \beta = -\dfrac{b}{a}$, $\alpha\beta + \beta\gamma + \gamma\alpha = \dfrac{c}{a}$, $\alpha\beta\gamma = -\dfrac{d}{a}$이다.

(3) 이차방정식, 삼차방정식의 증명처럼 하면 된다. 증명은 독자에게 맡긴다.

예제 **1.1.9**

이차방정식 $x^2 + ax + 6a = 0$의 두 근이 모두 정수일 때, 이를 만족하는 a의 최댓값을 구하여라.

풀이

풀이 α, β를 $x^2 + ax + 6a = 0$의 두 근이라고 하자. 근과 계수와의 관계에 의해 $a = -(\alpha + \beta)$, $6a = \alpha\beta$이다. 그러면, $-6(\alpha + \beta) = \alpha\beta$이다. 즉, $(\alpha + 6)(\beta + 6) = 36$이다.
그러면, a의 최댓값은 α, β가 모두 음의 정수일 때 가능하다. $\alpha = -42, \beta = -7$ 또는 $\alpha = -7, \beta = -42$일 때 a는 최댓값 49를 갖는다.

예제 **1.1.10** ——————————

이차방정식 $x^2 + px + q = 0$의 두 근이 연속하는 정수이고, p와 q가 소수일 때, p, q의 값을 구하여라.

풀이

예제 **1.1.11 (KMO, '2008)** ——————

방정식 $x^2 - 2x - 1 = 0$의 두 근을 a, b라고 할 때, $a^5 + b^5$의 값을 구하여라.

풀이

풀이 이차방정식 $x^2 + px + q = 0$의 두 근을 α, $\alpha+1$이라고 하자. 그러면 비에트의정리(근과 계수와의 관계)에 의하여

$$\alpha + (\alpha + 1) = -p, \quad \alpha(\alpha + 1) = q$$

이다. 두 식을 연립하여 정리하면

$$p^2 - 1 = (p - 1)(p + 1) = 4q$$

이다. p, q가 모두 소수이므로 (i) $p - 1 = 4$, $p + 1 = q$, (ii) $p - 1 = q$, $p + 1 = 4$, (iii) $p - 1 = 2$, $p + 1 = 2q$, (iv) $p - 1 = 2q$, $p + 1 = 2$인 네 가지 경우가 나온다. 주어진 조건을 만족하는 경우는 (ii), (iii)이고 모두 $p = 3$, $q = 2$가 나온다.

풀이 비에트의 정리에 의하여 $a + b = 2$, $ab = -1$이다. 그러므로

$$a^2 + b^2 = (a + b)^2 - 2ab = 6,$$
$$a^3 + b^3 = (a + b)^3 - 3ab(a + b) = 14$$

이다. 따라서

$$a^5 + b^5 = (a^2 + b^2)(a^3 + b^3) - (ab)^2(a + b)$$
$$= 6 \cdot 14 - 1 \cdot 2 = 82$$

이다.

예제 **1.1.12**

이차방정식 $x^2 - 2(k-a)x + k^2 + a^2 - b + 1 = 0$이 k 값에 관계없이 중근을 갖도록 a, b를 정할 때, $a + b$ 의 값을 구하여라.

풀이

예제 **1.1.13**

실수 x, y, z가 관계식

$$x + y + z = 0, \quad xy + yz + zx = -5, \quad xyz = 2$$

를 만족할 때, 다음을 구하여라.

(1) $x^3 + y^3 + z^3$ (2) $x^4 + y^4 + z^4$ (3) $x^5 + y^5 + z^5$

풀이

풀이 이차방정식 $x^2 - 2(k-a)x + k^2 + a^2 - b + 1 = 0$이 중근을 가지므로,

$$D/4 = (k-a)^2 - (k^2 + a^2 - b + 1) = 0$$

이어야 한다. 위 식을 정리하면,

$$-2ak + b - 1 = 0$$

이다. k이 관계없이 위 식이 성립하려면, $-2a = 0$, $b - 1 = 0$이다. 따라서 $a = 0$, $b = 1$이다. 즉, $a + b = 1$이다.

풀이 비에트의 정리를 이용하여, x, y, z를 세 근으로 갖는 3차 방정식

$$t^3 - 5t - 2 = 0$$

을 생각하자. 그러면, $t^3 = 5t + 2$이다. 또, $x^2 + y^2 + z^2 = (x + y + z)^2 - 2(xy + yz + zx) = 10$이다. 따라서

$x^3 + y^3 + z^3 = 5(x + y + z) + 6 = 6$
$x^4 + y^4 + z^4 = 5(x^2 + y^2 + z^2) + 2(x + y + z) = 50$
$x^5 + y^5 + z^5 = 5(x^3 + y^3 + z^3) + 2(x^2 + y^2 + z^2) = 50$

이다.

예제 **1.1.14** _____

복소수 x, y, z가 관계식

$$x + y + z = 0, \quad x^2 + y^2 + z^2 = 0, \quad x^3 + y^3 + z^3 = 6$$

을 만족할 때, 다음을 구하여라.

(1) $x^4 + y^4 + z^4$ (2) $x^5 + y^5 + z^5$ (3) $x^6 + y^6 + z^6$

풀이

풀이 주어진 관계식과 따름정리 1.2.4으로부터

$$xy + yz + zx = \frac{(x+y+z)^2 - (x^2+y^2+z^2)}{2} = 0$$
$$xyz = \frac{x^3 + y^3 + z^3}{3} = 2$$

이다. 이제, 비에트의 정리를 이용하여 x, y, z를 세 근으로 갖는 3차 방정식

$$t^3 - 2 = 0$$

을 생각하자. 그러면, $t^3 = 2$이다. 따라서

$$x^4 + y^4 + z^4 = 2(x + y + z) = 0$$
$$x^5 + y^5 + z^5 = 2(x^2 + y^2 + z^2) = 0$$
$$x^6 + y^6 + z^6 = 2(x^3 + y^3 + z^3) = 12$$

이다.

예제 **1.1.15 (KMO, '2017)** _____

다음 조건을 만족하는 양의 정수 m 중 가장 작은 것을 구하여라.

모든 양의 정수 n에 대하여 $m^2 \geq \dfrac{14m}{n} + \dfrac{7}{n^2}$ 이다.

풀이

예제 **1.1.16 (CRUX, M256)** _____

n이 모든 자리 숫자가 5인 k자리 수일 때, $f(n)$의 모든 자리 숫자가 5인 $2k$자리 수가 되는 이차다항식 $f(x)$을 구하여라. 예를 들어, $f(555) = 555555$ 이다.

풀이

풀이 $f(x) = ax^2 + bx + c$라고 하자. 그러면,

$$f(5) = 25a + 5b + c = 55$$
$$f(55) = 3025a + 55b + c = 5555$$
$$f(555) = 308025a + 555b + c = 555555$$

이므로 이를 풀면

$$a = \frac{9}{5}, \quad b = 2, \quad c = 0$$

이다. 따라서 구하는 이차다항식은

$$f(x) = \frac{9}{5}x^2 + 2x$$

이다.

풀이 양변에 n^2을 곱하고 식을 정리하면,

$$m^2 n^2 - 14mn - 7 \geq 0$$

이다. mn에 관한 이차부등식을 풀면 $mn \geq 7 + \sqrt{56}$ ($mn > 0$)이다. $n = 1$을 대입하면 $m \geq 15$ 이다. 즉, 구하는 답은 15이다.

예제 **1.1.17** ———————————

사차방정식 $x^4 - 18x^3 + kx^2 + 200x - 1984 = 0$의 4개의 해 중 2개를 곱한 것이 -32일 때 k의 값을 구하여라.

풀이

풀이 주어진 방정식의 4개의 근을 $\alpha, \beta, \gamma, \delta$라고 하고, $\alpha\beta = -32$라고 하자. 그러면, 비에트의 정리에 의하여

$$\gamma\delta = \frac{\alpha\beta\gamma\delta}{\alpha\beta} = \frac{-1984}{-32} = 62$$

이다. 따라서

$$x^4 - 18x^3 + kx^2 + 200x - 1984$$
$$= (x^2 - px - 32)(x^2 - qx + 62)$$

를 만족하는 p, q가 존재한다. 위 등식의 양변의 계수를 비교하면

$$p + q = 18, \quad -62p + 32q = 200, \quad k = 62 + pq - 32$$

이다. 이를 풀면 $p = 4, q = 14$가 되어 $k = 62 + 4 \cdot 14 - 32 = 86$이다.

예제 **1.1.18** _____

사차방정식 $x^4 - 14x^3 + kx^2 - 14x - 80 = 0$의 두 근의 합이 다른 두 근의 합과 같을 때, k의 값을 구하여라.

풀이

풀이 주어진 방정식의 4개의 근을 α, β, γ, δ ($\alpha < \beta$, $\gamma < \delta$)라고 하면, 비에트의 정리에 의하여

$$\alpha + \beta + \gamma + \delta = 14 \qquad (1)$$
$$\alpha\beta\gamma + \alpha\beta\delta + \alpha\gamma\delta + \beta\gamma\delta = 14 \qquad (2)$$
$$\alpha\beta\gamma\delta = -80 \qquad (3)$$

이다. 식 (1)에서

$$\alpha + \beta = \gamma + \delta = 7 \qquad (4)$$

이고, 식 (2)을 변형해서 다음을 얻는다.

$$\alpha\beta(\gamma + \delta) + \gamma\delta(\alpha + \beta) = 14.$$

위 식에 식 (4)를 대입하면,

$$\alpha\beta + \gamma\delta = 2 \qquad (5)$$

이다. 식 (3)과 식 (5)에서 $\alpha\beta$, $\gamma\delta$는 이차방정식 $t^2 - 2t - 80 = 0$의 두 근이다. 즉, $\alpha\beta = -8$, $\gamma\delta = 10$ 또는 $\alpha\beta = 10$, $\gamma\delta = -8$이다. 여기서는 $\alpha\beta = -8$, $\gamma\delta = 10$라고 생각한다. 그렇게해도 일반성을 잃지 않는다. 그러면, 식 (4)와 $\alpha\beta = -8$에서 α, β는 이차방정식 $t^2 - 7t - 8 = 0$의 두 근이다. 즉, $\alpha = -1$, $\beta = 8$이다. 또, 식 (4)와 $\gamma\delta = 10$에서 γ, δ는 이차방정식 $t^2 - 7t + 10 = 0$의 두 근이다. 즉, $\gamma = 2$, $\delta = 5$이다. 따라서 $k = \alpha\beta + \alpha\gamma + \alpha\delta + \beta\gamma + \beta\delta + \gamma\delta = 51$이다.

예제 **1.1.19** _____

정수 계수 4차 방정식 $x^4 + 30x^3 + kx^2 + mx - 2010 = 0$의 4개의 해 중 2개를 곱한 것이 -10일 때 k의 최댓값을 구하여라.

풀이

풀이 주어진 방정식의 4개의 근을 $\alpha, \beta, \gamma, \delta$라고 하면, 비에트의 정리에 의하여

$$\alpha + \beta + \gamma + \delta = -30 \tag{1}$$

$$\alpha\beta + \alpha\gamma + \alpha\delta + \beta\gamma + \beta\delta + \gamma\delta = k \tag{2}$$

$$\alpha\beta\gamma\delta = -2010 \tag{3}$$

이다. 또, $\alpha\beta = -10$라고 하면, 식 (3)에서 $\gamma\delta = 201$이다. 그러면, 식 (2)에서

$$k = (\alpha + \beta)(\gamma + \delta) + 191 \tag{4}$$

이다. $\alpha + \beta = t$라고 하면, 식 (1)에서 $\gamma + \delta = -30 - t$이므로, 이를 식 (4)에 대입하면

$$k = -t^2 - 30t + 191 = -(t + 15)^2 + 416$$

이다. 따라서 k의 최댓값은 416이다.

예제 **1.1.20** _____

다음 연립방정식을 풀어라.

$$\begin{cases} a + b = 93 \\ ab + c + d = 2197 \\ ad + bc = 4119 \\ cd = 2014 \end{cases}$$

풀이

풀이 항등식

$$(x^2 + ax + c)(x^2 + bx + d)$$
$$= x^4 + (a+b)x^3 + (ab+c+d)x^2$$
$$+ (ad+bc)x + cd$$

을 이용하자. 그러면 주어진 값을 위 식에 대입하면

$$p(x) = x^4 + 93x^3 + 2197x^2 + 4119x + 2014$$

이다. 이를 인수정리와 조립제법을 이용하여 인수분해하면

$$p(x) = (x+1)^2(x+38)(x+53)$$

이다. 위 다항식은

$$p(x) = (x^2 + 91x + 2014)(x^2 + 2x + 1)$$

또는

$$p(x) = (x^2 + 39x + 38)(x^2 + 54x + 53)$$

으로 나누어진다. 따라서 주어진 방정식의 해는 $(a, b, c, d) = (91, 2, 2014, 1)$, $(2, 91, 1, 2014)$, $(39, 54, 38, 53)$, $(54, 39, 53, 38)$이다.

예제 **1.1.21** _____

$p < q < r$을 만족하는 세 소수 p, q, r의 곱 pqr이 $989 \cdot 1001 \cdot 1007 + 320$일 때, 이 세 소수를 구하여라.

풀이

예제 **1.1.22** _____

양의 정수 n에 대하여

$$f(x) = x^{n+8} - 10x^{n+6} + 2x^{n+4} - 10x^{n+2}$$

$$+ x^n + x^3 - 10x + 1$$

라고 할 때, $f(\sqrt{2} + \sqrt{3})$을 구하여라.

풀이

풀이 $x = \sqrt{2} + \sqrt{3}$이라 하자. 그러면, $x^2 = 5 + 2\sqrt{6}$이고, $x^4 - 10x^2 + 1 = 0$이다. 따라서

$$f(x) = x^{n+8} - 10x^{n+6} + 2x^{n+4} - 10x^{n+2}$$
$$+ x^n + x^3 - 10x + 1$$
$$= (x^n + x^{n+4})(x^4 - 10x^2 + 1) + x^3 - 10x + 1$$
$$= (\sqrt{2} + \sqrt{3})^3 - 10(\sqrt{2} + \sqrt{3}) + 1$$
$$= (11\sqrt{2} + 9\sqrt{3}) - 10(\sqrt{2} + \sqrt{3}) + 1$$
$$= \sqrt{2} - \sqrt{3} + 1$$

이다.

풀이 $1001 = x$라 생각하고 다항식을 만들면, $f(x) = x(x-12)(x+6) + 320$이다. 이를 정리하여 인수분해하면,

$$f(x) = x^3 - 6x^2 - 72x + 320 = (x-4)(x-10)(x+8)$$

이다. $f(1001) = 997 \cdot 991 \cdot 1009$이다. 따라서 $p = 991$, $q = 997$, $r = 1009$이다.

예제 **1.1.23** _____

자연수 n에 대하여, 세 수 a, b, c가 $a + b + c = a^2 + b^2 + c^2 = a^3 + b^3 + c^3 = n$을 만족할 때, a, b, c를 세 근으로 하는 최고차항의 계수가 1인 3차 방정식을 구하여라.

풀이

풀이

$$ab + bc + ca = \frac{(a+b+c)^2 - (a^2+b^2+c^2)}{2}$$
$$= \frac{n(n-1)}{2}$$

과, 항등식

$$a^3 + b^3 + c^3 - 3abc$$
$$= (a+b+c)(a^2+b^2+c^2 - ab - bc - ca)$$

에서,

$$abc = \frac{1}{3}\left[n - n\left\{n - \frac{n(n-1)}{2}\right\}\right] = \frac{n(n-1)(n-2)}{6}$$

이다. 따라서 a, b, c를 세 근으로 하는 최고차항의 계수가 1인 3차 방정식은

$$x^3 - nx^2 + \frac{n(n-1)}{2}x - \frac{n(n-1)(n-2)}{6} = 0$$

이다.

예제 **1.1.24** _____

다항식 $f(x) = x^5 - kx - 1$가 정수 계수인 두 다항식의 곱으로 인수분해될 때, k의 값을 구하고, 그 때의 $f(x)$를 인수분해하여라.

풀이

풀이

(i) 1차식과 4차식의 곱으로 인수분해될 때,

(a) $f(1) = 0$이면, $k = 0$이다. 그러므로 $f(x) = (x-1)(x^4 + x^3 + x^2 + x + 1)$이다.

(b) $f(-1) = 0$이면, $k = 2$이다. 그러므로 $f(x) = (x+1)(x^4 - x^3 + x^2 - x - 1)$이다.

(ii) 2차식과 3차식의 곱으로 인수분해될 때,

(a) 2차식의 형태가 $x^2 + mx + 1$일 때, $f(x) = (x^2 + mx + 1)\{x^3 - mx^2 + (m^2 - 1)x + m(2 - m^2)\} + (m^4 - 3m^2 - k + 1)x + (m^3 - 2m - 1)$에서 $m^4 - 3m^2 - k + 1 = 0$과 $m^3 - 2m - 1 = 0$을 만족하는 정수 m과 그 때의 k를 구하면 된다. 그런데, $m^3 - 2m - 1 = (m+1)(m^2 - m - 1) = 0$이므로, $m = -1$이고, 이 때, $k = -1$이다. 그러므로 $f(x) = (x^2 - x + 1)(x^3 + x^2 - 1)$이다.

(b) 2차식의 형태가 $x^2 + mx - 1$일 때, $f(x) = (x^2 + mx - 1)\{x^3 - mx^2 + (m^2 + 1)x - m(m^2 + 2)\} + (m^4 + 3m^2 - k + 1)x - (m^3 + 2m + 1)$에서 $m^4 + 3m^2 - k + 1 = 0$과 $m^3 + 2m + 1 = 0$을 만족하는 정수 m과 그 때의 k를 구하면 된다. 그런데, $m^3 + 2m + 1 = 0$을 만족하는 정수 m이 존재하지 않는다. 이 때는 인수분해되지 않는다.

따라서 $k = 0, 2, -1$일 때, 각각 $(x-1)(x^4 + x^3 + x^2 + x + 1)$, $(x+1)(x^4 - x^3 + x^2 - x - 1)$, $(x^2 - x + 1)(x^3 + x^2 - 1)$로 인수분해된다.

예제 **1.1.25** _____

x^{100}을 $(x-1)^3$으로 나눈 나머지를 $ax^2 + bx + c$라 할 때, a를 구하여라.

풀이

예제 **1.1.26** _____

a, b, c가 서로 다른 실수일 때, 연립방정식

$$\begin{cases} a^3 x + a^2 y + az = 1 \\ b^3 x + b^2 y + bz = 1 \\ c^3 x + c^2 y + cz = 1 \end{cases}$$

을 풀어라.

풀이

풀이

$$x^{100} = \{(x-1)+1\}^{100}$$
$$= \{(x-1)^3 \text{이상의 항}\} + {}_{100}\text{C}_2 (x-1)^2$$
$$+ {}_{100}\text{C}_1 (x-1) + 1$$

이므로, x^{100}을 $(x-1)^3$으로 나눈 나머지는 ${}_{100}\text{C}_2 (x-1)^2 + {}_{100}\text{C}_1 (x-1) + 1$이다. 따라서 $a = {}_{100}\text{C}_2 = 4950$이다.

풀이 주어진 연립방정식으로부터 a, b, c는 3차 방정식 $xt^3 + yt^2 + zt - 1 = 0$의 세 근임을 알 수 있다. 근과 계수와의 관계에 의하여

$$a+b+c = -\frac{y}{x}, \quad ab+bc+ca = \frac{z}{x}, \quad abc = \frac{1}{x}$$

이다. 이를 연립하여 풀면, $abc \neq 0$일 때,

$$x = \frac{1}{abc}, \quad y = -\frac{a+b+c}{abc}, \quad z = \frac{bc+ca+ab}{abc}$$

이고, $abc = 0$일 때, 해가 없다.

예제 **1.1.27** _____

세 실수 a, b, c가

$$a + b + c = 3, \quad a^2 + b^2 + c^2 = 4, \quad a^3 + b^3 + c^3 = 6$$

을 만족할 때, 다음 물음에 답하여라.

(1) $ab + bc + ca$와 abc의 값을 구하여라.

(2) a, b, c를 해로 갖는 x의 3차 방정식 $f(x) = 0$ 를 구하여라. 단, x^3의 계수는 1이다.

(3) $a^4 + b^4 + c^4$의 값을 구하여라.

풀이

풀이

(1) $ab + bc + ca = \dfrac{(a+b+c)^2 - (a^2+b^2+c^2)}{2} = \dfrac{5}{2}$ 이다.
또, $a^3 + b^3 + c^3 - 3abc = (a+b+c)(a^2 + b^2 + c^2 - ab - bc - ca)$에서 $abc = \dfrac{1}{2}$이다.

(2) $a + b + c = 3, \ ab + bc + ca = \dfrac{5}{2}, \ abc = \dfrac{1}{2}$ 이므로, 근과 계수와의 관계에 의하여

$$f(x) = x^3 - 3x^2 + \frac{5}{2}x - \frac{1}{2} = 0$$

이다.

(3) $g(x) = xf(x) = x^4 - 3x^3 + \dfrac{5}{2}x^2 - \dfrac{1}{2}x = 0$이 라 하자. $g(x) = 0$에서 x에 각각 a, b, c를 대입하고 변변 더하여 정리하면,

$$(a^4 + b^4 + c^4) - 3(a^3 + b^3 + c^3)$$
$$+ \frac{5}{2}(a^2 + b^2 + c^2) - \frac{1}{2}(a + b + c) = 0$$

이다. 따라서 $a^4 + b^4 + c^4 = \dfrac{19}{2}$이다.

예제 **1.1.28** ─────────────

서로 다른 상수 a, b, c에 대하여, x, y, z가 연립방정식

$$\begin{cases} x + ay + a^2 z = a^3 \\ x + by + b^2 z = b^3 \\ x + cy + c^2 z = c^3 \end{cases}$$

의 근이라고 할 때, $a^3 + b^3 + c^3$을 x, y, z로 나타내어라.

풀이

풀이 주어진 연립방정식으로부터 a, b, c는 3차 방정식 $t^3 - zt^2 - yt - x = 0$의 세 근임을 알 수 있다. 근과 계수와의 관계에 의하여

$$a + b + c = z, \quad ab + bc + ca = -y, \quad abc = x$$

이다. 항등식 $a^3 + b^3 + c^3 - 3abc = (a+b+c)(a^2 + b^2 + c^2 - ab - bc - ca)$으로부터

$$\begin{aligned} & a^3 + b^3 + c^3 \\ & = (a+b+c)(a^2 + b^2 + c^2 - ab - bc - ca) \\ & \qquad + 3abc \\ & = (a+b+c)\left\{(a+b+c)^2 - 3(ab+bc+ca)\right\} \\ & \qquad + 3abc \\ & = z(z^2 + 3y) + 3x \\ & = z^3 + 3yz + 3x \end{aligned}$$

이다.

정리 **1.1.29 (중간값 정리)** ─────────

함수 $f(x)$가 폐구간 $[a,b]$에서 연속이고, $f(a) \neq f(b)$일 때, $f(a)$와 $f(b)$ 사이의 임의의 실수 k에 대하여 $f(c) = k$가 되는 점 c가 개구간 (a,b)에 적어도 하나 존재한다.

다음 예제는 2010년도 KMO 고등부 1차에 나온 문제로 중간값 정리와 비에트의 정리를 기발하게 이용하여 문제를 해결하였다. 물론 이런 풀이를 생각해내는 것은 쉽지 않지만, 이렇게 생각하여 문제를 해결할 수 있다는 것을 알려주는 풀이이다.

예제 **1.1.30 (KMO, '2010)** ─────────

방정식 $x^3 - 3x + 1 = 0$의 세 실근 $a, b, c(a < b < c)$에 대하여 $20(a^2 + b^2 - a - c)$를 구하여라.

풀이

풀이 $f(x) = x^3 - 3x + 1$이라 두면, $f(-2) = -1$, $f(-1) = 3$, $f(\frac{1}{4}) = \frac{17}{64}$, $f(\frac{1}{2}) = -\frac{3}{8}$, $f(1) = -1$, $f(2) = 3$이므로, 중간값 정리에 의하여 방정식 $f(x) = 0$의 세 근 a, b, c는 $-2 < a < -1$, $\frac{1}{4} < b < \frac{1}{2}$, $1 < c < 2$를 만족한다. 이제 $f(x)$가

$$f(x) = (x - b)(x^2 + bx + b^2 - 3)$$

으로 인수분해된다고 하자. 또,

$$\alpha = 2 - b - b^2, \quad \beta = -2 + b^2$$

라고 하자. 그러면, $\alpha + \beta = -b$이고,

$$\begin{aligned}\alpha\beta &= (2 - b - b^2)(-2 + b^2)\\ &= -4 + 2b + 2b^2 + 2b^2 - b^3 - b^4\\ &= b^2 - 3\end{aligned}$$

이다(마지막 식은 $b^3 - 3b + 1 = 0$을 이용하였다). 따라서 α, β는 비에트의 정리에 의하여 $x^2 + bx + b^2 - 3 = 0$의 두 근이다. 즉, $c = \alpha = 2 - b - b^2$, $a = \beta = -2 + b^2$이다. 그러므로

$$\begin{aligned}&a^2 + b^2 - a - c\\ &= (-2 + b^2)^2 + b^2 - (-2 + b^2) - (2 - b - b^2)\\ &= b^4 - 3b^2 + b + 4\\ &= 4\end{aligned}$$

이다. 따라서 $20(a^2 + b^2 - a - c) = 80$이다.

비에트의 정리와 점화식을 이용하는 문제에 대해서 알아보자.

예제 **1.1.31** ──────────────

방정식 $x^3 - x^2 - x - 1 = 0$의 세 근을 α, β, γ라 할 때, $\alpha^8 + \beta^8 + \gamma^8$의 값을 구하여라.

풀이

풀이 이 문제를 푸는 열쇠는 주어진 방정식을 점화식으로 변형하는 것이다. α, β, γ가 주어진 방정식의 세 근이므로,

$$\alpha^3 - \alpha^2 - \alpha - 1 = 0$$
$$\Rightarrow \alpha^{n+3} - \alpha^{n+2} - \alpha^{n+1} - \alpha^n = 0 \quad (1)$$
$$\beta^3 - \beta^2 - \beta - 1 = 0$$
$$\Rightarrow \beta^{n+3} - \beta^{n+2} - \beta^{n+1} - \beta^n = 0 \quad (2)$$
$$\gamma^3 - \gamma^2 - \gamma - 1 = 0$$
$$\Rightarrow \gamma^{n+3} - \gamma^{n+2} - \gamma^{n+1} - \gamma^n = 0 \quad (3)$$

이 성립한다. $x_n = \alpha^n + \beta^n + \gamma^n$라 하자. 세 식 (1), (2), (3)을 변변 더하고, x_{n+3}, x_{n+2}, x_{n+1}, x_n으로 치환하면,

$$x_{n+3} = x_{n+2} + x_{n+1} + x_n \quad (4)$$

이다. 이제, 비에트의 정리를 이용하여 초기조건을 구하면,

$$x_0 = \alpha^0 + \beta^0 + \gamma^0 = 1 + 1 + 1 = 3$$
$$x_1 = \alpha + \beta + \gamma = 1$$
$$x_2 = \alpha^2 + \beta^2 + \gamma^2$$
$$= (\alpha + \beta + \gamma)^2 - 2(\alpha\beta + \beta\gamma + \gamma\alpha) = 3$$

이다. 점화식 (4)와 초기조건을 이용하여, x_3, x_4, x_5, x_6, x_7, x_8을 구하면,

$$x_3 = x_2 + x_1 + x_0 = 3 + 1 + 3 = 7$$
$$x_4 = x_3 + x_2 + x_1 = 7 + 3 + 1 = 11$$
$$x_5 = x_4 + x_3 + x_2 = 11 + 7 + 3 = 21$$
$$x_6 = x_5 + x_4 + x_3 = 21 + 11 + 7 = 39$$
$$x_7 = x_6 + x_5 + x_4 = 39 + 21 + 11 = 71$$
$$x_8 = x_7 + x_6 + x_5 = 71 + 39 + 21 = 131$$

이다. 따라서 구하는 $x_8 = 131$이다.

[예제] **1.1.32 (KMO, '2017)** _____

다음 연립방정식을 만족하는 실수해 x, y, z의 합을
구하여라.

$$x^2 + y - 2z + 12 = 0$$

$$y^2 - 2z - 2x + 3 = 0$$

$$z^2 - 2x + 9y + 4 = 0$$

[풀이]

[풀이] (첫번째 식) × 3 + (두번째 식) × 2 +
(세번째 식)을 계산하면

$$3(x-1)^2 + 2(y+3)^2 + (z-5)^2 = 0$$

이다. 따라서 $x = 1$, $y = -3$, $z = 5$이다. 즉, 구하
는 답은 $x + y + z = 3$이다.

[예제] **1.1.33 (KMO, '2017)** _____

두 이차식

$$(2x-3)(3x-7) = a, \quad (2x-5)(3x-10) = \frac{1050}{a}$$

을 모두 만족하는 실수 x가 존재하도록 하는 0이 아닌 실수 a를 모두 더한 것을 구하여라.

[풀이]

[풀이] 두 식을 변변 곱하면

$$(2x-3)(3x-7)(2x-5)(3x-10) = 1050$$

이다. 이를 정리하면

$$(6x^2 - 29x + 35)(6x^2 - 29x + 30) - 1050 = 0$$

이다. 이를 인수분해하면

$$(6x^2 - 29x)(6x^2 - 29x + 65) = 0$$

이다. 따라서 $6x^2 - 29x = 0$ 또는 $6x^2 - 29x + 65 = 0$이다.

(i) $6x^2 - 29x = 0$일 때, $x = 0$ 또는 $x = \frac{29}{6}$이다. $x = 0$을 $(2x-3)(3x-7) = a$에 대입하면, $a = 21$이다. $x = \frac{29}{6}$을 $(2x-3)(3x-7) = a$에 대입하면, $a = 50$이다. 그러므로 $a = 21$, 50을 얻는다.

(ii) $6x^2 - 29x + 65 = 0$일 때, 판별식 $D = 29^2 - 4 \times 6 \times 65 = -719 < 0$이므로 실근이 존재하지 않는다.

따라서 $a = 21$, 50이다. 즉, 구하는 답은 71이다.

예제 **1.1.34 (KMO,'2019)** _____

다음 식을 만족하는 모든 실수 x들의 합을 구하여라.

$$|x-3|-2 = \frac{1}{9}x^2 - \frac{2}{3}x$$

풀이

풀이 $x \geq 3$일 때와 $x < 3$일 때로 나누어 생각한다.

(i) $x \geq 3$일 때, $x - 5 = \frac{1}{9}x^2 - \frac{2}{3}x$이다. 이를 정리하면, $x^2 - 15x + 45 = 0$이다. 이를 근의 공식으로 풀면 $x = \frac{15 \pm 3\sqrt{5}}{2}$이다. 두 근 모두 3보다 크므로, 두 근의 합은 15이다.

(ii) $x < 3$일 때, $-x + 1 = \frac{1}{9}x^2 - \frac{2}{3}x$이다. 이를 정리하면, $x^2 + 3x - 9 = 0$이다. 이를 근이 공식으로 풀면 $x = \frac{-3 \pm 3\sqrt{5}}{2}$이다. 두 근 모두 3보다 작으므로, 두 근이 합은 −3이다.

따라서 주어진 식을 만족하는 모든 실수 x들의 합은 12이다.

예제 **1.1.35 (KMO, '2019)** _____

두 이차다항식 $P(x)$와 $Q(x)$가 모든 실수 x에 대하여

$$P(Q(x)) = P(x)Q(x)$$

을 만족한다. $Q(2) = 200$일 때, $Q(5)$의 값을 구하여라.

풀이

풀이 $P(x) = ax^2 + bx + c$라 하면, $a\{Q(x)\}^2 + bQ(x) + c = (ax^2 + bx + c)Q(x)$가 모든 실수 x와 이차다항식 $Q(x)$에 대하여 성립한다. $Q(x) = 0$일 때, $c = 0$이다.

$a\{Q(x)\}^2 + bQ(x) = (ax^2 + bx)Q(x)$에서 $x = 2$를 대입하면

$$a\{Q(2)\}^2 + bQ(2) = (4a + 2b)Q(2)$$

이다. $Q(2) = 200$를 대입하여 정리하면 $b = 196a$이다.

$a\{Q(x)\}^2 + bQ(x) + c = (ax^2 + bx + c)Q(x)$에서 $Q(x)$의 이차항의 계수가 1임을 알 수 있다. 이제 $Q(x) = x^2 + mx + n$이라 하고, $a\{Q(x)\}^2 + bQ(x) = (ax^2 + bx)Q(x)$에 대입하면,

$$a(x^2 + mx + n) + b = ax^2 + bx$$

이다. 계수를 비교하면, $am = b$, $an + b = 0$이다. 따라서 $m = \dfrac{b}{a} = 196$, $n = -\dfrac{b}{a} = -196$이다. 즉, $Q(x) = x^2 + 196x - 196$이다. 그러므로 $Q(5) = 25 + 196 \times 5 - 196 = 809$이다.

예제 **1.1.36 (KMO, '2019)** ─────────

함수 $y = x^2$의 그래프 위의 세 점 A, B, C가 다음 세
조건을 모두 만족한다.

(i) $\angle BAC = 90°$

(ii) 선분 BC의 중점 M의 y좌표는 점 A의 y좌표
와 같다.

(iii) 선분 AM의 중점의 x좌표는 점 B의 x좌표와
같다.

점 A와 B의 x좌표를 각각 a, b라 할 때, $144a^2b^2$의
값을 구하여라.

풀이

풀이 $A(a, a^2)$, $B(b, b^2)$, AM의 중점을 N이라
하면, $N(b, a^2)$, $M(-a+2b, a^2)$이다. 또, $C(-2a+3b, 2a^2 - b^2)$이다. 점 C를 $y = x^2$에 대입하면
$(-2a + 3b)^2 = 2a^2 - b^2$이다. 이를 정리하여 풀
면 $a = 5b(a \neq b)$이다.
AB의 기울기는 $\frac{b^2 - a^2}{b - a} = b + a = 6b$, AC의 기
울기는 $\frac{a^2 - b^2}{-3a + 3b} = \frac{a+b}{-3} = -2b$이고, 두 기울기의
곱이 -1이므로 $12b^2 = 1$이다.
따라서 $144a^2b^2 = 25 \cdot (12b^2)^2 = 25$이다.

예제 **1.1.37 (KMO, '2020)** ―――――――

정수 계수 이차다항식 $f(x)$ 중 다음 조건을 모두 만족하는 것의 개수를 구하여라.

$f(-5) = -5, f(11) = 11, f(18)$은 다섯자리 양의 정수

풀이

풀이 $f(x) - x = 0$의 두 근이 -5, 11이므로, $f(x) - x = a(x + 5)(x - 11)$이다. $f(18) = a \times 23 \times 7 + 18$이므로

$$10000 \leq 161a + 18 \leq 99999$$

이다. 이를 정리하면, $62 \leq a \leq 621$이다. 즉, 가능한 a의 개수는 560개다.
따라서 주어진 조건을 만족하는 $f(x)$는 560개다.

예제 **1.1.38 (KMO, '2020)** _____

이차함수 $y = f(x)$가 다음 조건을 만족한다.

$$f(f(-1)) = f(f(5)) = f(f(17))$$

이 이차함수의 그래프의 꼭짓점의 x좌표로 가능한
수를 모두 더한 값을 구하여라.

풀이

풀이 다음과 같이 경우를 나누어 살펴보자.

(i) $f(-1) = f(5)$일 때, 꼭짓점의 x좌표는
$\frac{-1+5}{2} = 2$이다.

(ii) $f(-1) = f(17)$일 때, 꼭짓점의 x좌표는
$\frac{-1+17}{2} = 8$이다.

(iii) $f(5) = f(17)$일 때, 꼭짓점의 x좌표는
$\frac{5+17}{2} = 11$이다.

따라서 구하는 답은 $2 + 8 + 11 = 21$이다.

[예제] **1.1.39 (KMO,'2021)** _____

실수 a, b가 다음 두 식을 모두 만족한다. $18(a+b)^2$ 의 값을 구하여라.

$$5a^2 + ab + 8a = -2, \quad 2b^2 + ab + 8b + 2a = -8$$

[풀이]

[풀이] $2b^2 + ab + 8b + 2a = -8$에서

$$2b^2 + (a+b)b + 2(a+4) = 0$$

이다. 이를 인수분해하면 $(b+2)(2b+a+4) = 0$ 이다. 즉, $b = -2, -\dfrac{a+4}{2}$이다.

(i) $b = -2$일 때, $5a^2 + ab + 8a = -2$에서 $5a^2 + 6a + 2 = 0$이고, 판별식 $D = 36 - 40 < 0$으로부터 이 이차방정식을 만족하는 실수 a 가 존재하지 않는다.

(ii) $b = -\dfrac{a+4}{2}$일 때, $5a^2 + ab + 8a = -2$에서

$$5a^2 + \left(-\frac{a+4}{2} + 8\right)^2 + a + 2 = 0$$

이고, 이를 정리하면

$$9a^2 + 12a + 4 = (3a+2)^2 = 0$$

이다. 즉, $a = -\dfrac{2}{3}$이다. 그러므로 $b = -\dfrac{5}{3}$이다. 그러므로 $a + b = -\dfrac{7}{3}$이다.

따라서 $18(a+b)^2 = 18 \times \left(-\dfrac{7}{3}\right)^2 = 98$이다.

예제 **1.1.40 (KMO, '2021)** ⎯⎯⎯⎯⎯⎯⎯⎯⎯⎯⎯⎯

다음 조건을 만족하는 정수 계수 이차다항식 $f(x) = x^2 + ax + b$의 개수를 구하여라.

(조건) 모든 양의 정수 n에 대하여

$$0 \le f(2n+1) - 2f(n) - 2f(n-1) \le 4n+3$$

이다.

풀이

풀이 $f(x) = x^2 + ax + b$를 조건에 대입하면,

$$f(2n+1) - 2f(n) - 2f(n-1)$$
$$= (-2a+8)n + (3a-3b-1)$$

이다. 그러므로 주어진 조건은

$$0 \le (-2a+8)n + (3a-3b-1) \le 4n+3$$

과 같다. 즉, 자연수 n에 대하여 $y = (-2a+8)n + (3a-3b-1)$의 그래프는 $y = 0$과 $y = 4n+3$의 사이에 위치해야 한다.

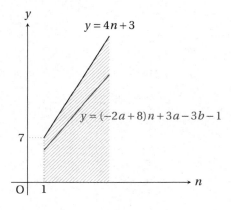

그러므로 $0 \le -2a+8 \le 4$이다. 즉, $a = 2, 3, 4$만 가능하다.

(i) $a = 2$일 때, $0 \le 4+6-3b-1 \le 7$이므로, $b = 1, 2, 3$이다.

(ii) $a = 3$일 때, $0 \le 2+9-3b-1 \le 7$이므로, $b = 1, 2, 3$이다.

(iii) $a = 4$일 때, $0 \le 12-3b-1 \le 7$이므로, $b = 2, 3$이다.

따라서, 조건을 만족하는 정수 계수 이차다항식 $f(x) = x^2 + ax + b$의 개수는 8개다.

예제 **1.1.41 (KMO, '2021)** _____

유리수 a는 0과 1 사이의 수로 다음 조건을 만족한다.

(조건) 등식 $[x] = ax$를 만족하는 양의 실수 x의 개수가 98이다.

이러한 a의 값 중 가장 큰 것을 분수로 나타내면 $\dfrac{q}{p}$(p와 q는 서로소인 양의 정수)이다. $p + q$의 값을 구하여라. (단, $[x]$는 x를 넘지 않는 가장 큰 정수)

풀이

풀이 $[x] = n$이라 두면, $n = ax$에서 $x = \dfrac{n}{a}$이다. $0 < a < 1$이고, $n \le x < n+1$이므로

$$n \le \frac{n}{a} < n+1$$

이다. 왼쪽 부등식이 성립하기 위해서는 $n > 0$이다. 또, 오른쪽 부등식에서 $n < \dfrac{a}{1-a}$이다. 따라서 $0 < n < \dfrac{a}{1-a}$이다.

$n = ax$를 만족하는 양의 실수 x의 개수가 98이므로 $n = 1, 2, \cdots, 98$이다. 그러므로

$$98 < \frac{a}{1-a} \le 99$$

이다. 이를 만족하는 a를 구하면 $\dfrac{98}{99} < a \le \dfrac{99}{100}$이다. 즉, a의 값 중 가장 큰 것은 $\dfrac{99}{100}$이므로, $q = 99$, $p = 100$이 되어 $p + q = 199$이다.

[예제] **1.1.42 (KMO,'2021)** ————————

다음 조건을 만족하는 양의 정수 m, n에 대하여,

$m + n$의 값을 구하여라.

(**조건**) 실수 $\dfrac{\sqrt{m}-1}{\sqrt{m}+7}$은 이차방정식

$$x^2 - nx + 25 = 0$$

의 해이다.

[풀이]

[풀이]
$$x = \frac{\sqrt{m}-1}{\sqrt{m}+7} = \frac{m+7+8\sqrt{m}}{m-49}$$

이므로,

$$(m-49)x - (m+7) = 8\sqrt{m}$$

의 양변을 제곱한 후 정리하면

$$(m-49)\{(m-49)x^2 - 2(m+7)x + m - 1\} = 0$$

이다. $m \neq 49$이므로

$$x^2 - \frac{2(m+7)}{m-49}x + \frac{m-1}{m-49} = 0$$

이다. 그러므로 $\dfrac{m-1}{m-49} = 25$이다. 이를 풀면 $m = 51$이다. 또, $n = \dfrac{2(m+7)}{m-49} = 58$이다. 따라서 $m + n = 109$이다.

예제 **1.1.43 (KMO, '2021)** ─────────

다섯 개의 양의 정수 2, 3, 5, 7, 11 중에서 서로 다른 2개를 곱하여 얻을 수 있는 수를 모두 더한 값을 a 라 하고, 서로 다른 4개를 곱하여 얻을 수 있는 수를 모두 더한 값을 b라 하자. $a + b$의 값을 구하여라.

풀이

풀이

$$(x+2)(x+3)(x+5)(x+7)(x+11)$$
$$= x^5 + px^4 + ax^3 + qx^2 + bx + r \qquad (1)$$

에서, 식 (1)의 양변에 $x = 1$을 대입하면

$$3 \times 4 \times 6 \times 8 \times 12 = 1 + p + a + q + b + r \qquad (2)$$

이고, 식 (1)의 양변에 $x = -1$을 대입하면

$$1 \times 2 \times 4 \times 6 \times 10 = -1 + p - a + q - b + r \qquad (3)$$

이다. 두 식 (2), (3)을 변변 빼면

$$6912 - 480 = 2(1 + a + b)$$

이다. 즉, $a + b = 3215$이다.

예제 **1.1.44 (KMO, '2023)** _____

등식 $[x]^2 + 4 = 2x + 2[x]$를 만족하는 모든 실수 x의 합을 S라고 할 때, $2S$의 값을 구하여라. (단, $[x]$는 x를 넘지 않는 가장 큰 정수)

풀이

풀이 주어진 식을 변형하면

$$x = \frac{[x]^2 - 2[x] + 4}{2}$$

이다. $[x] = n$이라 두면, $n \le x < n+1$이므로

$$n \le \frac{n^2 - 2n + 4}{2} < n+1$$

이다. 먼저 왼쪽 부등식을 정리하면

$$n^2 - 4n + 4 = (n-2)^2 \ge 0$$

으로 모든 정수 n에 대하여 성립한다. 오른쪽 부등식을 정리하면

$$n^2 - 4n + 2 < 0, \quad 2 - \sqrt{2} < n < 2 + \sqrt{2}$$

이다. 즉, $n = 1, 2, 3$이다.

(i) $n = 1$일 때, $x = \dfrac{1-2+4}{2} = \dfrac{3}{2}$이다.

(ii) $n = 2$일 때, $x = \dfrac{4-4+4}{2} = 2$이다.

(iii) $n = 3$일 때, $x = \dfrac{9-6+4}{2} = \dfrac{7}{2}$이다.

따라서 $S = \dfrac{3}{2} + 2 + \dfrac{7}{2} = 7$이다. 즉, $2S = 14$이다.

예제 **1.1.45 (KMO,'2023)** _____

양의 실수 a, b가 $\dfrac{a}{b} + \dfrac{b}{a} = 3$과 $\dfrac{a^2}{b} + \dfrac{b^2}{a} = 10$을 모두 만족할 때, $\dfrac{a^3}{b^2} + \dfrac{b^3}{a^2}$의 값을 구하여라.

풀이

풀이 $\dfrac{a}{b} + \dfrac{b}{a} = 3$에서

$$a^2 + b^2 = 3ab \tag{1}$$

이고, $\dfrac{a^2}{b} + \dfrac{b^2}{a} = 10$에서

$$a^3 + b^3 = 10ab \tag{2}$$

이다. 항등식 $a^3 + b^3 = (a+b)(a^2 - ab + b^2)$에 식 (1), (2)를 대입하면

$$10ab = (a+b)(3ab - ab) = 2ab(a+b)$$

이다. 즉, $a+b = 5$이다. 따라서

$$\begin{aligned}
\frac{a^3}{b^2} + \frac{b^3}{a^2} &= \left(\frac{a}{b} + \frac{b}{a}\right)\left(\frac{a^2}{b} + \frac{b^2}{a}\right) - (a+b) \\
&= 3 \times 10 - 5 \\
&= 25
\end{aligned}$$

이다.

1.2 인수분해

- 이 절의 주요 내용

- 기본적인 인수분해

- 대칭식의 인수분해

- 교대식의 인수분해

정리 **1.2.1 (기본적인 인수분해)** ───────────

실수 a, b, c, d, x, y, z에 대하여, 다음이 성립한다.

(1) $x^2 \pm 2xy + y^2 = (x \pm y)^2$(복부호 동순)

(2) $x^2 \pm (a+b)x + ab = (x \pm a)(x \pm b)$(복부호 동순)

(3) $acx^2 \pm (ad+bc)x + bd = (ax \pm b)(cx \pm d)$(복부호 동순)

(4) $x^2 + y^2 + z^2 + 2xy + 2yz + 2zx = (x+y+z)^2$

(5) $x^3 + 3x^2y + 3xy^2 + y^3 = (x+y)^3$

(6) $x^3 - 3x^2y + 3xy^2 - y^3 = (x-y)^3$

(7) $x^3 + y^3 = (x+y)(x^2 - xy + y^2)$

(8) $x^3 - y^3 = (x-y)(x^2 + xy + y^2)$

(9) $x^3 + y^3 + z^3 - 3xyz$
$= (x+y+z)(x^2+y^2+z^2-xy-yz-zx)$

(10) $x^4 + x^2 + 1 = (x^2 - x + 1)(x^2 + x + 1)$

(11) $x^4 + x^2y^2 + y^4 = (x^2 - xy + y^2)(x^2 + xy + y^2)$

(12) $ab(a+b) + bc(b+c) + ca(c+a) + 2abc$
$= a^2(b+c) + b^2(c+a) + c^2(a+b) + 2abc$
$= (a+b)(b+c)(c+a)$

(13) $ab(a+b) + bc(b+c) + ca(c+a) + 3abc$
$= a^2(b+c) + b^2(c+a) + c^2(a+b) + 3abc$
$= (a+b+c)(ab+bc+ca)$

(14) $ab(a-b) + bc(b-c) + ca(c-a)$
$= -(a-b)(b-c)(c-a)$

[예제] **1.2.2** _____

다음을 인수분해하여라.

(1) $9x^2 + 42xy + 49y^2$

(2) $x^2 - y^2 + 2y - 1$

(3) $x^2 - 10x + 21$

(4) $(x+1)(x-7) + 15$

(5) $2x^2 - xy - 6y^2 + 12x + 11y + 10$

(6) $(x-y)^3 - 8z^3$

(7) $(x-1)(x-3)(x+2)(x+4) - 24$

[풀이]

[풀이]

(1) $9x^2 + 42xy + 49y^2 = (3x + 7y)^2$

(2) $x^2 - y^2 + 2y - 1 = (x + y - 1)(x - y + 1)$

(3) $x^2 - 10x + 21 = (x - 3)(x - 7)$

(4) $(x+1)(x-7) + 15 = (x-2)(x-4)$

(5) $2x^2 - xy - 6y^2 + 12x + 11y + 10$
$= (2x + 3y + 2)(x - 2y + 5)$

(6) $(x-y)^3 - 8z^3$
$= (x - y - 2z)(x^2 + y^2 + 4z^2 - 2xy - 2yz + 2zx)$

(7) $(x-1)(x-3)(x+2)(x+4) - 24$
$= x(x+1)(x^2 + x - 14)$

예제 **1.2.3** _____

양의 정수 n에 대하여, $3^{3^n}(3^{3^n}+3)+3^{3^n}-1$을 인수분해하여라.

풀이

풀이 $a=3^{3^{n-1}}$, $b=9^{3^{n-1}}$, $c=-1$이라 두면,

$$3^{3^n}(3^{3^n}+3)+3^{3^n}-1 = a^3+b^3+c^3-3abc$$

이다. 따라서

$$3^{3^n}(3^{3^n}+3)+3^{3^n}-1$$
$$= \left(3^{3^{n-1}}+9^{3^{n-1}}-1\right)$$
$$\times \left(9^{3^{n-1}}+81^{3^{n-1}}+1-27^{3^{n-1}}+3^{3^{n-1}}+9^{3^{n-1}}\right)$$

이다.

따름정리 **1.2.4** _____

$X + Y + Z = 0$이면, $X^3 + Y^3 + Z^3 = 3XYZ$이다.

증명 $X^3 + Y^3 + Z^3 - 3XYZ = (X + Y + Z)(X^2 + Y^2 + Z^2 - XY - YZ - ZX)$에서 $X + Y + Z = 0$이므로 $X^3 + Y^3 + Z^3 = 3XYZ$이다.

예제 **1.2.5** _____

다음을 인수분해하여라.

(1) $(a - b)^3 + (b - c)^3 + (c - a)^3$.

(2) $(a + 2b - c)^3 + (-3a + b - 2c)^3 + (2a - 3b + 3c)^3$.

풀이

풀이

(1) $(a - b)^3 + (b - c)^3 + (c - a)^3$에서 $(a - b) + (b - c) + (c - a) = 0$이므로

$$(a - b)^3 + (b - c)^3 + (c - a)^3$$
$$= 3(a - b)(b - c)(c - a)$$

로 인수분해된다.

(2) $(a + 2b - c)^3 + (-3a + b - 2c)^3 + (2a - 3b + 3c)^3$에서 $(a + 2b - c) + (-3a + b - 2c) + (2a - 3b + 3c) = 0$이므로

$$(a + 2b - c)^3 + (-3a + b - 2c)^3$$
$$+ (2a - 3b + 3c)^3$$
$$= 3(a + 2b - c)(-3a + b - 2c)(2a - 3b + 3c)$$

로 인수분해된다.

예제 **1.2.6**

양의 실수 a, b, c가 $a + b + c = 1$, $ab + bc + ca = \frac{1}{3}$
을 만족할 때, 다음을 구하여라.

(1) $\frac{a}{b} + \frac{b}{c} + \frac{c}{a}$.

(2) $\frac{a}{b+1} + \frac{b}{c+1} + \frac{c}{a+1}$.

풀이

풀이

$$(a-b)^2 + (b-c)^2 + (c-a)^2$$
$$= 2(a^2 + b^2 + c^2 - ab - bc - ca)$$
$$= 2[(a+b+c)^2 - 3(ab+bc+ca)]$$
$$= 2\left(1 - 3 \cdot \frac{1}{3}\right)$$
$$= 0$$

이다. 따라서 $a = b = c = \frac{1}{3}$이다.

(1) $\frac{a}{b} + \frac{b}{c} + \frac{c}{a} = 3$이다.

(2) $\frac{a}{b+1} + \frac{b}{c+1} + \frac{c}{a+1} = \frac{3}{4}$이다.

[정리] **1.2.7 (이차식의 인수분해와 판별식)** ————

이차식이 두 개의 일차식의 곱으로 인수분해될 조건은 판별식이 제곱꼴이어야 한다. 그러므로 판별식을 다시 한 문자에 대한 이차식으로 정리한 후 다시 중근을 가질 조건(판별식이 0일 때)을 구하면 된다.

[예제] **1.2.8 (KMO, '2007)** ————

다항식 $x^2 - 2xy - 5y^2 + 2x + 22y - k$가 두 일차식의 곱으로 인수분해될 때, 상수 k의 값을 구하여라.

[풀이]

[풀이] $x^2 - 2xy - 5y^2 + 2x + 22y - k$이 일차식으로 인수분해된다는 것은 판별식이 완전제곱꼴임을 의미한다. x의 내림차순으로 정리하면, $x^2 - 2(y-1)x - 5y^2 + 22y - k$이다. 판별식

$$D/4 = (y-1)^2 + 5y^2 - 22y + k$$
$$= 6y^2 - 24y + 1 + k$$
$$= 6(y^2 - 4y + 4) + k - 23$$
$$= 6(y-2)^2 + k - 23$$

이다. 따라서 $k = 23$이다.

예제 **1.2.9 (KMO, '2004)** ────────

이차방정식 $(bc-1)x^2+(a-b+c-abc)x+ab-1=0$ 이 정수근을 갖도록 하는 한 자리의 양의 정수 a, b, c에 대하여 $100a+10b+c$의 최댓값을 구하여라.

풀이

풀이 판별식

$$D = (a-b+c-abc)^2 - 4(bc-1)(ab-1)$$
$$= a^2b^2c^2 - 2abc(a+b+c) + (a^2+b^2+c^2)$$
$$\quad + 2ab(bc+ca) - 4$$
$$= (abc)^2 - 2abc(a+b+c) + (a+b+c)^2 - 4$$
$$= (a+b+c-abc)^2 - 4 \tag{1}$$

이다. 식 (1)이 완전제곱수이어야 하므로,

$$(a+b+c-abc)^2 - 4 = k^2$$

라 하면, 두 완전제곱수의 차가 4인 경우는 $a+b+c-abc = \pm 2$인 경우뿐이다. 또, $bc \neq 1$를 이용하여 구하면, $100a+10b+c$가 최대가 되는 a, b, c는 $a=5$, $b=2$, $c=1$일 때이다. 즉, 최댓값은 521이다.

예제 **1.2.10 (KMO, '2009)** —————————

연립방정식

$$\frac{x(y-1)}{2x+y-1} = 3, \quad \frac{x(z+1)}{x+2z+2} = 3, \quad \frac{(y-1)(z+1)}{2y+z-1} = 3$$

을 만족하는 x, y, z에 대하여 xyz의 값을 구하여라.

풀이

풀이 주어진 식을 각각 역수를 취하면,

$$\frac{1}{x} + \frac{2}{y-1} = \frac{1}{3} \tag{1}$$

$$\frac{1}{z+1} + \frac{2}{x} = \frac{1}{3} \tag{2}$$

$$\frac{1}{y-1} + \frac{2}{z+1} = \frac{1}{3} \tag{3}$$

이다. 먼저 (1) − (3) × 2에서,

$$\frac{1}{x} - \frac{4}{z+1} = -\frac{1}{3} \tag{4}$$

이다. 또, (2) × 4 + (4)에서, $\frac{9}{x} = 1$이다. 즉, $x = 9$이다. 그러면, $y = 10$, $z = 8$이다. 따라서 $xyz = 720$이다.

정리 **1.2.11** _____

실수 a, b에 대하여 다음이 성립한다.

  (1) n이 홀수이면, $a^n + b^n = (a + b)(a^{n-1} - a^{n-2}b + \cdots - ab^{n-2} + b^{n-1})$이다.

  (2) n이 양의 정수이면, $a^n - b^n = (a - b)(a^{n-1} + a^{n-2}b + \cdots + ab^{n-2} + b^{n-1})$이다.

정의 **1.2.12 (대칭식의 인수분해)** _____

x, y, z에 관한 정식 $f(x, y, z)$에서 x, y, z의 어느 두 문자를 교환해도 식이 변함없을 때, 식 $f(x, y, z)$을 대칭식이라 한다. 대칭식은 다음 3개의 기본대칭식에 관한 정식으로 표현 가능하다.

$$x + y + z, \quad xy + yz + zx, \quad xyz.$$

보기 **1.2.13** _____

식

$$f(x, y, z) = x^3 + y^3 + z^3 - 3xyz \tag{1}$$

은 대칭식이다. $f(x, y, z)$가 3차가 대칭식으로 다음과 같이 기본대칭식에 관한 정식으로 표현된다고

볼 수 있다.

$$f(x, y, z)$$
$$= m(x+y+z)^3 + n(x+y+z)(xy+yz+zx) + kxyz.$$

특히, 각 항을 3차로 놓았음을 유의하자. 이제 바로 위 식에 적당한 수 $x = 2$, $y = -1$, $z = -1$을 대입하자. 그리고, 식 (1)에도 대입하여 비교하면 $k = 0$이다. 따라서

$$f(x, y, z) = m(x+y+z)^3 + n(x+y+z)(xy+yz+zx).$$

또한, 앞과 마찬가지 방식으로 $x = 0, y = 0, z = 1$을 대입하면, $m = 1$임을 알 수 있다. 따라서

$$f(x, y, z) = (x+y+z)^3 + n(x+y+z)(xys+yz+zx).$$

이제, 적당한 임의의 수 x, y, z을 선택하여 위와 마찬가지 방식으로 하면, $n = -3$임을 쉽게 알 수 있다. 그러므로

$$f(x, y, z) = (x+y+z)^3 - 3(x+y+z)(xy+yz+zx)$$
$$= (x+y+z)\{(x+y+z)^2 - 3(xy+yz+zx)\}$$
$$= (x+y+z)(x^2+y^2+z^2-xy-yz-zx)$$

이다.

예제 **1.2.14** ———————————————

$(a+b)(b+c)(c+a)+abc$을 인수분해하여라.

풀이

풀이1 주어진 식을 전개하여 a의 내림차순으로 정리한 후 인수분해하면

$$(a+b)(b+c)(c+a)+abc$$
$$= (b+c)a^2 + (b^2+3bc+c^2)a + bc(b+c)$$
$$= (a+b+c)(ab+bc+ca)$$

이다.

풀이2 주어진 식은 3차의 대칭식이다. 그러므로 다음과 같은 기본대칭식에 관한 3차의 다항식

$$(a+b)(b+c)(c+a)+abc$$
$$= k(a+b+c)^3 + m(a+b+c)(ab+bc+ca)$$
$$+ nabc$$

으로 표현된다. 이제 위 식의 양변에 다음과 같이 적당히 임의의 수들을 정해서

$$\begin{cases} a=1, b=0, c=0 \\ a=1, b=1, c=-1 \\ a=1, b=1, c=1 \end{cases}$$

을 차례로 대입해 보면

$$0 = k, \quad -1 = k-m-n, \quad 9 = 27k+9m+n$$

이다. 다시 정리하면 $k=0$, $m=1$, $n=0$이다. 따라서 주어진 식은

$$(a+b)(b+c)(c+a)+abc = (a+b+c)(ab+bc+ca)$$

이다.

정의 **1.2.15 (교대식의 인수분해)** ───────

x, y, z에 관한 정식 $f(x, y, z)$에서 x, y, z의 어느 두 문자를 교환해도 식이 원래의 식과 부호가 반대인 것으로 될 때, $f(x, y, z)$를 교대식이라 한다. 교대식은 $(x-y)(y-z)(z-x)$를 인수로 갖는다.

보기 **1.2.16** ─────────────────

$f(x, y, z) = x^2(y-z) + y^2(z-x) + z^2(x-y)$를 인수분해해 보자.

$$f(y, x, z) = f(x, z, y) = f(z, y, x) = -f(x, y, z)$$

가 성립하므로, $f(x, y, z)$는 교대식이다.

그러므로 $f(x, y, z)$는 $(x-y)(y-z)(z-x)$를 인수로 갖는다. 즉, $f(x, y, z)$가 3차식임을 유의하면

$$f(x, y, z) = k(x-y)(y-z)(z-x)$$

이다. 이제 바로 위 식의 양변에 적당한 수 $x = 1, y = -1, z = 0$을 대입하면 $k = -1$을 얻을 수 있다. 따라서

$$f(x, y, z) = x^2(y-z) + y^2(z-x) + z^2(x-y)$$
$$= -(x-y)(y-z)(z-x)$$

이다.

정리 **1.2.17 (대칭식과 교대식 사이의 관계)** ───

교대식과 교대식, 교대식과 대칭식, 대칭식과 대칭식 사이에 다음과 같은 관계가 성립한다.

$$(대칭식) \pm (대칭식) = (대칭식)$$
$$(교대식) \pm (교대식) = (교대식)$$
$$(교대식) \times (대칭식) = (교대식)$$
$$(교대식) \times (교대식) = (대칭식)$$

예제 **1.2.18 (KMO, '2007)** _____

방정식

$$\frac{a^4}{(a-b)(a-c)} + \frac{b^4}{(b-c)(b-a)} + \frac{c^4}{(c-a)(c-b)} = 47$$

을 만족시키는 자연수의 순서쌍 (a, b, c)의 개수를 구하여라.

풀이

풀이 주어진 식을 분모를 통분하여 식을 정리하면

$$\frac{-a^4(b-c) - b^4(c-a) - c^4(a-b)}{(a-b)(b-c)(c-a)} = 47$$

이다. 이제

$$f(a, b, c) = -a^4(b-c) - b^4(c-a) - c^4(a-b)$$

라 두면,

$$f(b, a, c) = f(a, c, b) = f(c, b, a) = -f(a, b, c)$$

가 됨을 알 수 있다. 따라서 $f(a, b, c)$는 교대식이다. 그러므로

$$f(a, b, c)$$
$$= (a-b)(b-c)(c-a)\{m(a+b+c)^2$$
$$+ n(ab+bc+ca)\}$$

로 인수분해된다. $(a, b, c) = (-1, 1, 2)$, $(1, -1, 0)$을 대입하여 m, n을 구하면 $m = 1$, $n = -1$이다. 그러므로

$$\frac{(a-b)(b-c)(c-a)\{(a+b+c)^2 - (ab+bc+ca)\}}{(a-b)(b-c)(c-a)} = 47$$

이다. 위 식을 정리하면

$$a^2 + b^2 + c^2 + ab + bc + ca = 47$$

이다. 위 식을 두배하여 완전제곱꼴로 나누면

$$(a+b)^2 + (b+c)^2 + (c+a)^2 = 94 = 3^2 + 6^2 + 7^2$$

이 된다. 이를 풀면, $(a, b, c) = (1, 2, 5)$, $(1, 5, 2)$, $(2, 1, 5)$, $(2, 5, 1)$, $(5, 1, 2)$, $(5, 2, 1)$이다. 따라서 주어진 조건을 만족시키는 자연수의 순서쌍 (a, b, c)의 개수는 6개다.

예제 **1.2.19** ─────────────────────

다음 식을 인수분해하여라.

$$ab(a^2 - b^2) + bc(b^2 - c^2) + ca(c^2 - a^2).$$

풀이

풀이 $f(a, b, c) = ab(a^2 - b^2) + bc(b^2 - c^2) + ca(c^2 - a^2)$라 두자. 그러면, $f(b, a, c) = f(a, c, b) = f(c, b, a) = -f(a, b, c)$임을 알 수 있다. 따라서 $f(a, b, c)$는 교대식이다. 즉, $f(a, b, c)$는 $(a - b)(b - c)(c - a)$를 인수로 갖는다. $f(a, b, c)$는 4차인 교대식이므로, 3차 교대식인 $(a - b)(b - c)(c - a)$와 1차식의 대칭식 $a + b + c$를 인수로 가져야 한다. 이제, $f(a, b, c) = k(a + b + c)(a - b)(b - c)(c - a)$로 두고, $a = 1, b = 2, c = 3$을 대입하여, 계수를 비교하면 $k = -1$이 된다. 따라서

$$\begin{aligned} f(a, b, c) &= ab(a^2 - b^2) + bc(b^2 - c^2) \\ &\quad + ca(c^2 - a^2) \\ &= -(a + b + c)(a - b)(b - c)(c - a) \end{aligned}$$

로 인수분해된다.

1.3 끼워넣기식의 합, 이항분리법

- 이 절의 주요 내용

- 끼워넣기식의 합(telescoping sum)

- 이항분리법

정의 **1.3.1 (끼워넣기식의 합)** ────────

f가 실숫값을 갖는 함수일 때,

$$\sum_{k=1}^{n} [f(k) - f(k+1)]$$

의 형태의 합을 끼워넣기식의 합(telescoping sum)이라 한다. 왜 끼워넣기(telescope)라고 할까? 다음을 보면 그 이유를 알 수 있다.

$$\sum_{k=1}^{n} [f(k) - f(k+1)]$$
$$= [f(1) - f(2)] + [f(2) - f(3)] + \cdots + [f(n) - f(n+1)]$$
$$= f(1) - f(n+1)$$

정의 **1.3.2 (이항분리법)** ────────

함수 f를 끼워넣기식의 합을 사용할 수 있도록 두 개의 항으로 분리하는 방법을 이항분리법이라고 한다. 예를 들어,

$$\frac{1}{A \cdot B} = \frac{1}{B-A}\left(\frac{1}{A} - \frac{1}{B}\right)$$

와 같은 경우를 말한다.

정리 **1.3.3 (이항분리법의 성질(1))** ────────

다음의 성질이 성립한다.

(1) $\displaystyle\sum_{k=1}^{n} k = \frac{1}{2}n(n+1)$

(2) $\displaystyle\sum_{k=1}^{n} k(k+1) = \frac{1}{3}n(n+1)(n+2)$

(3) $\displaystyle\sum_{k=1}^{n} k(k+1)(k+2) = \frac{1}{4}n(n+1)(n+2)(n+3)$

(4) $\displaystyle\sum_{k=1}^{n} k(k+1)(k+2)(k+3)$
$= \frac{1}{5}n(n+1)(n+2)(n+3)(n+4)$

(5) 음이 아닌 정수 m에 대하여,

$$\sum_{k=1}^{n} k(k+1)\cdots(k+m)$$
$$= \frac{1}{m+2}n(n+1)\cdots(n+m+1)$$

이 성립한다.

증명 여기서는 일반적인 경우인 (5)에 대해서만

증명한다. 다음 사실에 주목하자.

$$n(n+1)(n+2)\cdots(n+m)(n+m+1)$$

$$-(n-1)n(n+1)\cdots(n+m-1)(n+m)$$

$$=(m+2)n(n+1)(n+2)\cdots(n+m).$$

그러므로

$$\sum_{k=1}^{n} k(k+1)\cdots(k+m)$$

$$=\frac{1}{m+2}\sum_{k=1}^{n}[k(k+1)(k+2)\cdots(k+m)(k+m+1)$$

$$-(k-1)k(k+1)\cdots(k+m-1)(k+m)]$$

$$=\frac{1}{m+2}n(n+1)(n+2)\cdots(n+m+1)$$

이다.

정리 **1.3.4 (이항분리법의 성질(2))** ————

다음의 성질이 성립한다.

(1) $\displaystyle\sum_{k=1}^{n}\frac{1}{k(k+1)}=1-\frac{1}{n+1}$

(2) $\displaystyle\sum_{k=1}^{n}\frac{1}{k(k+1)(k+2)}=\frac{1}{2}\left\{\frac{1}{1\cdot2}-\frac{1}{(n+1)(n+2)}\right\}$

(3) $\displaystyle\sum_{k=1}^{n}\frac{1}{k(k+1)(k+2)(k+3)}$
$$=\frac{1}{3}\left\{\frac{1}{1\cdot2\cdot3}-\frac{1}{(n+1)(n+2)(n+3)}\right\}$$

(4) 자연수 m에 대하여,

$$\sum_{k=1}^{n}\frac{1}{k(k+1)\cdots(k+m)}$$
$$=\frac{1}{m}\left\{\frac{1}{1\cdot2\cdots\cdots m}-\frac{1}{(n+1)(n+2)\cdots(n+m)}\right\}$$

이 성립한다.

증명 여기서는 일반적인 경우인 (4)에 대해서만 증명한다. 다음 사실에 주목하자.

$$\frac{1}{k(k+1)\cdots(k+m)}$$
$$=\frac{1}{m}\left\{\frac{1}{k(k+1)\cdots(k+m-1)}-\frac{1}{(k+1)(k+2)\cdots(k+m)}\right\}$$

그러므로

$$\sum_{k=1}^{n}\frac{1}{k(k+1)\cdots(k+m)}$$
$$=\frac{1}{m}\left\{\frac{1}{1\cdot2\cdots\cdots m}-\frac{1}{(n+1)(n+2)\cdots(n+m)}\right\}$$

이다.

예제 **1.3.5** _____

다음의 합을 간단히 하여라.

(1) $\displaystyle\sum_{k=1}^{n} \frac{k}{(k+1)!}$.

(2) $\displaystyle\sum_{k=1}^{n} \frac{1}{(k+1)\sqrt{k} + k\sqrt{k+1}}$.

(3) $\displaystyle\sum_{k=1}^{n} k! \cdot k$.

풀이

풀이

(1) 다음과 같이 변형됨을 이용한다.

$$\frac{k}{(k+1)!} = \frac{(k+1)-1}{(k+1)!}$$
$$= \frac{k+1}{(k+1)!} - \frac{1}{(k+1)!}$$
$$= \frac{1}{k!} - \frac{1}{(k+1)!}$$

이제, $f(k) = \dfrac{1}{k!}$이라 두면,

$$\sum_{k=1}^{n} \frac{k}{(k+1)!} = 1 - \frac{1}{(n+1)!}$$

이다.

(2) 분모를 유리화하면,

$$\sum_{k=1}^{n} \frac{1}{(k+1)\sqrt{k} + k\sqrt{k+1}}$$
$$= \sum_{k=1}^{n} \frac{(k+1)\sqrt{k} - k\sqrt{k+1}}{k(k+1)}$$
$$= \sum_{k=1}^{n} \left(\frac{1}{\sqrt{k}} - \frac{1}{\sqrt{k+1}} \right)$$
$$= 1 - \frac{1}{\sqrt{n+1}}$$

이다.

(3) 다음과 같이 변형됨을 이용한다.

$$k! \cdot k = k! \cdot (k+1-1) = (k+1)! - k!.$$

이제, $f(k) = k!$이라 두면,

$$\sum_{k=1}^{n} k! \cdot k = \sum_{k=1}^{n} [(k+1)! - k!] = (n+1)! - 1$$

이다.

예제 **1.3.6** _____

다음 수열의 첫째항부터 제n항 까지의 합을 구하여라.

(1) $3 \cdot 5 \cdot 7, 5 \cdot 7 \cdot 9, 7 \cdot 9 \cdot 11, \cdots\cdots$

(2) $1 \cdot 3, 2 \cdot 4, 3 \cdot 5, \cdots\cdots$

풀이

풀이

(1) $a_k = (2k+1)(2k+3)(2k+5)$라 하면,

$$a_k = \frac{1}{8}\{(2k+1)(2k+3)(2k+5)(2k+7) - (2k-1)(2k+1)(2k+3)(2k+5)\}$$

이다. 여기서,

$$f(k) = \frac{1}{8}(2k-1)(2k+1)(2k+3)(2k+5)$$

라 두면,

$$a_k = f(k+1) - f(k)$$

가 된다. 따라서

$$\sum_{k=1}^{n} a_k$$
$$= f(n+1) - f(1)$$
$$= \frac{1}{8}\{(2n+1)(2n+3)(2n+5)(2n+7) - 1 \cdot 3 \cdot 5 \cdot 7\}$$

이다.

(2) $b_k = k(k+2)$라 하면,

$$b_k = k(k+2) = k(k+1+1) = k(k+1) + k$$

이다. 그러므로

$$\sum_{k=1}^{n} b_k = \sum_{k=1}^{n} k(k+1) + \sum_{k=1}^{n} k$$
$$= \frac{1}{3}n(n+1)(n+2) + \frac{1}{2}n(n+1)$$
$$= \frac{1}{6}n(n+1)(2n+7)$$

이다.

[예제] **1.3.7** _____

다음 수열의 첫째항부터 제 n항까지의 합을 구하
여라.

$$\frac{1}{1\cdot2\cdot4},\quad \frac{1}{2\cdot3\cdot5},\quad \frac{1}{3\cdot4\cdot6},\quad \cdots\cdots$$

[풀이]

[풀이] $c_k = \dfrac{1}{k(k+1)(k+3)} = \dfrac{k+2}{k(k+1)(k+2)(k+3)}$ 라
두면,

$$c_k = \frac{1}{k(k+1)(k+2)} - \frac{1}{k(k+1)(k+2)(k+3)}$$

으로 생각할 수 있다. 그러므로

$$\sum_{k=1}^{n} c_k$$
$$= \sum_{k=1}^{n} \frac{1}{k(k+1)(k+2)} - \sum_{k=1}^{n} \frac{1}{k(k+1)(k+2)(k+3)}$$
$$= \frac{1}{2}\left\{\frac{1}{1\cdot2} - \frac{1}{(n+1)(n+2)}\right\}$$
$$\quad - \frac{1}{3}\left\{\frac{1}{1\cdot2\cdot3} - \frac{1}{(n+1)(n+2)(n+3)}\right\}$$
$$= \frac{7}{36} - \frac{3n+7}{6(n+1)(n+2)(n+3)}$$

이다.

다음 예제는 이항분리법을 이용하여, $\displaystyle\sum_{k=1}^{n} k^2$과 $\displaystyle\sum_{k=1}^{n} k^3$을 구하는 방법을 알려준다.

예제 **1.3.8** ────────────────

다음 물음에 답하여라.

(1) $k^2 = k(k+1) - k$를 사용하여 $\displaystyle\sum_{k=1}^{n} k^2$을 구하여라.

(2) $k^3 = (k-1)k(k+1) + k$를 사용하여 $\displaystyle\sum_{k=1}^{n} k^3$을 구하여라.

풀이

풀이

(1) $k^2 = k(k+1) - k$를 사용하면,

$$\sum_{k=1}^{n} k^2 = \sum_{k=1}^{n} k(k+1) - \sum_{k=1}^{n} k$$
$$= \frac{1}{3}n(n+1)(n+2) - \frac{1}{2}n(n+1)$$
$$= \frac{1}{6}n(n+1)(2n+1)$$

이다.

(2) $k^3 = (k-1)k(k+1) + k$를 사용하면,

$$\sum_{k=1}^{n} k^3$$
$$= \sum_{k=1}^{n}(k-1)k(k+1) + \sum_{k=1}^{n} k$$
$$= \frac{1}{4}(n-1)n(n+1)(n+2) + \frac{1}{2}n(n+1)$$
$$= \frac{1}{4}n^2(n+1)^2$$

이다.

[예제] **1.3.9** _____

다음을 증명하여라.

$$16 < \sum_{k=1}^{80} \frac{1}{\sqrt{k}} < 17$$

[풀이]

[풀이] 먼저 왼쪽 부등식부터 보이자. 다음과 같은 사실에 주목하자.

$$2(\sqrt{k+1} - \sqrt{k}) = \frac{2}{\sqrt{k+1} + \sqrt{k}} < \frac{1}{\sqrt{k}}$$

그러면,

$$\sum_{k=1}^{80} \frac{1}{\sqrt{k}} > 2 \sum_{k=1}^{80} (\sqrt{k+1} - \sqrt{k}) = 16$$

이다. 이제, 오른쪽 부등식을 보이자. 다음과 같은 사실에 주목하자.

$$2(\sqrt{k} - \sqrt{k-1}) = \frac{2}{\sqrt{k} + \sqrt{k-1}} > \frac{1}{\sqrt{k}}$$

그러면,

$$\sum_{k=1}^{80} \frac{1}{\sqrt{k}} < 1 + 2 \sum_{k=2}^{80} (\sqrt{k} - \sqrt{k-1}) = 2\sqrt{80} - 1 < 17$$

이다. 따라서

$$16 < \sum_{k=1}^{80} \frac{1}{\sqrt{k}} < 17$$

이다.

예제 **1.3.10 (KMO, '2008)** ────────

다음 부등식을 만족시키는 정수 N 가운데 가장 큰 수를 구하여라.

$$\frac{1}{2} \times \frac{3}{4} \times \frac{5}{6} \times \cdots \times \frac{61}{62} \times \frac{63}{64} < \frac{1}{4N}$$

풀이

풀이 $x = \frac{1}{2} \times \frac{3}{4} \times \frac{5}{6} \times \cdots \times \frac{61}{62} \times \frac{63}{64}$라 하자. 그러면, 자연수 k에 대하여 $\frac{k-1}{k} < \frac{k}{k+1}$이 성립하므로,

$$x^2 = \frac{1}{2} \times \frac{1}{2} \times \frac{3}{4} \times \frac{3}{4} \times \cdots \times \frac{63}{64} \times \frac{63}{64}$$
$$< \frac{1}{2} \times \frac{2}{3} \times \frac{3}{4} \times \frac{4}{5} \times \cdots \times \frac{63}{64} \times \frac{64}{65}$$
$$= \frac{1}{65}$$

이다. 그러므로 $x < \frac{1}{\sqrt{65}} < \frac{1}{8}$이다. 또,

$$x^2 = \frac{1}{2} \times \frac{1}{2} \times \frac{3}{4} \times \frac{3}{4} \times \cdots \times \frac{63}{64} \times \frac{63}{64}$$
$$> \frac{1}{2} \times \frac{1}{2} \times \frac{2}{3} \times \frac{3}{4} \times \frac{4}{5} \times \frac{5}{6} \times \cdots \times \frac{62}{63} \times \frac{63}{64}$$
$$= \frac{1}{128}$$

이다 그러므로 $x > \frac{1}{\sqrt{128}} > \frac{1}{12}$이다. 따라서 가장 큰 N의 값은 2이다.

예제 **1.3.11 (KMO, '2010)** ───────────

실수 $A = \sqrt{\dfrac{5}{5^2+1}} + \sqrt{\dfrac{6}{6^2+1}} + \cdots + \sqrt{\dfrac{898}{898^2+1}}$ 보다 작

은 양의 정수의 개수를 구하여라.

풀이

풀이 다음 사실에 주목하자.

$$\frac{1}{\sqrt{k+1}} < \sqrt{\frac{k}{k^2+1}} < \frac{1}{\sqrt{k}}.$$

또,

$$\frac{1}{\sqrt{k+1}} = \frac{2}{2\sqrt{k+1}} > \frac{2}{\sqrt{k+2}+\sqrt{k+1}}$$
$$= 2(\sqrt{k+2}-\sqrt{k+1}),$$
$$\frac{1}{\sqrt{k}} = \frac{2}{2\sqrt{k}} < \frac{2}{\sqrt{k}+\sqrt{k-1}} = 2(\sqrt{k}-\sqrt{k-1})$$

이다. 그러므로

$$\sum_{k=5}^{898} 2(\sqrt{k+2}-\sqrt{k+1}) < A < \sum_{k=5}^{898} 2(\sqrt{k}-\sqrt{k-1})$$

이다. 이를 정리하면,

$$2(\sqrt{900}-\sqrt{6}) < A < 2(\sqrt{898}-\sqrt{4})$$

이다. 그런데, $2(\sqrt{900}-\sqrt{6}) > 2(30-2.5) = 55$ 이고, $2(\sqrt{898}-\sqrt{4}) < 2(30-2) = 56$이다. 따라서 $55 < A < 56$이다. 그러므로 A보다 작은 양의 정수의 개수는 55개다.

예제 **1.3.12** _____

양의 정수 x_1, x_2, $\cdots$, x_{25}에 대하여, 관계식

$$\frac{1}{\sqrt{x_1}} + \frac{1}{\sqrt{x_2}} + \cdots + \frac{1}{\sqrt{x_{25}}} = 10$$

을 만족할 때, x_1, x_2, $\cdots$, x_{25} 중 적어도 두 수는 같음을 증명하여라.

풀이

풀이 귀류법을 사용하자. x_1, x_2, $\cdots$, x_{25}가 모두 다르다고 하자. 그러면, $x_1 < x_2 < \cdots < x_{25}$라고 가정해도 일반성을 잃지 않는다. 또, x_1, x_2, $\cdots$, x_{25}는 양의 정수이므로, $k = 1, 2, \cdots, 25$에 대하여 $x_k \geq k$이다. 그러므로

$$10 = \frac{1}{\sqrt{x_1}} + \frac{1}{\sqrt{x_2}} + \cdots + \frac{1}{\sqrt{x_{25}}} \leq \frac{1}{\sqrt{1}} + \frac{1}{\sqrt{2}} + \cdots + \frac{1}{\sqrt{25}}$$

이다. 또,

$$\frac{1}{\sqrt{k}} < \frac{2}{\sqrt{k} + \sqrt{k-1}} = 2(\sqrt{k} - \sqrt{k-1})$$

이다. 그러므로

$$\frac{1}{\sqrt{1}} + \frac{1}{\sqrt{2}} + \cdots + \frac{1}{\sqrt{25}}$$
$$< 2(\sqrt{1} - 0) + 2(\sqrt{2} - \sqrt{1}) + \cdots + 2(\sqrt{25} - \sqrt{24})$$
$$= 2\sqrt{25} = 10$$

이다. 이는 모순이다. 따라서 x_1, x_2, $\cdots$, x_{25} 중 적어도 두 수는 같다.

예제 **1.3.13 (KMO, '2011)** ─────────

다음 식의 값보다 작은 정수 중 가장 큰 것을 구하여라.

$$\frac{2011}{21^2} + \frac{2011}{23^2} + \frac{2011}{25^2} + \cdots + \frac{2011}{79^2}$$

풀이

풀이 다음 관계식을 이용하자.

$$(x-1)(x+1) < x^2 < \left(x - \frac{3}{4}\right)\left(x + \frac{5}{4}\right).$$

위 식의 역수를 취하고 정리하면,

$$\frac{1}{2}\left(\frac{1}{x - \frac{3}{4}} - \frac{1}{x + \frac{5}{4}}\right) < \frac{1}{x^2} < \frac{1}{2}\left(\frac{1}{x-1} - \frac{1}{x+1}\right)$$

이다. 위 식에 $x = 2k+1$를 대입하면,

$$\frac{1}{2}\left(\frac{1}{2k + \frac{1}{4}} - \frac{1}{2k + \frac{9}{4}}\right) < \frac{1}{(2k+1)^2} < \frac{1}{2}\left(\frac{1}{2k} - \frac{1}{2k+2}\right)$$

이다. $k = 10, 11, \cdots, 39$에 대하여, 변변 더하고 정리하면,

$$\frac{1}{2}\left(\frac{1}{20 + \frac{1}{4}} - \frac{1}{78 + \frac{9}{4}}\right) < \sum_{k=10}^{39} \frac{1}{(2k+1)^2} < \frac{1}{2}\left(\frac{1}{20} - \frac{1}{80}\right)$$

이다. 우리는 구하는 식은

$$\frac{2011}{2}\left(\frac{1}{20 + \frac{1}{4}} - \frac{1}{78 + \frac{9}{4}}\right) < \sum_{k=10}^{39} \frac{2011}{(2k+1)^2}$$
$$< \frac{2011}{2}\left(\frac{1}{20} - \frac{1}{80}\right)$$

이다. 그런데,

$$\frac{2011}{2}\left(\frac{1}{20 + \frac{1}{4}} - \frac{1}{78 + \frac{9}{4}}\right) > 37.1,$$

$$\frac{2011}{2}\left(\frac{1}{20} - \frac{1}{80}\right) < 37.7$$

이다. 따라서 $\displaystyle\sum_{k=10}^{39} \frac{2011}{(2k+1)^2}$의 값보다 작은 정수 중 가장 큰 것은 37이다.

예제 **1.3.14 (KMO, '2011)** ──────────

28이하의 서로 다른 양의 정수 7개로 이루어진 집합 $A = \{x_1, x_2, \cdots, x_7\}$에 대하여 A의 원소 중 n보다 작거나 같은 것의 개수를 a_n이라 하자. 등식

$$\frac{a_1}{1 \cdot 2} + \frac{a_2}{2 \cdot 3} + \frac{a_3}{3 \cdot 4} + \cdots + \frac{a_{27}}{27 \cdot 28} + \frac{a_{28}}{28 \cdot 29} = \frac{175}{116}$$

이 성립할 때, $\dfrac{28}{x_1} + \dfrac{28}{x_2} + \cdots + \dfrac{28}{x_7}$의 값을 구하여라.

풀이

풀이 $x_1 < x_2 < \cdots < x_7$이라고 가정해도 일반성을 잃지 않는다. 주어진 등식에서,

$$\frac{a_1}{1 \cdot 2} + \frac{a_2}{2 \cdot 3} + \frac{a_3}{3 \cdot 4} + \cdots + \frac{a_{27}}{27 \cdot 28} + \frac{a_{28}}{28 \cdot 29}$$
$$= a_1 \left(1 - \frac{1}{2}\right) + a_2 \left(\frac{1}{2} - \frac{1}{3}\right) + \cdots + a_{28} \left(\frac{1}{28} - \frac{1}{29}\right)$$
$$= a_1 + \frac{1}{2}(a_2 - a_1) + \cdots + \frac{1}{28}(a_{28} - a_{27}) - \frac{a_{28}}{29}$$

이다. 그러므로

$$a_1 + \frac{1}{2}(a_2 - a_1) + \cdots + \frac{1}{28}(a_{28} - a_{27}) - \frac{a_{28}}{29} = \frac{175}{116}$$

이다. 그런데, $x_i \leq 28$이므로, $a_{28} = 7$이다. 그래서,

$$a_1 + \frac{1}{2}(a_2 - a_1) + \frac{1}{3}(a_3 - a_2) + \cdots + \frac{1}{28}(a_{28} - a_{27}) = \frac{7}{4}$$

이다. 또, $a_{i+1} - a_i$는 0 또는 1이므로, $\frac{7}{4}$를 $\frac{1}{k}$($k = 1, 2, \cdots, 28$) 중 7의 개의 합으로 나타내면 된다. 실제로,

$$\frac{7}{4} = 1 + \frac{1}{3} + \frac{1}{8} + \frac{1}{9} + \frac{1}{12} + \frac{1}{18} + \frac{1}{24}$$

라 두면, $x_1 = 1$, $x_2 = 3$, $x_3 = 8$, $x_4 = 9$, $x_5 = 12$, $x_6 = 18$, $x_7 = 24$이다. 그러므로

$$\frac{28}{x_1} + \frac{28}{x_2} + \cdots + \frac{28}{x_7} = 49$$

이다.

예제 **1.3.15** _____

다음 조건을 만족하는 수열의 개수를 구하여라.

(1) 첫째항은 2024이다.

(2) 다음 항은 이전 항의 양의 제곱근보다 작은 수이다.

(3) 마지막 항은 1이다.

예를 들어, 2024, 44, 6, 2, 1은 이 조건을 만족하는 수열이다.

풀이

풀이 주어진 조건 (2), (3)을 만족하면서 n부터 시작하는 수열의 개수를 S_n이라 하자. 우리는 S_{2024}을 구하면 된다. $44 < \sqrt{2024} < 45$이므로 두 번째 항은 반드시 44이하여야 한다. 따라서

$$S_{2024} = S_{44} + S_{43} + \cdots + S_1$$

이다. 그런데, $6 < \sqrt{37} < \sqrt{44} < 7$이므로,

$$S_{44} = S_{43} = \cdots = S_{37} = S_6 + S_5 + S_4 + S_3 + S_2 + S_1$$
$$= \sum_{i=1}^{6} S_i$$

이다. 같은 방법으로

$$S_{36} = \cdots = S_{26} = \sum_{i=1}^{5} S_i$$

$$S_{25} = \cdots = S_{17} = \sum_{i=1}^{4} S_i$$

$$S_{16} = \cdots = S_{10} = \sum_{i=1}^{3} S_i$$

$$S_9 = \cdots = S_5 = \sum_{i=1}^{2} S_i$$

$$S_4 = \cdots = S_2 = \sum_{i=1}^{1} S_i$$

이다. 따라서

$$S_{2024} = 8 \sum_{i=1}^{6} S_i + 11 \sum_{i=1}^{5} S_i + 9 \sum_{i=1}^{4} S_i$$
$$+ 7 \sum_{i=1}^{3} S_i + 5 \sum_{i=1}^{2} S_i + 3 \sum_{i=1}^{1} S_i + S_1$$

이다. 여기서, $S_1 = S_2 = S_3 = S_4 = 1$, $S_5 = S_6 = 2$이므로,

$$S_{2024} = 8 \times 8 + 11 \times 6 + 9 \times 4 + 7 \times 3$$
$$+ 5 \times 2 + 3 \times 1 + 1 = 201$$

이다.

예제 **1.3.16** _____

2이상의 자연수 n에 대하여 S_n을

$$S_n = 1 + \sqrt{1 + \frac{2^2}{3!}} + \sqrt[3]{1 + \frac{3^2}{4!}} + \cdots + \sqrt[n]{1 + \frac{n^2}{(n+1)!}}$$

라고 정의할 때, $[S_{2024}]$을 구하여라. 단, $[x]$는 x를 넘지 않는 최대의 정수이다.

풀이

풀이 다음과 같은 사실을 이용하자.

$$1 < \sqrt[k]{1 + \frac{k^2}{(k+1)!}} < 1 + \frac{k}{(k+1)!} = 1 + \frac{1}{k!} - \frac{1}{(k+1)!}.$$

그러면,

$$\sum_{k=2}^{n} 1 < \sum_{k=2}^{n} \sqrt[k]{1 + \frac{k^2}{(k+1)!}} < \sum_{k=2}^{n} \left\{ 1 + \frac{1}{k!} - \frac{1}{(k+1)!} \right\}$$

이다. 즉,

$$n - 1 < S_n - 1 < n - 1 + \frac{1}{2} - \frac{1}{(n+1)!}$$

이다. 따라서

$$n < S_n < n + \frac{1}{2} - \frac{1}{(n+1)!} < n + \frac{1}{2}$$

이다. 그러므로 $[S_n] = n$이다. 즉, $[S_{2024}] = 2024$ 이다.

예제 **1.3.17 (KMO, '2016)** _____

양의 정수 k에 대하여

$$a_k = (1 + \sqrt{k})(1 + \sqrt{k+1})(\sqrt{k} + \sqrt{k+1})$$

라 하자. 양의 정수 m, n이

$$10\left(\frac{1}{a_1} + \frac{1}{a_2} + \cdots + \frac{1}{a_{10}}\right) = m - \sqrt{n}$$

을 만족할 때, $m + n$의 값을 구하여라.

풀이

풀이

$$\begin{aligned}
\frac{1}{a_k} &= \frac{1}{(1 + \sqrt{k})(1 + \sqrt{k+1})(\sqrt{k} + \sqrt{k+1})} \\
&= \frac{\sqrt{k+1} - \sqrt{k}}{(1 + \sqrt{k})(1 + \sqrt{k+1})} \\
&= \frac{1}{1 + \sqrt{k}} - \frac{1}{1 + \sqrt{k+1}}
\end{aligned}$$

이므로,

$$\begin{aligned}
10\left(\frac{1}{a_1} + \frac{1}{a_2} + \cdots + \frac{1}{a_{10}}\right) &= 10\left(\frac{1}{1 + \sqrt{1}} - \frac{1}{1 + \sqrt{11}}\right) \\
&= 6 - \sqrt{11}
\end{aligned}$$

이다. 따라서 $m = 6$, $n = 11$이다. $m + n = 17$이다.

예제 **1.3.18 (KMO, '2020)** _____

양의 정수 n에 대하여, $a_n = \dfrac{n^2 - 2}{n^2 - 3 + 2\sqrt{2}}$라 하자.

$$a_1 \times a_2 \times \cdots \times a_{10} = \frac{p + q\sqrt{2}}{11 - \sqrt{2}}$$

일 때, $p^2 + q^2$의 값을 구하여라. (단, p, q는 유리수)

풀이

풀이 a_n을 변형하면

$$a_n = \frac{n^2 - 2}{n^2 - (\sqrt{2} - 1)^2} = \frac{(n - \sqrt{2})(n + \sqrt{2})}{\{(n+1) - \sqrt{2}\}\{(n-1) + \sqrt{2}\}}$$

이다. 그러므로,

$$\begin{aligned}
&a_1 \times a_2 \times \cdots \times a_{10} \\
&= \frac{(1 - \sqrt{2})(1 + \sqrt{2})}{(2 - \sqrt{2})\sqrt{2}} \times \cdots \times \frac{(10 - \sqrt{2})(10 + \sqrt{2})}{(11 - \sqrt{2})(9 + \sqrt{2})} \\
&= \frac{(1 - \sqrt{2})(10 + \sqrt{2})}{(11 - \sqrt{2})\sqrt{2}} \\
&= \frac{-9 + 4\sqrt{2}}{11 - \sqrt{2}}
\end{aligned}$$

이다. 따라서 $p = -9$, $q = 4$이다. 즉, $p^2 + q^2 = 97$이다.

1.4 복소수의 극형식

- 이 절의 주요 내용

- 드 무아브르의 정리

정의 1.4.1 _____

복소수 $z = a + bi$(단, a, b는 실수, $i = \sqrt{-1}$)에 있어서 복소수의 극형식을

$$z = r(\cos\theta + i\sin\theta)$$

로 나타낸다. 단, $\cos\theta = \dfrac{a}{\sqrt{a^2+b^2}}$, $\sin\theta = \dfrac{b}{\sqrt{a^2+b^2}}$, $r = |z| = \sqrt{a^2+b^2}$이다. 또한, 편각의 크기 $\theta = \arg(z)$라고 한다.

정리 1.4.2 (복소수의 기본성질) _____

극형식으로 나타내어진 두 복소수 $z_1 = r_1(\cos\theta_1 + i\sin\theta_1)$, $z_2 = r_2(\cos\theta_2 + i\sin\theta_2)$에 대하여 다음이 성립한다.

(1) $z_1 z_2 = r_1 r_2 \{\cos(\theta_1 + \theta_2) + i\sin(\theta_1 + \theta_2)\}$,

$\qquad |z_1 z_2| = |z_1| \cdot |z_2|$,

$\qquad \arg(z_1 z_2) = \arg(z_1) + \arg(z_2)$

(2) $\dfrac{z_1}{z_2} = \dfrac{r_1}{r_2}\{\cos(\theta_1 - \theta_2) + i\sin(\theta_1 - \theta_2)\}\,(z_2 \neq 0)$,

$\qquad \left|\dfrac{z_1}{z_2}\right| = \dfrac{|z_1|}{|z_2|}$,

$\qquad \arg\left(\dfrac{z_1}{z_2}\right) = \arg(z_1) - \arg(z_2)$,

$\qquad \arg\left(\dfrac{1}{z_1}\right) = -\arg(z_1)$

예제 1.4.3 _____

$z_1 = 1 - i$, $z_2 = -1 + i\sqrt{3}$일 때, $z_1 z_2$와 $\dfrac{z_1}{z_2}$를 각각 극형식으로 나타내어라.

풀이

풀이 z_1과 z_2를 극형식으로 고치면

$$z_1 = \sqrt{2}\left(\cos\frac{7}{4}\pi + i\sin\frac{7}{4}\pi\right),$$
$$z_2 = 2\left(\cos\frac{2}{3}\pi + i\sin\frac{2}{3}\pi\right)$$

이다. 따라서

$$z_1 z_2 = 2\sqrt{2}\left(\cos\frac{5}{12}\pi + i\sin\frac{5}{12}\pi\right)$$
$$\frac{z_1}{z_2} = \frac{\sqrt{2}}{2}\left(\cos\frac{13}{12}\pi + i\sin\frac{13}{12}\pi\right)$$

이다.

예제 **1.4.4** ──────────────────────

다음과 같은 두 복소수가 있다.

$$z_1 = 2 - \sqrt{3}a + ai, \quad z_2 = \sqrt{3}b - 1 + (\sqrt{3} - b)i$$

z_1과 z_2의 절댓값이 같고, $\frac{z_2}{z_1}$의 편각이 $\frac{\pi}{2}$ 일 때, 실수 a, b의 값을 구하여라.

풀이

풀이 문제의 조건으로 부터 $|z_1| = |z_2|$이므로 $\frac{|z_2|}{|z_1|} = 1$이다. 즉, $\left|\frac{z_2}{z_1}\right| = 1$이다. 또, $\arg\left(\frac{z_2}{z_1}\right) = \frac{\pi}{2}$ 이므로

$$\frac{z_2}{z_1} = \cos\frac{\pi}{2} + i\sin\frac{\pi}{2}$$

이다. 따라서 $\frac{z_2}{z_1} = i$이다. 즉, $z_2 = z_1 i$이다. 여기서, $z_1 = 2 - \sqrt{3}a + ai$, $z_2 = \sqrt{3}b - 1 + (\sqrt{3} - b)i$를 대입하면

$$\sqrt{3}b - 1 + (\sqrt{3} - b)i = (2 - \sqrt{3}a + ai)i$$

이다. 즉, $\sqrt{3}b - 1 + (\sqrt{3} - b)i = -a + (2 - \sqrt{3}a)i$ 이다. a, b가 실수이므로

$$\sqrt{3}b - 1 = -a, \quad \sqrt{3} - b = 2 - \sqrt{3}a$$

이다. 위 식을 연립하여 풀면

$$a = b = \frac{\sqrt{3} - 1}{2}$$

이다.

정리 **1.4.5 (드 무아브르의 정리)** ————————

n이 정수일 때,

$$(\cos\theta + i\sin\theta)^n = \cos n\theta + i\sin n\theta$$

가 성립한다.

예제 **1.4.6** ————————

$\left(\dfrac{1+i}{\sqrt{3}+i}\right)^{12}$의 값을 간단히 하여라.

풀이

풀이

$$\frac{1+i}{\sqrt{3}+i} = \frac{\sqrt{2}\left(\cos\frac{\pi}{4} + i\sin\frac{\pi}{4}\right)}{2\left(\cos\frac{\pi}{6} + i\sin\frac{\pi}{6}\right)}$$

$$= \frac{\sqrt{2}}{2}\left\{\cos\left(\frac{\pi}{4} - \frac{\pi}{6}\right) + i\sin\left(\frac{\pi}{4} - \frac{\pi}{6}\right)\right\}$$

$$= \frac{\sqrt{2}}{2}\left(\cos\frac{\pi}{12} + i\sin\frac{\pi}{12}\right)$$

이다. 따라서

$$\left(\frac{1+i}{\sqrt{3}+i}\right)^{12} = \left(\frac{\sqrt{2}}{2}\right)^{12}\left(\cos\frac{\pi}{12} + i\sin\frac{\pi}{12}\right)^{12}$$

$$= \frac{1}{64}(\cos\pi + i\sin\pi)$$

$$= -\frac{1}{64}$$

이다.

정리 **1.4.7 (이항방정식의 해법)** ──────────

$A = a(\cos\theta + i\sin\theta)(a > 0)$라 하면 $z^n = A$의 해는

$$z = \sqrt[n]{a}\left(\cos\frac{\theta + 2k\pi}{n} + i\sin\frac{\theta + 2k\pi}{n}\right)$$

이다. 단, $k = 0, 1, \cdots, n-1$이다.

예제 **1.4.8** ──────────

이항방정식 $z^3 = i$를 풀어라.

풀이

풀이 $z = r(\cos\theta + i\sin\theta)(r > 0)$로 놓으면 드무아브로의 정리로 부터

$$z^3 = r^3(\cos 3\theta + i\sin 3\theta) \tag{1}$$

이다. 한편,

$$z^3 = i = \cos\left(2k\pi + \frac{\pi}{2}\right) + i\sin\left(2k\pi + \frac{\pi}{2}\right) \tag{2}$$

이다. 단, k는 정수이다. 따라서 식 (1)과 (2)로 부터

$$r^3(\cos 3\theta + i\sin 3\theta)$$
$$= \cos\left(2k\pi + \frac{\pi}{2}\right) + i\sin\left(2k\pi + \frac{\pi}{2}\right)$$

이다. 그러므로

$$r^3 = 1, \quad 3\theta = 2k\pi + \frac{\pi}{2}$$

이다. 즉, $r > 0$이므로

$$r = 1, \quad \theta = \frac{4k+1}{6}\pi$$

이다. 따라서

$$z = \cos\frac{4k+1}{6}\pi + i\sin\frac{4k+1}{6}\pi$$

이다. $k = 0, 1, 2$를 대입하면,

$$z = \frac{\sqrt{3}}{2} + \frac{1}{2}i, \quad -\frac{\sqrt{3}}{2} + \frac{1}{2}i, \quad -i$$

이다.

1.5 함수방정식

- 이 절의 주요 내용

- 특정한 값을 대입하여 함수의 성질을 알아낸다.

정리 **1.5.1 (함수방정식의 풀이(1))** ————

x, y에 특정한 값을 대입하여 함수의 성질을 알아낸다.

(i) $x = 0$, $x = \pm 1$,

(ii) $y = 0$, $y = \pm 1$,

(iii) $x = -x$, $y = -y$

를 대입하여 함수의 성질을 알아낸다. 방정식을 만족하는 함수가 가져야할 성질들은 다음과 같다.

(i) 일대일 함수 : $x_1 \neq x_2$이면 $f(x_1) \neq f(x_2)$이다.

(ii) 일대일 대응 : 일대일 함수이며, 모든 y에 대하여 $f(x) = y$를 만족하는 x가 존재한다.

(iii) 주기함수 : 모든 x에 대하여, $f(x + p) = f(x)$이다. 여기서, 최소의 양수 p가 주기이다.

(iv) 기함수 : 모든 x에 대하여, $f(-x) = -f(x)$이다.

(v) 우함수 : 모든 x에 대하여, $f(-x) = f(x)$이다.

예제 **1.5.2** ————

함수 $f(x)$는 0아닌 실수 x에 대하여 $f\left(\frac{x+1}{x}\right) = \frac{x^2+1}{x^2} + \frac{1}{x}$을 만족할 때, 함수 f를 구하여라.

풀이

풀이 $t = \frac{x+1}{x}$이라고 두자. 그러면, $x = \frac{1}{t-1}$이다. 이를 주어진 함수방정식에 대입하면

$$f(t) = \frac{\left(\frac{1}{t-1}\right)^2 + 1}{\left(\frac{1}{t-1}\right)^2} + \frac{1}{\left(\frac{1}{t-1}\right)} = t^2 - t + 1$$

이다. 따라서 $f(x) = x^2 - x + 1$이다.

예제 **1.5.3 (KMO, '2003)** _____

함수 $f(x)$는 임의의 실수 x에 대하여 $f(1+x) + xf(1-x) = x^2 + x$를 만족시킨다. $f(-6)$의 값을 기약분수 $\dfrac{b}{a}$로 나타낼 때 $a+b$의 값을 구하여라.

풀이

예제 **1.5.4 (KMO, '2005)** _____

함수 $f : \mathbb{R} \to \mathbb{R}$이 $f(x) + f(1-x) = 7$과 $x + f\left(\dfrac{x}{3}\right) = \dfrac{1}{2}f(x)$를 만족시킬 때, $f\left(\dfrac{1}{9}\right)$의 값은?

풀이

풀이

$$f(1+x) + xf(1-x) = x^2 + x \qquad \text{(a)}$$

의 양변에 x대신 $-x$를 대입하면,

$$f(1-x) - xf(1+x) = x^2 - x \qquad \text{(b)}$$

가 된다. 식 (a)−(b)×x를 하면,

$$(1+x^2)f(1+x) = x + 2x^2 - x^3$$

이다. 양변에 −7를 대입하여 정리하면 $f(-6) = \dfrac{217}{25}$이다. 따라서 $a = 25$, $b = 217$이다. 즉, $a+b = 242$이다.

풀이 $x + f\left(\dfrac{x}{3}\right) = \dfrac{1}{2}f(x)$에 $x = 0$을 대입하면, $f(0) = 0$이다.

$f(x) + f(1-x) = 7$에 $x = 0$을 대입하면, $f(1) = 7$이다.

$x + f\left(\dfrac{x}{3}\right) = \dfrac{1}{2}f(x)$에 $x = 1$을 대입하면, $f\left(\dfrac{1}{3}\right) = \dfrac{5}{2}$이다.

$x + f\left(\dfrac{x}{3}\right) = \dfrac{1}{2}f(x)$에 $x = \dfrac{1}{3}$을 대입하면, $f\left(\dfrac{1}{9}\right) = \dfrac{11}{12}$이다.

[예제] **1.5.5** _____

함수 $f(x)$는 실수 x에 대하여

$$f(x+3) \leq f(x)+3, \quad f(x+2) \geq f(x)+2$$

를 만족한다. $g(x) = f(x) - x$라 하면, $g(x)$는 주기가 6인 주기함수임을 증명하여라.

[풀이]

[풀이] $g(x) = f(x) - x$와 $f(x+3) \leq f(x)+3$으로부터,

$$
\begin{aligned}
g(x+6) &= f(x+6) - (x+6) \\
&\leq f(x+3) + 3 - (x+6) \\
&\leq f(x) + 3 + 3 - (x+6) \\
&= f(x) - x = g(x) \qquad (1)
\end{aligned}
$$

이다. 또, $g(x) = f(x) - x$와 $f(x+2) \geq f(x)+2$으로부터,

$$
\begin{aligned}
g(x+6) &= f(x+6) - (x+6) \\
&\geq f(x+4) + 2 - (x+6) \\
&\geq f(x+2) + 2 + 2 - (x+6) \\
&\geq f(x) + 2 + 2 + 2 - (x+6) \\
&= f(x) - x = g(x) \qquad (2)
\end{aligned}
$$

이다. 따라서 식 (1)과 (2)에 의하여 $g(x+6) = g(x)$이다. 즉, $g(x)$는 주기가 6인 주기함수이다.

예제 **1.5.6** _____

함수 $f(x)$는 실수 x에 대하여

$$f(x+2)(1-f(x)) = 1 + f(x)$$

를 만족할 때, $f(x)$가 주기함수임을 증명하여라.

풀이

풀이 먼저 $f(x) = 1$라고 가정하고, 주어진 관계식에 대입하면, $0 = 2$가 되어 모순이다. 따라서 $1 - f(x) \neq 0$이다. 그러므로

$$f(x+2) = \frac{1+f(x)}{1-f(x)}$$

이다. x대신에 $x+2$를 대입하면,

$$f(x+4) = \frac{1+f(x+2)}{1-f(x+2)} = \frac{1+\frac{1+f(x)}{1-f(x)}}{1-\frac{1+f(x)}{1-f(x)}} = -\frac{1}{f(x)}$$

이다. 다시, 위 식에 x대신 $x+4$를 대입하면,

$$f(x+8) = f((x+4)+4) = -\frac{1}{f(x+4)} = f(x)$$

이다. 따라서 $f(x)$는 주기가 8인 주기함수이다.

정리 **1.5.7 (함수방정식의 풀이(2))** _____

특정한 함수를 대입하여 성질을 만족하는지 알아본다.

  (i) 상수함수

 (ii) $f(x) = x, \quad f(x) = -x$

(iii) $f(x) = ax + b$

(iv) 다항함수

$$f(x) = a_n x^n + a_{n-1} x^{n-1} + \cdots + a_1 x + a_0$$

 (v) 삼각함수

$$f(x) = \sin kx, \quad f(x) = \cos kx, \quad f(x) = \tan kx$$

 (vi) 지수함수 $f(x) = a^x$

(vii) 로그함수 $f(x) = \log_a x$

를 대입하여 함수의 성질을 알아본다.

예제 **1.5.8** _____

다항식 $p(x)$가 $p(x^2 + 1) = (p(x))^2 + 1$, $p(0) = 0$을 만족할 때, $p(x)$를 구하여라.

풀이

풀이

$$p(0) = 0$$
$$p(1) = p(0^2 + 1) = (p(0))^2 + 1 = 1 = 0^2 + 1$$
$$p(2) = p(1^2 + 1) = (p(1))^2 + 1 = 2 = 1^2 + 1$$
$$p(5) = p(2^2 + 1) = (p(2))^2 + 1 = 5 = 2^2 + 1$$
$$p(26) = p(5^2 + 1) = (p(5))^2 + 1 = 26 = 5^2 + 1$$
$$\vdots$$

이다. 따라서 $p(x_0) = x_0$이면,

$$p(x_0^2 + 1) = (p(x_0))^2 + 1 = x_0^2 + 1$$

이 된다. 즉, x_0가 $p(x) - x = 0$의 근이면 $x_0^2 + 1$도 $p(x) - x = 0$의 근이다. 따라서 다항식 $p(x) - x = 0$의 근이 무한히 많으므로 $p(x) = x$이다.

예제 **1.5.9** _____

n차 다항식 $p(x)$가

$$p(k) = \frac{k}{k+1}, \quad k = 0, 1, 2, \cdots, n$$

을 만족할 때, $p(n+1)$의 값을 구하여라.

풀이

풀이 $q(x) = (x+1)p(x) - x$라 두면, $q(x)$는 $n+1$차 다항식이고,

$$q(k) = 0, \quad k = 0, 1, 2, \cdots, n$$

이다. 따라서 인수정리에 의하여

$$q(x) = (x+1)p(x) - x = Ax(x-1)(x-2)\cdots(x-n)$$

이다. 단, A는 상수이다. 위 식의 양변에 $x = -1$를 대입하여 정리하면,

$$1 = A(-1)^{n+1}(n+1)!$$

이다. 즉, $A = \frac{(-1)^{n+1}}{(n+1)!}$이다. 따라서

$$p(x) = \frac{1}{x+1}\left(x + \frac{(-1)^{n+1}}{(n+1)!}x(x-1)\cdots(x-n)\right)$$

이다. 그러므로

$$p(n+1) = \frac{1}{n+2}(n+1 + (-1)^{n+1})$$

$$= \begin{cases} 1, & (n\text{이 홀수일 때}) \\ \dfrac{n}{n+2}, & (n\text{이 짝수일 때}) \end{cases}$$

이다.

예제 **1.5.10 (KMO, '2007)** _____

자연수 n에 대하여, n차 다항함수 $f_n(x)$를

$$f_n(x) = \frac{x(x-1)(x-2)\cdots(x-n+1)}{n!}$$

로 정의하자. 방정식 $f_n(x) + f_{n-1}(x) = f_n(x+2)$의 모든 근들의 합이 5049일 때, n의 값을 구하여라.

풀이

풀이 양변에 $n!$을 곱하고 주어진 식을 정리하면,

$$x(x-1)\cdots(x-n+1) + nx(x-1)\cdots(x-n+2)$$
$$= (x+2)\cdots(x-n+3)$$

이고, 양변을 정리하면,

$$x(x-1)\cdots(x-n+3)\{(x-n+2)(x-n+1)$$
$$+ n(x-n+2) - (x+2)(x+1)\} = 0$$

이다. 다시 정리하면,

$$x(x-1)\cdots(x-n+3)(-nx-n) = 0$$

이다. 따라서 방정식의 해는 $0, 1, 2, \cdots, n-3, -1$ 이다. 해들의 합 $0+1+2+\cdots+(n-3)+(-1) = 5049$ 이므로 $n = 103$이다.

예제 **1.5.11 (KMO, '2008)** ─────────

다음 조건을 만족시키는 이차함수 $P(x)$들에 대하여, $P(5)$의 값들 중 최댓값을 구하여라.

(조건) 모든 실수 x에 대하여, $(x^2-1)[P(x-1)+P(x+1)]=2x^2P(x)$이고, $|P(0)|\le 5$이다.

풀이

풀이 $P(x)=ax^2+bx+c$라고 하자. 그러면, 주어진 조건으로부터

$$(x^2-1)[a(x-1)^2+b(x-1)+c+a(x+1)^2$$
$$+b(x+1)+c]$$
$$=2x^2(ax^2+bx+c)$$

이다. 이를 정리하면,

$$2[ax^4+bx^3+cx^2-bx-(a+c)]=2(ax^4+bx^3+cx^2)$$

이다. 계수비교법에 의하여,

$$b=0,\ \ a+c=0$$

이다. 그러므로 $P(x)=a(x^2-1)$이다. 그런데, 주어진 조건 $|P(0)|\le 5$에 의하여, $|P(0)|=|-a|\le 5$이다. 즉, $-5\le a\le 5$이다. 따라서 $P(5)=a(5^2-1)$이므로, $-120\le a(5^2-1)\le 120$이다. 그러므로 $P(5)$의 최댓값은 120이다.

예제 **1.5.12 (KMO, '2008)** _____

상수가 아닌 다항식 $f(x)$가 모든 실수 s, t에 대하여

$$f(s^2 + f(t)) = (s - 2t)^2 f(s + 2t)$$

를 만족시킬 때, $|f(10)|$을 구하여라.

풀이

풀이 $f(x) = a_n x^n + a_{n-1} x^{n-1} + \cdots + a_1 x + a_0$라 두자. 주어진 관계식에 $t = 0$을 대입하면,

$$f(s^2 + a_0) = s^2 f(s)$$

이고, 이를 정리하면,

$$a_n(s^2 + a_0)^n + a_{n-1}(s^2 + a_0)^{n-1}$$
$$+ \cdots + a_1(s^2 + a_0) + a_0$$
$$= s^2(a_n s^n + a_{n-1} s^{n-1} + \cdots + a_1 s + a_0)$$

이다. 위 식은 s에 대한 항등식이므로, 차수를 비교하면, $2n = n + 2$이므로, $n = 2$이다. 그러므로

$$a_2(s^2 + a_0)^2 + a_1(s^2 + a_0) + a_0 = s^2(a_2 s^2 + a_1 s + a_0)$$

이다. 즉,

$$a_2 a_0^2 + a_1 a_0 + a_0 = 0, \quad 2a_0 a_2 + a_1 = a_0, \quad a_1 = 0$$

이다. 이를 풀면 $a_0 = 0$, $a_1 = 0$, a_2는 임의의 상수인 경우와 $a_0 = -2$, $a_1 = 0$, $a_2 = \frac{1}{2}$인 두 가지 경우가 나온다. 즉,

$$f(x) = ax^2, \quad \text{또는} \quad f(x) = \frac{1}{2}x^2 - 2$$

이다. 그런데, 주어진 관계식을 만족하는 식은 $f(x) = ax^2$일 때만이다. 그리고, 이 때, $a = \pm 4$이다. 따라서 $f(x) = \pm 4x^2$이다. 그러므로 $|f(10)| = 400$이다.

예제 **1.5.13 (KMO, '2010)** ────────────

두 다항식 $P(x) = x^2 + a(a \neq 0)$, $Q(x) = x^3 + bx + c$ 가 $P(Q(x)) = Q(P(x))$를 만족할 때, $Q(10)$의 값을 구하여라.

풀이

풀이 $P(x) = x^2 + a(a \neq 0)$, $Q(x) = x^3 + bx + c$를 $P(Q(x))$, $Q(P(x))$에 대입하여 정리하면,

$$P(Q(x)) = x^6 + 2bx^4 + 2cx^3 + b^2x^2 + 2bcx + a + c^2$$
$$Q(P(x)) = x^6 + 3ax^4 + (3a^2 + b)x^2 + a^3 + ab + c$$

이다. $P(Q(x)) = Q(P(x))$이므로, 계수비교하면,

$$2b = 3a, \quad c = 0, \quad b^2 = 3a^2 + b, \quad a + c^2 = a^3 + ab + c$$

이다. 이를 풀면, $a = -2$, $b = -3$, $c = 0$이다. 그러므로 $Q(x) = x^3 - 3x$이다. 따라서 $Q(10) = 10^3 - 3 \times 10 = 970$이다.

예제 **1.5.14** _____

최고차항의 계수가 1인 2024차 다항식 $P(x)$가

$$P(0) = 2023, \quad P(1) = 2022, \quad \cdots, \quad P(2023) = 0$$

을 만족할 때, $P(x)$을 구하여라.

풀이

풀이 다항식 $Q(x) = P(x) + x - 2023$을 생각하자. 그러면, $x = 0, 1, 2, \cdots, 2023$에 대하여 $Q(x) = 0$이다. 즉, $0, 1, \cdots, 2023$은 방정식 $Q(x) = 0$의 2024개의 해이다. 그런데, $P(x)$의 최고차항의 계수가 1인 2024차 다항식이므로, $Q(x)$의 최고차항의 계수가 1인 2024차 다항식이다. 그러므로

$$Q(x) = x(x-1)(x-2)\cdots(x-2023)$$

이다. 따라서

$$P(x) = x(x-1)(x-2)\cdots(x-2023) - x + 2023$$

이다.

예제 **1.5.15 (KMO, '2021)** ――――――――

양의 정수에 대하여 정의된 함수 f가 $f(1) = 1$, $f(2) = 2$이고, 각 양의 정수 n에 대하여 다음 두 조건을 모두 만족한다.

  (i) $f(3n) = f(n)$

  (ii) $f(3n + 2) = f(3n + 1) = f(3n) + 1$

함숫값 $f(1), f(2), f(3), \cdots, f(10000)$ 중 가장 큰 값을 구하여라.

풀이

풀이 조건을 만족하는 함수의 규칙성을 찾아 보자.

n	3진법	$f(n)$
1	1	1
2	2	2
3	10	1
4	11	2
5	12	2
6	20	1
⋮	⋮	⋮
13	111	3
⋮	⋮	⋮
40	1111	4
⋮	⋮	⋮
121	11111	5
⋮	⋮	⋮
364	111111	6
⋮	⋮	⋮
1093	1111111	7
⋮	⋮	⋮
3283	11111111	8
⋮	⋮	⋮
9841	111111111	9
⋮	⋮	⋮
29524	1111111111	10

$f(n)$은 n을 3진법으로 나타냈을 때, 0이 아닌 자릿수의 합임을 알 수 있다. $f(n) = 9$인 가장 작은 n은 9841이고, $f(n) = 10$인 가장 작은 n은 29524이므로 함숫값 $f(1), f(2), f(3), \cdots, f(10000)$ 중 가장 큰 값은 9이다.

[예제] **1.5.16 (KMO, '2021)** ——————————

차수가 1 이상이고 계수가 모두 실수인 다항식 $p(x)$가 모든 실수 x에 대하여

$$(x-32)p(2x) = 32(x-1)p(x)$$

를 만족한다. $\dfrac{24 \times p(24)}{p(0)}$ 의 값을 구하여라.

[풀이]

[풀이]

$$(x-32)p(2x) = 32(x-1)p(x) \qquad (1)$$

에서, 식 (1)의 양변에 $x=1$을 대입하면 $p(2)=0$ 이다.

식 (1)의 양변에 $x=2$를 대입하면 $p(4)=0$이다.

식 (1)의 양변에 $x=4$를 대입하면 $p(8)=0$이다.

식 (1)의 양변에 $x=8$을 대입하면 $p(16)=0$이다.

식 (1)의 양변에 $x=16$을 대입하면 $p(32)=0$이다.

그러므로 인수정리에 의하여 다항식 $p(x)$는 $x-2$, $x-4$, $x-8$, $x-16$, $x-32$를 인수로 갖는다. 즉, $p(x) = (x-2)(x-4)(x-8)(x-16)(x-32)q(x)$ 를 만족하는 다항식 $q(x)$가 존재한다. 식 (1)에 $p(x) = (x-2)(x-4)(x-8)(x-16)(x-32)q(x)$를 대입하면

$$(x-32)(2x-2)(2x-4)(2x-8)$$
$$\times (2x-16)(2x-32)q(2x)$$
$$= 32(x-1)(x-2)(x-4)(x-8)$$
$$\times (x-16)(x-32)q(x)$$

이다. 이를 정리하면 $q(2x)=q(x)$이다. 즉, $q(x)$ 는 상수이다. 그러므로

$$p(x) = a(x-2)(x-4)(x-8)(x-16)(x-32)$$

라 두면,

$$\frac{24p(24)}{p(0)} = \frac{24 \times a \times 22 \times 20 \times 16 \times 8 \times (-8)}{a \times (-2) \times (-4) \times (-8) \times (-16) \times (-32)}$$
$$= 330$$

이다.

| 정리 | **1.5.17 (코시함수방정식의 풀이)** ——————

코시(Cauchy)에 의해 제기된 것으로 알려진 다음 네 가지 형태의 함수방정식을 코시 함수방정식이라고 한다.

(i) $f(x + y) = f(x) + f(y)$를 만족하면 $f(x) = kx$(단, k는 상수)이다.

(ii) $f(x + y) = f(x)f(y)$, $f(x) \neq 0$를 만족하면 $f(x) = a^x$(단, a는 양의 실수)이다.

(iii) $f(xy) = f(x) + f(y)$, $x > 0, y > 0$를 만족하면 $f(x) = \log_a x$(단, $a > 0, a \neq 1$인 실수)이다.

(iv) $f(xy) = f(x)f(y)$, $x > 0, y > 0$를 만족하면 $f(x) = x^n$(단, n은 실수)이다.

| 정리 | **1.5.18 (코시함수방정식의 변형)** ——————

다음은 코시 함수방정식의 변형이다.

(i) $f(x + y) = \dfrac{f(x)f(y)}{f(x) + f(y)}$를 만족하면 $f(x) = \dfrac{k}{x}$(단, k는 0이 아닌 상수)이다.

(ii) $f(x+y) = f(x)+f(y)+2\sqrt{f(x)f(y)}$, $f(x) \geq 0$, $x > 0, y > 0$를 만족하면 $f(x) = ax^2$(단, a는 양의 실수)이다.

(iii) $\{f(x)\}^2 + \{f(y)\}^2 = \{f(x+y)\}^2$, $f(x) \geq 0$, $x > 0, y > 0$를 만족하면 $f(x) = a\sqrt{x}$(단, $a > 0, a \neq 1$인 실수)이다.

(iv) $f(x + y) = f(x) + f(y) + kxy$를 만족하면 $f(x) = ax^2 + bx$(단, k, a, b는 상수)이다.

(v) $f(x+y)+f(x-y) = 2f(x)$를 만족하면 $f(x) = ax + b$(단, a, b는 상수)이다.

(vi) $f\left(\dfrac{x+y}{2}\right) = \dfrac{f(x) + f(y)}{2}$를 만족하면 $f(x) = ax + b$이다.

예제 1.5.19

실수 x, y에 대하여 함수 f가

$$f(x + y) = f(x) + f(y), \quad f(1) = 3$$

을 만족할 때, $f(x)$를 구하여라.

풀이

정리 1.5.20 (젠센함수방정식의 풀이)

$$f\left(\frac{x + y}{2}\right) = \frac{f(x) + f(y)}{2}$$

를 만족하는 함수방정식을 젠센 함수방정식이라고 하고, 이 함수방정식의 해는

$$f(x) = kx + f(0)$$

이다. 단, k는 상수이다.

증명 $f(0) = a$라고 하자. $y = 0$을 대입하면

$$f\left(\frac{x}{2}\right) = \frac{f(x) + a}{2}$$

이다. 그러면,

$$\frac{f(x) + f(y)}{2} = f\left(\frac{x + y}{2}\right) = \frac{f(x + y) + a}{2}$$

이다. 이를 정리하면,

$$f(x + y) = f(x) + f(y) - a$$

이다. $g(x) = f(x) - a$라고 놓으면 코시 방정식 $g(x + y) = g(x) + g(y)$가 된다. 따라서 $g(x) = kx$이다. 따라서

$$f(x) = kx + a = kx + f(0)$$

이다.

풀이 코시 방정식 $f(x+y) = f(x) + f(y)$를 만족하고, $f(1) = 3$이므로 주어진 조건을 만족하는 함수 $f(x) = 3x$이다.

정리 **1.5.21 (삼각함수방정식의 풀이)** ───────

다음 네 가지 형태의 방정식을 삼각함수방정식이라
고 한다.

(i) $g(x+y) = g(x)f(y) + f(x)g(y)$

(ii) $f(x+y) = f(x)f(y) - g(x)g(y)$

(iii) $g(x-y) = g(x)f(y) - g(y)f(x)$

(iv) $f(x-y) = f(x)f(y) + g(x)g(y)$

위 네 가지 형태를 만족하는 함수는 $f(x) = \cos x$,
$g(x) = \sin x$이다.

예제 **1.5.22** ───────────────────

함수 f가 모든 실수 x, y에 대하여

$$f(x)f(y) - f(xy) = x + y$$

를 만족할 때, $f(x)$를 구하여라.

풀이

풀이 $y = 0$을 주어진 식에 대입하면 모든 x에
대하여 $f(0)(f(x) - 1) = x$이다. 따라서 $f(0) \neq 0$
이고, $f(x) = \dfrac{x}{f(0)} + 1$이다. $x = 0 = y$을 주어진
식에 대입하면 $f(0)(f(0) - 1) = 0$이므로 $f(0) = 1$
이다. 따라서 $f(x) = x + 1$이다.

예제 1.5.23

함수 f가 $x^2 \neq y^2$인 모든 실수 x, y에 대하여

$$(x-y)f(x+y) - (x+y)f(x-y) = 4xy(x^2 - y^2)$$

를 만족할 때, $f(x)$를 구하여라.

풀이

풀이 주어진 함수방정식의 양변을 $x^2 - y^2$으로 나누면

$$\frac{f(x+y)}{x+y} - \frac{f(x-y)}{x-y} = 4xy$$

이다. $g(x) = \frac{f(x)}{x}$라고 놓으면

$$g(x+y) - g(x-y) = 4xy$$

이고, 이를 다시 정리하면,

$$g(x+y) - (x+y)^2 = g(x-y) - (x-y)^2$$

이다. 그러므로 적당한 상수 k에 대하여,

$$g(x) - x^2 = k$$

이다. 따라서

$$f(x) = x^3 + kx$$

이다.

1.6 삼각함수

- 이 절의 주요 내용

- 삼각함수의 정의와 성질

- 사인법칙, 코사인법칙, 탄젠트법칙

정의 1.6.1 _____

중심이 $O(0,0)$이고, 반지름이 r인 원 위의 한 점 $P(x,y)$에 대하여 θ를 OP가 x축의 양의 방향과 이루는 각이라고 할 때, θ의 사인함수, 코사인함수, 탄젠트함수, 코시컨트함수, 시컨트함수, 코탄젠트함수를 다음과 같이 정의한다.

$$\sin\theta = \frac{y}{r}, \cos\theta = \frac{x}{r}, \tan\theta = \frac{y}{x},$$
$$\csc\theta = \frac{r}{y}, \sec\theta = \frac{r}{x}, \cot\theta = \frac{x}{y}$$

정리 1.6.2 (삼각함수의 기본공식) _____

임의의 실수 θ에 대하여 다음 관계가 성립한다.

(1) 역수 관계

$$\csc\theta = \frac{1}{\sin\theta}, \quad \sec\theta = \frac{1}{\cos\theta}, \quad \cot\theta = \frac{1}{\tan\theta}$$

(2) 상제 관계

$$\tan\theta = \frac{\sin\theta}{\cos\theta}, \quad \cot\theta = \frac{\cos\theta}{\sin\theta}$$

(3) 제곱 관계

$$\sin^2\theta + \cos^2\theta = 1,$$
$$\tan^2\theta + 1 = \sec^2\theta,$$
$$1 + \cot^2\theta = \csc^2\theta$$

예제 1.6.3 _____

다음 각 등식을 증명하여라. 단, θ는 실수이다.

(1) $\tan^2\theta - \sin^2\theta = \tan^2\theta \cdot \sin^2\theta$

(2) $(\sin\theta + \cos\theta)^2 + (\sin\theta - \cos\theta)^2 = 2$

풀이

정리 1.6.4 _____

θ가 임의의 실수일 때, 다음이 성립한다. 단, n은 정수이다.

(1) 주기 공식

$$\sin(2\pi n + \theta) = \sin\theta, \quad \cos(2\pi n + \theta) = \cos\theta,$$

$$\tan(\pi n + \theta) = \tan\theta$$

(2) 음각 공식

$$\sin(-\theta) = -\sin\theta, \quad \cos(-\theta) = \cos\theta,$$

$$\tan(-\theta) = -\tan\theta$$

(3) 보각 공식

$$\sin(180° - \theta) = \sin\theta, \quad \sin(180° + \theta) = -\sin\theta,$$

$$\cos(180° - \theta) = -\cos\theta, \quad \cos(180° + \theta) = -\cos\theta,$$

$$\tan(180° - \theta) = -\tan\theta, \quad \tan(180° + \theta) = \tan\theta$$

(4) 여각 공식

$$\sin(90° - \theta) = \cos\theta, \quad \sin(90° + \theta) = \cos\theta,$$

$$\cos(90° - \theta) = \sin\theta, \quad \cos(90° + \theta) = -\sin\theta,$$

$$\tan(90° - \theta) = \cot\theta, \quad \tan(90° + \theta) = -\cot\theta$$

풀이

(1) $\tan^2\theta - \sin^2\theta = \dfrac{\sin^2\theta}{\cos^2\theta} - \sin^2\theta = \dfrac{\sin^2\theta(1-\cos^2\theta)}{\cos^2\theta} = \dfrac{\sin^2\theta}{\cos^2\theta} \cdot \sin^2\theta = \tan^2\theta \cdot \sin^2\theta$이다.

(2) $(\sin\theta + \cos\theta)^2 + (\sin\theta - \cos\theta)^2 = 2(\sin^2\theta + \cos^2\theta) = 2$이다.

[정리] **1.6.5 (삼각함수의 덧셈정리)** ─────────

다음이 성립한다. 단, 복부호 동순이다.

$$\sin(\alpha \pm \beta) = \sin\alpha\cos\beta \pm \cos\alpha\sin\beta$$

$$\cos(\alpha \pm \beta) = \cos\alpha\cos\beta \mp \sin\alpha\sin\beta$$

$$\tan(\alpha \pm \beta) = \frac{\tan\alpha \pm \tan\beta}{1 \mp \tan\alpha\tan\beta}$$

[정리] **1.6.6 (삼각함수의 합성)** ─────────

다음이 성립한다.

(1) $a\sin\theta + b\cos\theta = \sqrt{a^2 + b^2}\sin(\theta + \alpha)$

단, $\cos\alpha = \dfrac{a}{\sqrt{a^2 + b^2}}$, $\sin\alpha = \dfrac{b}{\sqrt{a^2 + b^2}}$ 이다.

(2) $a\sin\theta + b\cos\theta = \sqrt{a^2 + b^2}\cos(\theta - \beta)$

단, $\cos\beta = \dfrac{b}{\sqrt{a^2 + b^2}}$, $\sin\beta = \dfrac{a}{\sqrt{a^2 + b^2}}$ 이다.

[정리] **1.6.7 (2배각 공식)** ─────────

다음이 성립한다.

$$\sin 2\alpha = 2\sin\alpha\cos\alpha,$$

$$\cos 2\alpha = \cos^2\alpha - \sin^2\alpha,$$

$$\tan 2\alpha = \frac{2\tan\alpha}{1 - \tan^2\alpha}$$

[예제] **1.6.8** ─────────

$a + b + c = \pi$ 일 때,

$$\tan a + \tan b + \tan c = \tan a \tan b \tan c$$

임을 증명하여라.

[풀이]

[풀이]

$$\begin{aligned}\tan c &= \tan(\pi - (a + b)) \\ &= -\tan(a + b) \\ &= -\frac{\tan a + \tan b}{1 - \tan a \tan b}\end{aligned}$$

이다. 따라서

$$\tan c - \tan a \tan b \tan c = -\tan a - \tan b$$

이다. 즉,

$$\tan a + \tan b + \tan c = \tan a \tan b \tan c$$

이다.

정리 **1.6.9 (반각 공식)** ────────

다음이 성립한다.

$$\sin^2 \frac{\alpha}{2} = \frac{1 - \cos \alpha}{2},$$
$$\cos^2 \frac{\alpha}{2} = \frac{1 + \cos \alpha}{2},$$
$$\tan^2 \frac{\alpha}{2} = \frac{1 - \cos \alpha}{1 + \cos \alpha}$$

정리 **1.6.10 (곱을 합 또는 차로 고치는 공식)** ────

다음이 성립한다.

$$\sin \alpha \cos \beta = \frac{1}{2}\{\sin(\alpha + \beta) + \sin(\alpha - \beta)\}$$
$$\cos \alpha \sin \beta = \frac{1}{2}\{\sin(\alpha + \beta) - \sin(\alpha - \beta)\}$$
$$\cos \alpha \cos \beta = \frac{1}{2}\{\cos(\alpha + \beta) + \cos(\alpha - \beta)\}$$
$$\sin \alpha \sin \beta = -\frac{1}{2}\{\cos(\alpha + \beta) - \cos(\alpha - \beta)\}$$

정리 **1.6.11 (합 또는 차를 곱으로 고치는 공식)** ──

다음이 성립한다.

$$\sin A + \sin B = 2 \sin \frac{A+B}{2} \cos \frac{A-B}{2}$$
$$\sin A - \sin B = 2 \cos \frac{A+B}{2} \sin \frac{A-B}{2}$$
$$\cos A + \cos B = 2 \cos \frac{A+B}{2} \cos \frac{A-B}{2}$$
$$\cos A - \cos B = -2 \sin \frac{A+B}{2} \sin \frac{A-B}{2}$$

삼각형 ABC에서 꼭짓점 A, B, C에 대응하는 변의 길이를 각각 a, b, c라고 하자. 또 $s = \frac{1}{2}(a + b + c)$라고 하자. 그러면 s는 삼각형 ABC의 둘레의 길이의 반이다. R과 r을 각각 삼각형 ABC의 외접원과 내접원의 반지름의 길이라고 하자.

정리 **1.6.12 (사인 법칙)** ────────

삼각형 ABC에서 다음이 성립한다.

$$\frac{a}{\sin A} = \frac{b}{\sin B} = \frac{c}{\sin C} = 2R.$$

예제 **1.6.13** ────────────

삼각형 ABC에서 $\angle A = 60°$, $\angle B = 45°$, $a = 3$일 때, b와 외접원의 반지름의 길이를 구하여라.

풀이

풀이 사인 법칙으로 부터

$$\frac{3}{\frac{\sqrt{3}}{2}} = \frac{b}{\frac{\sqrt{2}}{2}} = 2R$$

이다. 따라서 $b = \sqrt{6}$, $R = \sqrt{3}$이다.

정리 **1.6.14 (제 1 코사인법칙)** ────────────

삼각형 ABC에서 다음이 성립한다.

$$a = b\cos C + c\cos B$$

$$b = c\cos A + a\cos C$$

$$c = a\cos B + b\cos A$$

정리 **1.6.15 (제 2 코사인법칙)** ────────────

삼각형 ABC에서 다음이 성립한다.

$$a^2 = b^2 + c^2 - 2bc\cos A$$

$$b^2 = c^2 + a^2 - 2ca\cos B$$

$$c^2 = a^2 + b^2 - 2ab\cos C$$

정리 **1.6.16 (삼각형의 넓이)** ────────────

삼각형 ABC의 넓이 S는 다음과 같다.

(1) $S = \dfrac{1}{2}bc\sin A = \dfrac{1}{2}ca\sin B = \dfrac{1}{2}ab\sin C$이다.

(2) 헤론의 공식 : $S = \sqrt{s(s-a)(s-b)(s-c)}$이다.

정리 **1.6.17 (탄젠트 법칙)** ────────────

삼각형 ABC에서 다음이 성립한다.

$$\frac{a+b}{a-b} = \frac{\tan\frac{1}{2}(A+B)}{\tan\frac{1}{2}(A-B)},$$

$$\frac{b+c}{b-c} = \frac{\tan\frac{1}{2}(B+C)}{\tan\frac{1}{2}(B-C)},$$

$$\frac{c+a}{c-a} = \frac{\tan\frac{1}{2}(C+A)}{\tan\frac{1}{2}(C-A)}$$

증명 사인법칙과 합 또는 차를 곱으로 고치는 공식을 이용하면

$$\begin{aligned}
\frac{a+b}{a-b} &= \frac{2R\sin A + 2R\sin B}{2R\sin A - 2R\sin B} \\
&= \frac{\sin A + \sin B}{\sin A - \sin B} \\
&= \frac{2\sin\frac{A+B}{2}\cos\frac{A-B}{2}}{2\cos\frac{A+B}{2}\sin\frac{A-B}{2}} \\
&= \frac{\tan\frac{1}{2}(A+B)}{\tan\frac{1}{2}(A-B)}
\end{aligned}$$

이다. 마찬가지로

$$\frac{b+c}{b-c} = \frac{\tan\frac{1}{2}(B+C)}{\tan\frac{1}{2}(B-C)}, \quad \frac{c+a}{c-a} = \frac{\tan\frac{1}{2}(C+A)}{\tan\frac{1}{2}(C-A)}$$

임을 알 수 있다.

정리 **1.6.18** _____

A, B, C는 삼각형의 세 각이고, a, b, c는 각 A, B, C에 각각 대응되는 변의 길이이고, $s = \dfrac{a+b+c}{2}$라고 할 때, 다음이 성립한다.

$$\sin A = \frac{2}{bc}\sqrt{s(s-a)(s-b)(s-c)}$$

$$\sin B = \frac{2}{ca}\sqrt{s(s-a)(s-b)(s-c)}$$

$$\sin C = \frac{2}{ab}\sqrt{s(s-a)(s-b)(s-c)}$$

증명 삼각형 넓이를 구하는 공식(헤론의 공식과 사인을 이용한 공식)으로 부터 쉽게 알 수 있다.

1.7 연습문제

연습문제 **1.1** ★★★──────

정수 a, b, c에 대하여, 다음 두 조건

  (i) $ac \neq bc$,

  (ii) $f(a) = a$, $f(b) = b$, $c^2 + (f(c))^2 + (f(0))^2 = 2cf(0)$

을 만족하는 정수계수 다항식 $f(x)$를 모두 구하여라.

연습문제 **1.2** ★★──────

실수계수 a, b, c, d를 갖는 다항식 $p(x) = x^4 + ax^3 + bx^2 + cx + d$가 $p(1) = 827$, $p(2) = 1654$, $p(3) = 2481$을 만족할 때, $\dfrac{p(9) + p(-5)}{4}$를 구하여라.

연습문제 **1.3** ★★─────────

방정식 $x^3 + ax^2 + bx + c = 0$가 a, b, c를 세 근으로 가질 때, 이를 만족하는 정수 a, b, c의 순서쌍 (a, b, c)를 모두 구하여라.

연습문제 **1.4** ★★★★─────────

$(a+b)^7 - a^7 - b^7$를 인수분해하여라.

연습문제 **1.5** ★★★――――――――

$8(a+b+c)^3 - (a+b)^3 - (b+c)^3 - (c+a)^3$을 인수분해하여라.

연습문제 **1.6** ★★★★――――――――

$a^4(b-c) + b^4(c-a) + c^4(a-b)$을 인수분해하여라.

연습문제 **1.7 ★★★★**_____

$a(b-c)^5 + b(c-a)^5 + c(a-b)^5$을 인수분해하여라.

연습문제 **1.8 ★★**_____

함수 f가 0이 아닌 모든 실수 x에 대하여

$$3f(x) + 2f\left(\frac{1}{x}\right) = 4x$$

를 만족할 때, $f(x)$를 구하여라.

연습문제 **1.9** ★★————————

함수 f가 0이 아닌 모든 실수 x에 대하여

$$\frac{1}{x}f(-x) + f\left(\frac{1}{x}\right) = x$$

를 만족할 때, $f(x)$를 구하여라.

연습문제 **1.10** ★★★★————————

함수 f가 모든 실수 x, y에 대하여

$$f(x) + f(y) = f(x+y) - xy - 1$$

을 만족한다고 하자. $f(1) = 1$일 때, $f(n) = n$을 만족하는 음이 아닌 정수 n을 구하여라.

연습문제 **1.11** ★★—————————

다음을 만족시키는 함수 $f(x)$에 대하여, $f(-9)$의 값을 기약분수 $\dfrac{n}{m}$으로 나타낼 때, $10m + n$의 값을 구하여라.

$$f(3) = 1, \quad (x^2 - x + 1)f(x^2) = f(x)$$

연습문제 **1.12** ★★★—————————

양의 정수의 집합에서 정의된 함수 $f(n)$은 다음 성질을 만족한다고 한다.

$$f(1) = 1, \ \ f(2) = 2,$$

$$f(n+2) = f(n+1) + \{f(n)\}^2 + 2006 \ \ (n \geq 1)$$

2006개의 정수 $f(1), f(2), \cdots, f(2006)$들 중 7의 배수는 모두 몇 개인가?

연습문제 **1.13** ★★——————————

임의의 실수 x, y, z에 대하여 관계식 $f(x + y) +$ $f(y + z) + f(z + x) \geq 3f(x + 2y + 3z)$를 만족하는 함수 $f : \mathbb{R} \to \mathbb{R}$를 모두 구하여라.

연습문제 **1.14** ★★★——————————

함수 $f : \mathbb{R} \to \mathbb{R}$가 다음 두 조건

  (i) 모든 실수 x, y에 대하여, $f(x + y) + f(x - y) =$ $2f(x)f(y)$이다.

  (ii) $f(x_0) = -1$을 만족하는 실수 x_0가 존재한다.

를 만족할 때, f가 주기함수임을 증명하여라.

연습문제 **1.15** ★★★————————

함수 $f:\mathbb{R}\to\mathbb{R}$가 다음 두 조건

(i) $f(0)=\frac{1}{2}$이다.

(ii) 모든 실수 x,y에 대하여 $f(x+y)=f(x)f(a-y)+f(y)f(a-x)$를 만족하는 실수 a가 존재한다.

를 만족할 때, f가 상수함수임을 증명하여라.

연습문제 **1.16** ★★★★————————

정수 x,y,z가 $(x-y)^2+(y-z)^2+(z-x)^2=xyz$을 만족할 때, $(x+y+z+6)\,|\,(x^3+y^3+z^3)$임을 증명하여라.

연습문제 **1.17** ★★★_____

$\sqrt[3]{45 + 29\sqrt{2}} + \sqrt[3]{45 - 29\sqrt{2}}$가 유리수임을 증명하여라.

연습문제 **1.18** ★★★★_____

실수 r이 $\sqrt[3]{r} + \dfrac{1}{\sqrt[3]{r}} = 3$을 만족할 때, $r^3 + \dfrac{1}{r^3}$의 값을 구하여라.

연습문제 **1.19** ★★★

실수 x, y, z가 $x + y + z = xyz$ 를 만족할 때,

$$x(1-y^2)(1-z^2) + y(1-x^2)(1-z^2) + z(1-x^2)(1-y^2)$$
$$= 4xyz$$

가 성립함을 증명하여라.

연습문제 **1.20** ★★

a, b, c가 실수이고

$$\frac{1}{bc - a^2} + \frac{1}{ca - b^2} + \frac{1}{ab - c^2} = 0$$

을 만족한다.

$$\frac{a}{(bc - a^2)^2} + \frac{b}{(ca - b^2)^2} + \frac{c}{(ab - c^2)^2} = 0$$

을 증명하여라.

연습문제 **1.21** ★★★★ ─────────────

모든 실수 x에 대하여

$$4(1+x)^2 f\left(\frac{1+x}{2}\right) + 16f\left(\frac{1-x}{2}\right) = 16(1+x) - (1+x)^4$$

을 만족하는 함수 $f(x)$를 모두 구하여라.

연습문제 **1.22** ★★★★ ─────────────

수 $x_1, x_2, \cdots, x_n$ 는 1 이거나 -1 이고 $x_1 x_2 x_3 x_4 + x_2 x_3 x_4 x_5 + x_3 x_4 x_5 x_6 + \cdots + x_{n-3} x_{n-2} x_{n-1} x_n + x_{n-2} x_{n-1} x_n x_1 + x_{n-1} x_n x_1 x_2 + x_n x_1 x_2 x_3 = 0$ 이다. n 은 4 의 배수임을 증명하여라.

연습문제 **1.23** ★★★————————————

다음의 합을 간단히 하여라.

$$\sum_{k=1}^{100} k!(k^2 + k + 1).$$

연습문제 **1.24** ★★★————————————

다음을 계산하여라.

$$\sqrt{1 + \frac{1}{1^2} + \frac{1}{2^2}} + \sqrt{1 + \frac{1}{2^2} + \frac{1}{3^2}} + \cdots + \sqrt{1 + \frac{1}{2024^2} + \frac{1}{2025^2}}.$$

연습문제 **1.25** ★★★————————————————

다음을 계산하여라.

$$\frac{3}{1^2} + \frac{5}{1^2+2^2} + \frac{7}{1^2+2^2+3^2} + \cdots + \frac{101}{1^2+2^2+3^2+\cdots+50^2}.$$

연습문제 **1.26** ★★★★————————————————

함수 $f : (0,\infty) \to (0,\infty)$는 다음 두 조건 (a)와 (b)를 만족한다.

(a) 모든 양의 실수 x, y에 대하여

$$x \neq y\text{이면}, f(x) \neq f(y).$$

(b) 모든 양의 실수 x, y에 대하여

$$f(x) \cdot f\left(f(x) + \frac{1}{x}\right) = 1.$$

이 때, $(2f(1) - 1)^2$을 구하여라.

연습문제 풀이

연습문제풀이 **1.1** _____

정수 a, b, c에 대하여, 다음 두 조건

   (i) $ac \neq bc$,

   (ii) $f(a) = a$, $f(b) = b$, $c^2 + (f(c))^2 + (f(0))^2 = 2cf(0)$

을 만족하는 정수계수 다항식 $f(x)$를 모두 구하여라.

풀이 조건 (ii)로 부터 $(c - f(0))^2 + (f(c))^2 = 0$이다. 즉, $f(c) = 0$이고, $f(0) = c$이다. f가 정수계수 다항식이고, $f(a) = a$이므로 $(a - c) \mid (f(a) - f(c))$이다. 즉, $(a - c) \mid a$이다. 또한, $(a - 0) \mid (f(a) - f(0))$이므로, $a \mid (a - c)$이다. 조건 (i)로 부터 $c \neq 0$이다. 따라서 $a - c = -a$이고, $c = 2a$이다. 마찬가지로 $c = 2b$이다. 그러므로 $a = b$이다. 그런데, 이것은 조건 (i)로 부터 모순이다. 따라서 주어진 조건을 만족하는 정수계수 다항식은 존재하지 않는다.

연습문제풀이 **1.2** _____

실수계수 a, b, c, d를 갖는 다항식 $p(x) = x^4 + ax^3 + bx^2 + cx + d$가 $p(1) = 827$, $p(2) = 1654$, $p(3) = 2481$을 만족할 때, $\dfrac{p(9) + p(-5)}{4}$를 구하여라.

풀이 $q(x) = p(x) - 827x$라고 하자. 그러면 $q(x)$는 4차 다항식이다. $q(1) = q(2) = q(3) = 0$이므로 $q(x) = (x - 1)(x - 2)(x - 3)(x - r)$로 인수분해된다. 단, r는 $q(r) = 0$을 만족하는 수이다. 따라서

$$\frac{p(9) + p(-5)}{4} = \frac{q(9) + q(-5)}{4} + 827$$
$$= \frac{8 \cdot 7 \cdot 6 \cdot (9 - r) + 6 \cdot 7 \cdot 8 \cdot (5 + r)}{4} + 827$$
$$= 1176 + 827 = 2003$$

이다.

연습문제풀이 **1.3**

방정식 $x^3 + ax^2 + bx + c = 0$가 a, b, c를 세 근으로 가질 때, 이를 만족하는 정수 a, b, c의 순서쌍 (a, b, c)를 모두 구하여라.

풀이 근과 계수와의 관계에 의하여

$$a + b + c = -a \qquad (1)$$

$$ab + bc + ca = b \qquad (2)$$

$$abc = -c \qquad (3)$$

식 (3)으로부터 $c = 0$ 또는 $ab = -1$이다.

(i) $c = 0$일 때, 이를 식 (1)에 대입하면 $b = -2a$이고, 이를 다시 식 (2)에 대입하면 $ab = b$이다. 따라서 $a = 1$, $b = -2$ 또는 $a = b = 0$이다. 즉, $(a, b, c) = (1, -2, 0), (0, 0, 0)$이다.

(ii) $c \neq 0$이고, $ab = -1$일 때, a와 b가 모두 정수이므로 $(a, b) = (1, -1), (-1, 1)$의 두 가지 경우가 나온다. $(a, b) = (1, -1)$이면, 식 (1)로부터 $c = -1$이고, a, b, c의 값을 식 (2)에 대입하면 만족한다. $(a, b) = (-1, 1)$이면 식 (1)로 부터 $c = 1$이고, a, b, c의 값을 식 (2)에 대입하면 만족하지 않는다. 따라서 $(a, b, c) = (1, -1, -1)$이다.

따라서 (i), (ii)로 부터 $(a, b, c) = (1, -2, 0), (0, 0, 0)$, $(1, -1, -1)$이다.

연습문제풀이 **1.4**

$(a + b)^7 - a^7 - b^7$를 인수분해하여라.

풀이 $p(a, b) = (a + b)^7 - a^7 - b^7$라고 놓자. 그러면,

$$p(a, -a) = 0, \quad p(0, b) = 0, \quad p(a, 0) = 0$$

이다. 그러므로 인수정리에 의하여 $p(a, b)$는 $a + b$, a, b를 인수로 갖는다. 또한, $p(a, b)$는 7차 대칭식이므로 모든 a, b에 대하여

$$p(a, b) = ab(a+b)[m(a+b)^4 + n(a+b)^2 ab + ka^2 b^2]$$

를 만족하는 상수 m, n, k이 존재한다. m, n, k를 구하기 위해서 a, b에 적당한 수를 대입하여 구하면

$$m = 7, \quad n = -14, \quad k = 7$$

이다. 따라서

$$
\begin{aligned}
&p(a, b) \\
&= ab(a + b)[7(a + b)^4 - 14(a + b)^2 ab + 7a^2 b^2] \\
&= 7ab(a + b)[(a + b)^2 - ab]^2 \\
&= 7ab(a + b)(a^2 + ab + b^2)^2
\end{aligned}
$$

이다.

연습문제풀이 1.5

$8(a+b+c)^3 - (a+b)^3 - (b+c)^3 - (c+a)^3$을 인수분해하여라.

풀이 먼저 $(x+y+z)^3 - (x^3+y^3+z^3) = 3(x+y)(y+z)(z+x)$임을 증명하자. $p(x,y,z) = (x+y+z)^3 - (x^3+y^3+z^3)$라고 하자. 그러면, $p(x,-x,z) = z^3 - z^3 = 0$이 된다. 따라서 $p(x,y,z)$는 $x+y$, $y+z$, $z+x$를 인수로 갖는다. 그러므로

$$p(x,y,z) = k(x+y)(y+z)(z+x)$$

이다. k를 구하기 위해서 $x=y=z=1$을 대입하면 $3^3 - 3 = 8k$가 되어 $k=3$이다. 따라서

$$(x+y+z)^3 - (x^3+y^3+z^3) = 3(x+y)(y+z)(z+x)$$

이다. 이제 주어진 식을 살펴보자. 주어진 식에서 $x=a+b$, $y=b+c$, $z=c+a$ 라고 하자. 그러면

$$8(a+b+c)^3 - (a+b)^3 - (b+c)^3 - (c+a)^3$$
$$= (x+y+z)^3 - (x^3+y^3+z^3)$$

이다. 따라서

$$8(a+b+c)^3 - (a+b)^3 - (b+c)^3 - (c+a)^3$$
$$= 3(2a+b+c)(a+2b+c)(a+b+2c)$$

이다.

연습문제풀이 1.6

$a^4(b-c) + b^4(c-a) + c^4(a-b)$을 인수분해하여라.

풀이 주어진 식을

$$p(a,b,c) = a^4(b-c) + b^4(c-a) + c^4(a-b) \quad (1)$$

이다. 식 (1)에서 a, b, c 중 어느 두 개를 서로 바꾸어도 $p(b,a,c) = -p(a,b,c)$가 되므로 $p(a,b,c)$는 교대식이다. 그러므로 $p(a,b,c)$는 $(a-b)(b-c)(c-a)$를 인수로 갖는다. 또한, $p(a,b,c)$는 5차식이므로,

$$p(a,b,c)$$
$$= (a-b)(b-c)(c-a)[m(a+b+c)^2 + n(ab+bc+ca)]$$

이다. m, n의 값을 구하기 위해서

$$\begin{cases} a=1, b=-1, c=0 \\ a=1, b=-1, c=2 \end{cases}$$

를 대입하여 풀면, $n=1$, $m=-1$이다. 따라서

$$p(a,b,c)$$
$$= -(a-b)(b-c)(c-a)(a^2+b^2+c^2+ab+bc+ca)$$

이다.

연습문제풀이 1.7 _____

$a(b-c)^5 + b(c-a)^5 + c(a-b)^5$을 인수분해하여라.

풀이 주어진 식을

$$p(a,b,c) = a(b-c)^5 + b(c-a)^5 + c(a-b)^5 \quad (1)$$

이다. 식 (1)에서 a, b, c 중 어느 두 개를 서로 바꾸어도 $p(b,a,c) = -p(a,b,c)$가 되므로 $p(a,b,c)$는 교대식이다. 그러므로 $p(a,b,c)$는 $(a-b)(b-c)(c-a)$를 인수로 갖는다. 또한, $p(a,b,c)$는 6차식이므로,

$$p(a,b,c)$$
$$= (a-b)(b-c)(c-a)[m(a+b+c)^3$$
$$+ n(a+b+c)(ab+bc+ca) + kabc]$$

이다. 이제 상수 m, n, k를 구하기 위해서

$$\begin{cases} a=0, b=1, c=-2 \\ a=1, b=2, c=3 \\ a=-1, b=1, c=2 \end{cases}$$

를 대입하여 얻어지는 3개의 방정식을 연립하여 풀면,

$$m=1, \quad n=-2, \quad k=-9$$

이다. 그러므로

$$p(a,b,c)$$
$$= (a-b)(b-c)(c-a)[(a+b+c)(a^2+b^2+c^2)$$
$$- 9abc]$$

로 인수분해된다.

연습문제풀이 1.8 _____

함수 f가 0이 아닌 모든 실수 x에 대하여

$$3f(x) + 2f\left(\frac{1}{x}\right) = 4x$$

를 만족할 때, $f(x)$를 구하여라.

풀이 주어진 식에 x 대신 $\frac{1}{x}$를 대입하면

$$3f\left(\frac{1}{x}\right) + 2f(x) = \frac{4}{x} \quad (1)$$

이다. 식 (1)과 주어진 식으로 부터

$$f(x) = \frac{12x^2 - 8}{5x}$$

를 얻는다.

함수 f가 0이 아닌 모든 실수 x에 대하여

$$\frac{1}{x}f(-x) + f\left(\frac{1}{x}\right) = x$$

를 만족할 때, $f(x)$를 구하여라.

풀이 주어진 식에 x대신 $-x$를 대입하면,

$$-\frac{1}{x}f(x) + f\left(-\frac{1}{x}\right) = -x \qquad (1)$$

이다. 주어진 식에 x대신 $\frac{1}{x}$를 대입하면

$$xf\left(-\frac{1}{x}\right) + f(x) = \frac{1}{x} \qquad (2)$$

이다. 식 (1)과 (2)로부터

$$f(x) = \frac{1}{2}\left(x^2 + \frac{1}{x}\right)$$

이다.

함수 f가 모든 실수 x, y에 대하여

$$f(x) + f(y) = f(x+y) - xy - 1$$

을 만족한다고 하자. $f(1) = 1$일 때, $f(n) = n$을 만족하는 음이 아닌 정수 n을 구하여라.

풀이 $x = 1$을 주어진 식에 대입하면,

$$f(y+1) - f(y) = y + 2$$

이다. $y = 0$을 위 식에 대입하면 $f(0) = -1$이다. 따라서 $n \geq 1$에 대하여,

$$\begin{aligned}
f(n) + 1 &= f(n) - f(0) \\
&= \sum_{k=0}^{n-1}(f(k+1) - f(k)) \\
&= \sum_{k=0}^{n-1}(k+2) \\
&= \frac{(n+1)(n+2)}{2} - 1
\end{aligned}$$

이다. 즉,

$$f(n) = \frac{n^2 + 3n + 2}{2} - 2 = \frac{n^2 + 3n - 2}{2}$$

이다.

$$f(n) = \frac{n^2 + 3n - 2}{2} = n$$

을 만족하는 n을 구하면 $n = 1$ 또는 $n = -2$이다. 그런데 주어진 조건에서 음이 아닌 정수 n이므로 $n = 1$이 구하는 답이 된다.

연습문제풀이 **1.11 (KMO, '2004)** _____

다음을 만족시키는 함수 $f(x)$에 대하여, $f(-9)$의 값을 기약분수 $\dfrac{n}{m}$으로 나타낼 때, $10m+n$의 값을 구하여라.

$$f(3) = 1, \quad (x^2 - x + 1)f(x^2) = f(x)$$

풀이 $x = 3$을 $(x^2 - x + 1)f(x^2) = f(x)$에 대입하면, $f(9) = \dfrac{1}{7}f(3) = \dfrac{1}{7}$이다.

$x = 9$을 $(x^2 - x + 1)f(x^2) = f(x)$에 대입하면, $f(81) = \dfrac{1}{73}f(9) = \dfrac{1}{511}$이다.

$x = -9$을 $(x^2 - x + 1)f(x^2) = f(x)$에 대입하면, $f(-9) = 91f(81) = \dfrac{13}{73}$이다.

따라서 $m = 73$, $n = 13$이므로 $10m + n = 743$이다.

연습문제풀이 **1.12 (KMO, '2006)** _____

양의 정수의 집합에서 정의된 함수 $f(n)$은 다음 성질을 만족한다고 한다.

$$f(1) = 1, \quad f(2) = 2,$$

$$f(n+2) = f(n+1) + \{f(n)\}^2 + 2006 \quad (n \geq 1)$$

2006개의 정수 $f(1), f(2), \cdots, f(2006)$들 중 7의 배수는 모두 몇 개인가?

풀이 $f(n)$를 7로 나눈 나머지를 $r(n)$이라고 하면, $f(n+2) = f(n+1) + \{f(n)\}^2 + 2006$을 7로 나눈 나머지는

$$r(n+2) \equiv r(n+1) + \{r(n)\}^2 + 4 \pmod 7$$

이 된다. 단, $n \geq 1$, $r(1) = 1$, $r(2) = 2$이다. 나머지의 규칙을 찾아보면

$$r(1) = 1, \quad r(2) = 2, \quad r(3) = 0, \quad r(4) = 1,$$

$$r(5) = 5, \quad r(6) = 3, \quad r(7) = 4, \quad r(8) = 3,$$

$$r(9) = 2, \quad r(10) = 1, \quad r(11) = 2, \quad r(12) = 0, \quad \cdots$$

가 되어 $r(n+9) = r(n)$이다. 따라서 $2006 = 9 \times 222 + 8$이므로, $r(k) = 0$을 만족하는 k가 223개이다.

연습문제풀이 **1.13 (RMO, '2000)** _____

임의의 실수 x, y, z에 대하여 관계식 $f(x+y) + f(y+z) + f(z+x) \geq 3f(x+2y+3z)$를 만족하는 함수 $f : \mathbb{R} \to \mathbb{R}$를 모두 구하여라.

풀이 $x = a$, $y = z = 0$이라고 두면, $2f(a) + f(0) \geq 3f(a)$이다. 즉 $f(0) \geq f(a)$이다.

$x = \dfrac{a}{2}$, $y = \dfrac{a}{2}$, $z = -\dfrac{a}{2}$라 두면, $f(a) + f(0) + f(0) \geq 3f(0)$이다. 즉, $f(a) \geq f(0)$이다. 따라서 모든 실수 a에 대하여 $f(a) = f(0)$이다. 따라서 $f(x)$를 상수함수이다.

연습문제풀이 **1.14** _____

함수 $f : \mathbb{R} \to \mathbb{R}$가 다음 두 조건

(i) 모든 실수 x, y에 대하여, $f(x+y) + f(x-y) = 2f(x)f(y)$이다.

(ii) $f(x_0) = -1$을 만족하는 실수 x_0가 존재한다.

를 만족할 때, f가 주기함수임을 증명하여라.

풀이 조건 (i)에 $y = -y$를 대입하여 정리하면, $f(y) = f(-y)$가 되므로 $f(x)$는 우함수이다. 이제 조건 (i)에 $x = y = 0$을 대입하면, $f(0) = 0$ 또는 1이다. 만약 $f(0) = 0$이면, $y = 0$을 대입했을 때, $2f(x) = 2f(x)f(0) = 0$이 되어 모든 실수 x에 대하여 $f(x) = 0$이다. 그러면 조건 (ii)에 모순된다. 그러므로 $f(0) = 1$이다. $x = y = \dfrac{x_0}{2}$를 조건 (i)에 대입하면

$$f(x_0) + 1 = 2\left[f\left(\frac{x_0}{2}\right) \right]^2$$

이다. 즉, $f\left(\dfrac{x_0}{2}\right) = 0$이다. $y = \dfrac{x_0}{2}$를 조건 (i)에 대입하면

$$f\left(x + \frac{x_0}{2}\right) = -f\left(x - \frac{x_0}{2}\right)$$

이다. 즉, $f(x) = -f(x + x_0)$, $f(x) = f(x + 2x_0)$이다. 주기가 $2x_0$인 주기함수이다.

연습문제풀이 **1.15 (Balkan, '1987)**

함수 $f : \mathbb{R} \to \mathbb{R}$가 다음 두 조건

(i) $f(0) = \frac{1}{2}$이다.

(ii) 모든 실수 x, y에 대하여 $f(x+y) = f(x)f(a-y) + f(y)f(a-x)$를 만족하는 실수 a가 존재한다.

를 만족할 때, f가 상수함수임을 증명하여라.

풀이 $x = y = 0$을 조건 (ii)에 대입하면, $f(0) = 2f(0)f(a)$이다. 그래서, $f(a) = \frac{1}{2}$이다.

$y = 0$을 조건 (ii)에 대입하면, $f(x) = f(x)f(a) + f(0)f(a-x)$이다. 즉, $f(x) = f(a-x)$이다.

$y = a - x$를 조건 (ii)에 대입하면, $f(a) = [f(x)]^2 + [f(a-x)]^2$이다. 즉, $(f(x))2 = \frac{1}{4}$이다.

따라서 $f(x) = f\left(\frac{x}{2} + \frac{x}{2}\right) = 2f(x)f\left(a - \frac{x}{2}\right) = 2(f(x))^2 = \frac{1}{2}$이다. 즉, f는 상수함수이다.

연습문제풀이 **1.16**

정수 x, y, z가 $(x-y)^2 + (y-z)^2 + (z-x)^2 = xyz$을 만족할 때, $(x+y+z+6) \mid (x^3 + y^3 + z^3)$임을 증명하여라.

풀이 x, y, z가 모두 홀수이면, 좌변은 짝수, 우변은 홀수가 되어 모순이다. 따라서 x, y, z 중 적어도 하나는 짝수이다.

$$x^3 + y^3 + z^3 - 3xyz = (x+y+z)(x^2 + y^2 + z^2 - xy - yz - zx)$$

이고,

$$\begin{aligned} &x^2 + y^2 + z^2 - xy - yz - zx \\ &= \frac{1}{2}\{(x-y)^2 + (y-z)^2 + (z-x)^2\} \\ &= \frac{xyz}{2} \end{aligned}$$

이다. 위 두 식으로부터

$$x^3 + y^3 + z^3 - 3xyz = (x+y+z) \cdot \frac{xyz}{2}$$

이다. 따라서

$$x^3 + y^3 + z^3 = \frac{xyz}{2}(x+y+z+6)$$

이다. x, y, z 중 적어도 하나는 짝수이므로 xyz는 짝수이다. 따라서 $(x+y+z+6) \mid (x^3+y^3+z^3)$이다.

연습문제풀이 **1.17** _____

$\sqrt[3]{45 + 29\sqrt{2}} + \sqrt[3]{45 - 29\sqrt{2}}$가 유리수임을 증명하여라.

풀이 $a + b + c = 0$이면 $a^3 + b^3 + c^3 = 3abc$가 되는 성질을 이용하여 푼다. $x = \sqrt[3]{45 + 29\sqrt{2}} + \sqrt[3]{45 - 29\sqrt{2}}$라고 두자. 그러면 $x - \sqrt[3]{45 + 29\sqrt{2}} - \sqrt[3]{45 - 29\sqrt{2}} = 0$이므로,

$$x^3 - (45 + 29\sqrt{2}) - (45 - 29\sqrt{2})$$
$$= 3x\sqrt[3]{(45 + 29\sqrt{2})(45 - 29\sqrt{2})}$$

이다. 이를 정리하면

$$x^3 - 21x - 90 = 0, \qquad (x - 6)(x^2 + 6x + 15) = 0$$

이 된다. 그런데, $x^2 + 6x + 15 = 0$은 실수해를 갖지 않으므로, $x = 6$이다. 즉, $\sqrt[3]{45 + 29\sqrt{2}} + \sqrt[3]{45 - 29\sqrt{2}} = 6$이다.

연습문제풀이 **1.18** _____

실수 r이 $\sqrt[3]{r} + \dfrac{1}{\sqrt[3]{r}} = 3$을 만족할 때, $r^3 + \dfrac{1}{r^3}$의 값을 구하여라.

풀이 $a + b + c = 0$이면 $a^3 + b^3 + c^3 = 3abc$가 되는 성질을 이용하여 푼다. $\sqrt[3]{r} + \dfrac{1}{\sqrt[3]{r}} - 3 = 0$이므로,

$$r + \frac{1}{r} - 27 = 3 \cdot \sqrt[3]{r} \cdot \frac{1}{\sqrt[3]{r}} \cdot (-3) = -9$$

이다. 따라서

$$r + \frac{1}{r} - 18 = 0$$

이다. 또한

$$r^3 + \frac{1}{r^3} - 18^3 = 3 \cdot r \cdot \frac{1}{r} \cdot (-18) = -54$$

이다. 그러므로

$$r^3 + \frac{1}{r^3} = 18^3 - 54 = 5778$$

이다.

연습문제풀이 **1.19**

실수 x, y, z가 $x + y + z = xyz$를 만족할 때,

$$x(1-y^2)(1-z^2) + y(1-x^2)(1-z^2) + z(1-x^2)(1-y^2)$$

$$= 4xyz$$

가 성립함을 증명하여라.

풀이

$$x(1-y^2)(1-z^2) + y(1-x^2)(1-z^2)$$

$$+ z(1-x^2)(1-y^2)$$

$$= xyz - xy(x+y) - yz(y+z) - zx(z+x)$$

$$+ xyz(xy + yz + zx)$$

$$= xyz + xy(xyz - x - y) + yz(xyz - y - z)$$

$$+ zx(xyz - z - x)$$

$$= xyz + xyz + yzx + zxy$$

$$= 4xyz$$

이다.

연습문제풀이 **1.20**

a, b, c가 실수이고

$$\frac{1}{bc - a^2} + \frac{1}{ca - b^2} + \frac{1}{ab - c^2} = 0$$

을 만족한다.

$$\frac{a}{(bc - a^2)^2} + \frac{b}{(ca - b^2)^2} + \frac{c}{(ab - c^2)^2} = 0$$

을 증명하여라.

풀이 $A = bc - a^2$, $B = ca - b^2$, $C = ab - c^2$라 하자.
그러면 $(b + c)A + (c + a)B + (a + b)C = 0$이다.

$$\left(\frac{1}{A} + \frac{1}{B} + \frac{1}{C} \right) \left(\frac{a}{A} + \frac{b}{B} + \frac{c}{C} \right)$$

$$= \frac{a}{A^2} + \frac{b}{B^2} + \frac{c}{C^2} + \frac{(b+c)A + (c+a)B + (a+b)C}{ABC} = 0$$

이므로 $\dfrac{a}{A^2} + \dfrac{b}{B^2} + \dfrac{c}{C^2} = 0$이다.

연습문제풀이 **1.21 (충남대 경시, '2005)** ———

모든 실수 x에 대하여

$$4(1+x)^2 f\left(\frac{1+x}{2}\right) + 16 f\left(\frac{1-x}{2}\right) = 16(1+x) - (1+x)^4$$

을 만족하는 함수 $f(x)$를 모두 구하여라.

풀이 $t = \dfrac{1+x}{2}$를 주어진 식에 대입하여 정리하면

$$t^2 f(t) + f(1-t) = 2t - t^4 \qquad (1)$$

이다. 위 식의 양변에 t대신 $1-t$를 대입하여 정리하면

$$(1-t)^2 f(1-t) + f(t) = 2(1-t) - (1-t)^4 \qquad (2)$$

이다. 식 (1)과 (2)로 부터

$$(t^2 - t + 1)(t^2 - t - 1) f(t) = (1 - t^2)(t^2 - t + 1)(t^2 - t - 1)$$

$$(3)$$

이다. 모든 실수 t에 대하여, $t^2 - t + 1 \neq 0$이므로 식 (3)에서

$$(t^2 - t - 1) f(t) = (1 - t^2)(t^2 - t - 1)$$

이다. $t \neq \dfrac{1 \pm \sqrt{5}}{2}$인 경우, $t^2 - t - 1 \neq 0$이므로

$$f(t) = 1 - t^2$$

이다. $t = \dfrac{1 \pm \sqrt{5}}{2}$인 경우, 식 (1)에 대입하면

$$(3 + \sqrt{5}) f\left(\frac{1 + \sqrt{5}}{2}\right) + 2 f\left(\frac{1 - \sqrt{5}}{2}\right) = -5 - \sqrt{5}$$

이다. 따라서

$$f(x) = \begin{cases} 1 - x^2, & x \neq \dfrac{1 \pm \sqrt{5}}{2} \\ c, & x = \dfrac{1 + \sqrt{5}}{2} \\ d, & x = \dfrac{1 - \sqrt{5}}{2} \end{cases}$$

이다. 단, c와 d는 $(3 + \sqrt{5})c + 2d = -5 - \sqrt{5}$인 실수 이다.

연습문제풀이 **1.22** _____

수 x_1, x_2, $\cdots$, x_n 는 1 이거나 -1 이고 $x_1 x_2 x_3 x_4 +$ $x_2 x_3 x_4 x_5 + x_3 x_4 x_5 x_6 + \cdots + x_{n-3} x_{n-2} x_{n-1} x_n +$ $x_{n-2} x_{n-1} x_n x_1 + x_{n-1} x_n x_1 x_2 + x_n x_1 x_2 x_3 = 0$ 이다. n 은 4 의 배수임을 증명하여라.

풀이 $y_k = x_k x_{k+1} x_{k+2} x_{k+3}$, $x_{n+j} = x_j$라 놓자. 각 y_k는 1이거나 -1이고, $y_1 + \cdots + y_n = 0$이다. 따라서 $n = 2m$이다. 또한 $y_1 \cdots y_n = (-1)^m$이다. 그런데, 각 x_j는 이 곱에서 4번 나타난다. 그래서 그 곱은 1이고 $m = 2p$, $n = 4p$이다.

연습문제풀이 **1.23** _____

다음의 합을 간단히 하여라.

$$\sum_{k=1}^{100} k!(k^2 + k + 1).$$

풀이 일반적인 경우에 대하여 알아보자.

$$\sum_{k=1}^{n} k!(k^2 + k + 1) = \sum_{k=1}^{n} [(k+1)!(k+1) - k! \, k]$$
$$= (n+1)!(n+1) - 1$$

이다. 따라서

$$\sum_{k=1}^{100} k!(k^2 + k + 1) = 101 \cdot 101! - 1$$

이다.

연습문제풀이 **1.24** _____

다음을 계산하여라.

$$\sqrt{1+\frac{1}{1^2}+\frac{1}{2^2}}+\sqrt{1+\frac{1}{2^2}+\frac{1}{3^2}}+\cdots+\sqrt{1+\frac{1}{2024^2}+\frac{1}{2025^2}}.$$

풀이 양의 정수 n에 대하여,

$$1+\frac{1}{n^2}+\frac{1}{(n+1)^2}=\frac{n^2(n+1)^2+(n+1)^2+n^2}{n^2(n+1)^2}=\frac{(n^2+n+1)^2}{n^2(n+1)^2}$$

이다. 그러므로

$$\sqrt{1+\frac{1}{n^2}+\frac{1}{(n+1)^2}}=\frac{n^2+n+1}{n^2+n}=1+\frac{1}{n(n+1)}$$

이다. 따라서 주어진 식의 합은

$$\sum_{n=1}^{2024}\left(1+\frac{1}{n(n+1)}\right)=\sum_{n=1}^{2024}\left(1+\frac{1}{n}-\frac{1}{n+1}\right)$$
$$=2025-\frac{1}{2025}$$

과 같다.

연습문제풀이 **1.25** _____

다음을 계산하여라.

$$\frac{3}{1^2}+\frac{5}{1^2+2^2}+\frac{7}{1^2+2^2+3^2}+\cdots+\frac{101}{1^2+2^2+3^2+\cdots+50^2}.$$

풀이 양의 정수 n에 대하여

$$\frac{2n+1}{1^2+2^2+3^2+\cdots+n^2}=\frac{2n+1}{\frac{n(n+1)(2n+1)}{6}}$$
$$=\frac{6}{n(n+1)}$$
$$=6\left(\frac{1}{n}-\frac{1}{n+1}\right)$$

이다. 따라서 주어진 식의 값은

$$\sum_{n=1}^{50}\frac{2n+1}{1^2+2^2+3^2+\cdots+n^2}=\sum_{n=1}^{50}6\left(\frac{1}{n}-\frac{1}{n+1}\right)$$
$$=6\left(1-\frac{1}{51}\right)$$
$$=\frac{100}{17}$$

이다.

연습문제풀이 **1.26 (KMO, '2010)** _____

함수 $f : (0, \infty) \to (0, \infty)$는 다음 두 조건 (a)와 (b)를 만족한다.

  (a) 모든 양의 실수 x, y에 대하여

$$x \neq y \text{이면}, f(x) \neq f(y).$$

  (b) 모든 양의 실수 x, y에 대하여

$$f(x) \cdot f\left(f(x) + \frac{1}{x}\right) = 1.$$

이 때, $(2f(1) - 1)^2$을 구하여라.

풀이 $f(1) = k$라고 두자. 조건 (b)의 식에 $x = 1$을 대입하면, $kf(k+1) = 1$이다. 또, 조건 (a)는 함수 f 가 일대일 함수임을 의미하므로, $k \neq 0$이다. 따라 서 $f(k+1) = \frac{1}{k}$이다. 다시 조건 (b)의 식에 $x = k+1$ 을 대입하면,

$$\frac{1}{k} f\left(\frac{1}{k} + \frac{1}{k+1}\right) = 1$$

이다. 이를 정리하면,

$$f\left(\frac{1}{k} + \frac{1}{k+1}\right) = k = f(1)$$

이다. 조건 (b)에 의하여

$$\frac{1}{k} + \frac{1}{k+1} = 1$$

이다. 이를 풀면, $k = \frac{1 + \sqrt{5}}{2} (k > 0)$이다. 따라서 $(2f(1) - 1)^2 = (2k - 1)^2 = 5$이다.

제 2 장

부등식

- 꼭 암기해야 할 내용

- 산술, 기하, 조화평균 부등식

- 판별식 또는 해석기하를 이용한 최대·최소

- T_2 도움정리, 코시-슈바르츠 부등식

2.1 멱제곱, 산술, 기하, 조화평균 부등식

- 이 절의 주요 내용

- 제곱근 멱, 산술, 기하, 조화평균

- 제곱근 멱, 산술, 기하, 조화평균 부등식

정의 **2.1.1 (평균)** _____

n개의 양의 실수 $x_1, x_2, \cdots, x_n$에 대하여,

(1) 제곱근 멱평균(SQM : Square-root Quadratic Mean) :

$$\sqrt{\frac{x_1^2 + x_2^2 + \cdots + x_n^2}{n}}$$

(2) 산술평균(AM : Arithmetic Mean) :

$$\frac{x_1 + x_2 + \cdots + x_n}{n}$$

(3) 기하평균(GM : Geometric Mean) :

$$\sqrt[n]{x_1 x_2 \cdots x_n}$$

(4) 조화평균(HM : Harmonic Mean) :

$$\frac{1}{\frac{\frac{1}{x_1} + \frac{1}{x_2} + \cdots + \frac{1}{x_n}}{n}} = \frac{n}{\frac{1}{x_1} + \frac{1}{x_2} + \cdots + \frac{1}{x_n}}$$

(즉, 역수들의 산술평균의 역수이다.)

보기 **2.1.2** _____

다음은 산술평균, 기하평균, 조화평균의 대표적인 예이다.

(1) (산술평균) 올림이가 국어 90점, 영어 80점, 수학 100점을 받았다. 세 과목의 평균점수는 $\frac{90 + 80 + 100}{3} = 90$점이다.

(2) (기하평균) 하루에 미생물 A는 2배씩, B는 3배씩, C는 4배씩 번식한다고 할 때, 이들의 평균번식률은 $\sqrt[3]{2 \cdot 3 \cdot 4}$으로 약 2.85배이다.

(3) (조화평균) 올림이는 집에서 학교로 가는데는 시속 2km으로, 학교에서 집으로 가는데는 시속 3km로 갈 때, 평균속력은 시속 $\frac{2}{\frac{1}{2} + \frac{1}{3}} = 2.4$km이다.

[정리] **2.1.3 (제곱근 멱-산술-기하-조화평균부등식)**

양의 실수 a, b에 대하여

$$\max(a, b) \geq \sqrt{\frac{a^2+b^2}{2}}$$

$$\geq \frac{a+b}{2}$$

$$\geq \sqrt{ab}$$

$$\geq \frac{2ab}{a+b}$$

$$\geq \min(a, b)$$

이 성립한다. 즉, SQM ≥ AM ≥ GM ≥ HM이 성립한다. 등호는 $a = b$일 때 성립한다.

[증명]

(1) $\max(a, b) \geq \sqrt{\dfrac{a^2+b^2}{2}}$의 증명 :

대칭성의 원리에 의하여 $a \geq b$라고 가정해도 일반성을 잃지 않는다. 그러면,

$$\max(a, b) = a = \sqrt{\frac{2a^2}{2}} \geq \sqrt{\frac{a^2+b^2}{2}}$$

이다. 등호는 $a = b$일 때 성립한다.

(2) $\sqrt{\dfrac{a^2+b^2}{2}} \geq \dfrac{a+b}{2}$의 증명 :

$$\frac{a^2+b^2}{2} - \left(\frac{a+b}{2}\right)^2 = \left(\frac{a-b}{2}\right)^2 \geq 0$$

이다. 등호는 $a = b$일 때 성립한다.

(3) $\dfrac{a+b}{2} \geq \sqrt{ab}$의 증명 :

$$\frac{a+b}{2} - \sqrt{ab} = \frac{(\sqrt{a}-\sqrt{b})^2}{2} \geq 0$$

이다. 등호는 $a = b$일 때 성립한다.

(4) $\sqrt{ab} \geq \dfrac{2ab}{a+b}$의 증명 :

$$\sqrt{ab} - \frac{2ab}{a+b} = \frac{\sqrt{ab}}{a+b}(\sqrt{a}-\sqrt{b})^2 \geq 0$$

이다. 등호는 $a = b$일 때 성립한다.

(5) $\dfrac{2ab}{a+b} \geq \min(a, b)$의 증명 :

대칭성의 원리에 의하여 $a \geq b$라고 가정해도 일반성을 잃지 않는다. 그러면,

$$\min(a, b) = b = \frac{2}{\frac{1}{b}+\frac{1}{b}} \leq \frac{2}{\frac{1}{a}+\frac{1}{b}} = \frac{2ab}{a+b}$$

이다. 등호는 $a = b$일 때 성립한다.

[정리] **2.1.4**

양의 실수 $x_1, x_2, \cdots, x_n$에 대하여

$$\max(x_1, x_2, \cdots, x_n) \geq \sqrt{\frac{x_1^2+x_2^2+\cdots+x_n^2}{n}}$$

$$\geq \frac{x_1+x_2+\cdots+x_n}{n}$$

$$\geq \sqrt[n]{x_1 x_2 \cdots x_n}$$

$$\geq \frac{n}{\frac{1}{x_1}+\frac{1}{x_2}+\cdots+\frac{1}{x_n}}$$

$$\geq \min(x_1, x_2, \cdots, x_n)$$

이 성립한다. 즉, SQM ≥ AM ≥ GM ≥ HM이 성립한다. 등호는 $x_1 = x_2 = \cdots = x_n$일 때 성립한다.

예제 **2.1.5**

양의 실수 x, y에 대하여, $4x^2 + \dfrac{y}{2x} + \dfrac{4}{xy}$의 최솟값을 구하여라.

풀이

예제 **2.1.6**

양의 실수 x에 대하여, 함수 $y = x^2 + \dfrac{2}{x}$의 최솟값을 구하여라.

풀이

풀이 산술-기하평균 부등식에 의하여,

$$4x^2 + \frac{y}{2x} + \frac{4}{xy} \geq 3\sqrt[3]{4x^2 \cdot \frac{y}{2x} \cdot \frac{4}{xy}} = 3\sqrt[3]{8} = 6$$

이다. 등호는 $4x^2 = \dfrac{y}{2x} = \dfrac{4}{xy}$일 때, 즉, $x = \dfrac{\sqrt{2}}{2}, y = 2\sqrt{2}$일 때 성립한다. 따라서 $4x^2 + \dfrac{y}{2x} + \dfrac{4}{xy}$의 최솟값은 6이다.

풀이 산술-기하평균 부등식을 이용하면,

$$y = x^2 + \frac{2}{x} = x^2 + \frac{1}{x} + \frac{1}{x} \geq 3\sqrt[3]{1} = 3$$

이다. 단, 등호는 $x = 1$일 때, 성립한다. 따라서 y의 최솟값은 3이다.

예제 **2.1.7** ——————————————

음이 아닌 실수 x, y가 관계식 $x + y = 1$을 만족할 때, $\dfrac{x}{1+y} + \dfrac{y}{1+x}$의 최댓값과 최솟값을 구하여라.

풀이

풀이 주어진 관계식으로 부터

$$\frac{x}{1+y} + \frac{y}{1+x} = \frac{x(1+x) + y(1+y)}{(1+x)(1+y)}$$
$$= \frac{x^2 + y^2 + x + y}{1 + (x+y) + xy}$$
$$= \frac{2 - 2xy}{2 + xy}$$
$$= \frac{6}{xy + 2} - 2 \qquad (1)$$

이다. 그런데, 산술-기하평균 부등식으로부터

$$0 \le xy \le \left(\frac{x+y}{2}\right)^2 = \frac{1}{4} \qquad (2)$$

이 성립한다. 따라서 식 (1)과 (2)로부터

$$\frac{2}{3} = \frac{6}{\frac{1}{4} + 2} - 2 \le \frac{x}{1+y} + \frac{y}{1+x} \le \frac{6}{0+2} - 2 = 1$$

이다. 그러므로 $\dfrac{x}{1+y} + \dfrac{y}{1+x}$의 최댓값은 $x = 0$, $y = 1$ 또는 $x = 1$, $y = 0$일 때 1이고, 최솟값은 $x = y = \dfrac{1}{2}$일 때 $\dfrac{2}{3}$이다.

예제 **2.1.8** _____

양의 실수 a, b, c에 대하여

$$(a+b+c)\left(\frac{1}{a}+\frac{1}{b}+\frac{1}{c}\right) \geq 9$$

임을 증명하여라.

풀이

예제 **2.1.9** _____

$a > b > 0$를 만족하는 실수 a, b에 대하여, $a + \frac{1}{b(a-b)}$의 최솟값을 구하여라.

풀이

풀이 산술-조화평균 부등식에 의하여,

$$\frac{a+b+c}{3} \geq \frac{3}{\frac{1}{a}+\frac{1}{b}+\frac{1}{c}}$$

이 성립한다. 따라서

$$(a+b+c)\left(\frac{1}{a}+\frac{1}{b}+\frac{1}{c}\right) \geq 9$$

이다. 등호는 $a = b = c$일 때, 성립한다.

풀이 산술-기하평균 부등식에 의하여,

$$a + \frac{1}{b(a-b)} = (a-b) + b + \frac{1}{b(a-b)}$$
$$\geq 3\sqrt[3]{(a-b) \cdot b \cdot \frac{1}{b(a-b)}}$$
$$= 3$$

이다. 등호는 $a - b = b = \frac{1}{b(a-b)}$일 때, 즉, $a = 2, b = 1$일 때, 성립한다. 따라서 최솟값은 3이다.

예제 **2.1.10**

$x \neq 0$인 실수 x에 대하여 $\dfrac{x^6 + 729}{x^4 + 9x^2}$의 최솟값을 구하여라.

풀이

예제 **2.1.11**

음이 아닌 실수 a와 양의 실수 b에 대하여 $\dfrac{a^2 + ab + 4b^2}{b^2 + ab}$의 최솟값을 구하여라.

풀이

풀이 $x^2 > 0$이므로, 산술-기하평균 부등식에 의하여,

$$
\begin{aligned}
\frac{x^6 + 729}{x^4 + 9x^2} &= \frac{(x^2 + 9)(x^4 - 9x^2 + 81)}{x^2(x^2 + 9)} \\
&= \frac{x^4 - 9x^2 + 81}{x^2} \\
&= x^2 + \frac{81}{x^2} - 9 \\
&\geq 2\sqrt{x^2 \cdot \frac{81}{x^2}} - 9 \\
&= 18 - 9 = 9
\end{aligned}
$$

이다. 등호는 $x^2 = \dfrac{81}{x^2}$일 때, 즉, $x = \pm 3$일 때, 성립한다. 따라서 구하는 최솟값은 9이다.

풀이 주어진 식의 분자와 분모를 b^2으로 나누고, $\dfrac{a}{b} = t$라 놓고, 산술-기하평균 부등식을 이용하면,

$$
\begin{aligned}
\frac{a^2 + ab + 4b^2}{b^2 + ab} &= \frac{\left(\frac{a}{b}\right)^2 + \frac{a}{b} + 4}{1 + \frac{a}{b}} \\
&= \frac{t^2 + t + 4}{t + 1} \\
&= t + 1 + \frac{4}{t + 1} - 1 \\
&\geq 2\sqrt{4} - 1 \\
&= 3
\end{aligned}
$$

이다. 등호는 $t = 1$일 때, 즉, $a = b$일 때, 성립한다. 따라서 구하는 최솟값은 3이다.

예제 **2.1.12 (KMO, '2007)**

관계식 $x^3 + y^3 + z^3 = 3$을 만족시키는 양의 실수 x, y, z에 대하여 다음 식의 최댓값을 구하여라.

$$26x^3 + 27xyz$$

풀이

예제 **2.1.13 (KMO, '2006)**

관계식 $x^2 + y^2 = 2$를 만족시키는 실수 x, y에 대하여 $\dfrac{15x^2}{2} + 4xy$의 최댓값을 구하여라.

풀이

풀이 $x^3 + y^3 + z^3 = 3$이므로,

$$26x^3 + 27xyz = 27x^3 + 27xyz - x^3$$
$$= 81 - (x^3 + 27y^3 + 27z^3 - 27xyz)$$

로 변형된다. 산술-기하평균 부등식으로부터

$$x^3 + 27y^3 + 27z^3 \ge 27xyz$$

임을 알 수 있다. 따라서 $26x^3 + 27xyz \le 81$이다. 단, 등호는 $x = 3y = 3z = \sqrt[3]{\dfrac{81}{29}}$일 때, 성립한다. 구하는 최댓값은 81이다.

풀이 산술-기하평균 부등식에 의해,

$$\frac{x^2 + (4y)^2}{2} \ge 4xy$$

이다. 그러므로

$$\frac{15}{2}x^2 + 4xy \le \frac{15}{2}x^2 + \frac{1}{2}(x^2 + (4y)^2) = 8(x^2 + y^2) = 16$$

이다. 등호가 성립할 경우는 $x^2 = 16y^2$이고, $x, y > 0$이므로, $x = \dfrac{4\sqrt{34}}{17}, y = \dfrac{\sqrt{34}}{17}$일 때이다. 따라서 최댓값은 16이다.

예제 **2.1.14** —————————————————

양의 실수 a, b, c에 대하여 부등식

$$a^4 + b^4 + c^2 \geq \sqrt{8}abc$$

가 성립함을 보여라.

풀이

예제 **2.1.15** —————————————————

양의 실수 a, b에 대하여 부등식

$$a^4 + b^4 + 8 \geq 8ab$$

가 성립함을 보여라.

풀이

풀이 산술-기하평균 부등식에 의하여

$$a^4 + b^4 + c^2 = a^4 + b^4 + \frac{c^2}{2} + \frac{c^2}{2}$$

$$\geq 4\sqrt[4]{a^4 \times b^4 \times \frac{c^2}{2} \times \frac{c^2}{2}}$$

$$= \sqrt{8}abc$$

이다. 등호는 $a^4 = b^4 = \dfrac{c^2}{2}$일 때, 성립한다.

풀이 산술-기하평균 부등식에 의하여

$$a^4 + b^4 + 8 = a^4 + b^4 + 4 + 4$$

$$\geq 4\sqrt[4]{a^4 \times b^4 \times 4 \times 4}$$

$$= 8ab$$

이다. 등호는 $a^4 = b^4 = 4$일 때, 즉 $a = b = \sqrt{2}$일 때 성립한다.

예제 **2.1.16** _____

양의 실수 a, b가 등식 $a^4 + b^4 = 10$을 만족할 때, $3a^4 + 16ab$의 최댓값을 구하여라.

풀이

예제 **2.1.17 (KMO, '2023)** _____

양의 실수 a, b, c가 등식 $a^4 + b^4 + c^4 = 24$를 만족할 때, $3a^4 + 16abc$의 최댓값을 구하여라.

풀이

풀이 산술-기하평균 부등식에 의하여

$$a^4 + 4b^4 + 16 = a^4 + 4b^4 + 8 + 8$$
$$\geq 4\sqrt[4]{a^4 \times 4b^4 \times 8 \times 8}$$
$$= 16ab$$

이다. 등호는 $a^4 = 4b^4 = 8$일 때, 즉 $a = \sqrt[4]{8}$, $b = \sqrt[4]{2}$일 때 성립한다. 따라서

$$3a^4 + 16ab \leq 4(a^4 + b^4) + 16 = 56$$

이다.

풀이 산술-기하평균 부등식에 의하여

$$a^4 + 4b^4 + 4c^4 + 16 \geq 4\sqrt[4]{4^4 \times a^4 b^4 c^4}$$
$$= 16abc$$

이다. 등호는 $a^4 = 4b^4 = 4c^4 = 16$일 때, 즉 $a = 2$, $b = c = \sqrt{2}$일 때 성립한다. 따라서

$$3a^4 + 16abc \leq 4(a^4 + b^4 + c^4) + 16$$
$$= 112$$

이다.

[예제] **2.1.18 (KMO, '2008)** ————————

서로 다른 실수 x, y에 대하여, $xy = 8$일 때, $\dfrac{(x+y)^4}{(x-y)^2}$ 의 최솟값을 구하여라.

[풀이]

[풀이] 다음과 같은 관계식을 이용한다.

$$(x+y)^4 = \left\{(x-y)^2 + 4xy\right\}^2$$

그러면,

$$\frac{(x+y)^4}{(x-y)^2} = \frac{\left\{(x-y)^2 + 4xy\right\}^2}{(x-y)^2}$$

$$= \frac{\left\{(x-y)^2 + 32\right\}^2}{(x-y)^2}$$

$$= \frac{(x-y)^4 + 64(x-y)^2 + 32^2}{(x-y)^2}$$

$$= (x-y)^2 + 64 + \frac{32^2}{(x-y)^2}$$

산술-기하평균 부등식에 의하여,

$$\geq 2\sqrt{(x-y)^2 \cdot \frac{32^2}{(x-y)^2}} + 64$$

$$= 128$$

이다. 따라서 $\dfrac{(x+y)^4}{(x-y)^2}$의 최솟값은 128이고, 등호는 $(x-y)^2 = 32, xy = 8$를 만족하는 실수 x, y에 대하여, 성립한다.

예제 **2.1.19 (KMO, '2009)** ──────────

방정식 $x^2 + 2y^2 - 2xy - 4 = 0$을 만족하는 실수 x, y 에 대하여

$$xy(x - y)(x - 2y)$$

의 최댓값을 구하여라.

풀이

풀이 준식과 주어진 방정식으로 부터

$$xy(x - y)(x - 2y) = xy(x^2 - 3xy + 2y^2)$$
$$= xy(4 - xy)$$

이다. 위 식의 최댓값을 구하기 위해서 xy와 $4 - xy$을 양의 실수라고 가정하자. 이제 산술-기하평균 부등식을 이용하면,

$$xy(4 - xy) \le \left(\frac{xy + (4 - xy)}{2} \right)^2 = 4$$

이다. 그러므로 구하는 최댓값은 4이다. 단, 등호는 $xy = 2$, $x^2 + 2y^2 = 8$를 만족하는 $x = \sqrt{4 - 2\sqrt{2}}$, $y = \sqrt{2 + \sqrt{2}}$일 때, 성립한다.

[예제] **2.1.20 (KMO, '2010)** ─────────

실수 x, y, z가

$$\tan x + \tan y + \tan z = 2 \quad \left(0 < x, y, z < \frac{\pi}{2} \right)$$

를 만족할 때, $\sin^2 x + \sin^2 y + \sin^2 z < 1$임을 보여라.

[풀이]

[풀이] $0 < x, y, z < \frac{\pi}{2}$이므로, $\tan x$, $\tan y$, $\tan z$는 모두 양이고, $\tan x = a$, $\tan y = b$, $\tan z = c$라 두면, $a + b + c = 2$이다. 또, $\tan x = \frac{\sin x}{\cos x} = a$에서, $\cos x = \frac{\sin x}{a}$이고, 이를 $\cos^2 x + \sin^2 x = 1$에 대입하면, $\sin^2 x = \frac{a^2}{1 + a^2}$이다. 마찬가지로, $\sin^2 y = \frac{b^2}{1 + b^2}$, $\sin^2 z = \frac{c^2}{1 + c^2}$이다. 더욱이, 산술-기하평균 부등식에 의하여

$$1 + a^2 \geq 2\sqrt{a^2} = 2a,$$
$$1 + b^2 \geq 2\sqrt{b^2} = 2b,$$
$$1 + c^2 \geq 2\sqrt{c^2} = 2c$$

이다. 따라서

$$\sin^2 x + \sin^2 y + \sin^2 z = \frac{a^2}{1 + a^2} + \frac{b^2}{1 + b^2} + \frac{c^2}{1 + c^2}$$
$$\leq \frac{a}{2} + \frac{b}{2} + \frac{c}{2}$$
$$= \frac{a + b + c}{2}$$
$$= 1$$

이다. 그런데, 산술-기하평균 부등식의 등호성립조건인 $a = b = c = 1$는 $a + b + c = 2$에 모순되므로, 동시에 성립하지 않는다. 따라서 $\sin^2 x + \sin^2 y + \sin^2 z < 1$이다.

[예제] **2.1.21 (KMO, '2010)** _____

양의 실수 x, y, z가 $x + y + z = 1$을 만족할 때, 다음 부등식이 성립함을 보여라.

$$\sqrt{\frac{x}{1-x}} + \sqrt{\frac{y}{1-y}} + \sqrt{\frac{z}{1-z}} > 2$$

[풀이]

[풀이] 1보다 작은 양의 실수 x에 대하여, 산술-기하평균 부등식을 이용하면

$$1 = x + (1-x) \geq 2\sqrt{x(1-x)}$$

이다. 위 식을 정리하면 $\sqrt{\dfrac{x}{1-x}} \geq 2x$이다. 따라서

$$\sqrt{\frac{x}{1-x}} + \sqrt{\frac{y}{1-y}} + \sqrt{\frac{z}{1-z}} \geq 2(x+y+z) = 2$$

이다. 그런데, 등호성립조건 $x = y = z = \dfrac{1}{2}$이 주어진 조건 $x + y + z = 1$을 만족하지 않으므로, 등호는 성립하지 않는다. 따라서

$$\sqrt{\frac{x}{1-x}} + \sqrt{\frac{y}{1-y}} + \sqrt{\frac{z}{1-z}} > 2$$

이다.

[예제] **2.1.22** ──────────────

양의 실수 x, y, z가 $x + y + z = 3$을 만족할 때,

$$\frac{xy}{x+y} + \frac{yz}{y+z} + \frac{zx}{z+x}$$

의 최댓값을 구하여라.

[풀이]

[풀이] 산술-기하평균 부등식에 의하여

$$\frac{x+y}{2} \geq \sqrt{xy}$$

이므로,

$$\frac{x+y}{4} \geq \frac{xy}{x+y}$$

이다. 그러므로

$$\frac{xy}{x+y} + \frac{yz}{y+z} + \frac{zx}{z+x} \leq \frac{x+y}{4} + \frac{y+z}{4} + \frac{z+x}{4}$$
$$= \frac{x+y+z}{2}$$
$$= \frac{3}{2}$$

이다. 따라서 주어진 식의 최댓값은 $\frac{3}{2}$이다. 단, 등호는 $x = y = z = 1$일 때, 성립한다.

예제 **2.1.23** _____

양의 실수 x, y가 관계식 $(x + \sqrt{x^2+1})(y + \sqrt{y^2+1}) = 2011$을 만족할 때, $x + y$의 최솟값을 구하여라.

풀이

풀이 $z = x + \sqrt{x^2+1}$이라 두면, $z > 0$이고,

$$x = \frac{z^2 - 1}{2z} \tag{1}$$

이다. 또, $y + \sqrt{y^2+1} = \dfrac{2011}{z}$으로부터

$$y = \frac{2011^2 - z^2}{2 \cdot 2011 \cdot z} \tag{2}$$

이다. 그러므로 식 (1)과 (2)로부터

$$x + y = \frac{z^2 - 1}{2z} + \frac{2011^2 - z^2}{2 \cdot 2011 \cdot z}$$
$$= \frac{2010}{2 \cdot 2011}\left(z + \frac{2011}{z}\right)$$

산술-기하평균 부등식에 의하여

$$= \frac{2010}{2011}\sqrt{z \cdot \frac{2011}{z}}$$
$$= \frac{2010\sqrt{2011}}{2011}$$

이다. 단, 등호는 $z^2 = 2011$일 때, 성립한다. 즉, $x = y = \dfrac{1005\sqrt{2011}}{2011}$일 때, 성립한다. 그러므로 $x + y$의 최솟값은 $\dfrac{2010\sqrt{2011}}{2011}$이다.

예제 **2.1.24 (KMO, '2011)** ────────

양수 a, b가 $ab(a+b+1) = 25$를 만족할 때

$$(a+b)(b+1)$$

의 최솟값을 구하여라.

풀이

풀이 관계식 $ab(a+b+1) = 25$에서 양변을 a 로 나누면 $b(a+b+1) = \dfrac{25}{a}$이다. 따라서 산술-기하평균 부등식에 의하여

$$\begin{aligned}
(a+b)(b+1) &= a + b(a+b+1) \\
&= a + \frac{25}{a} \\
&\geq 2\sqrt{a \cdot \frac{25}{a}} \\
&= 10
\end{aligned}$$

이다. 단, 등호는 $a = 5$, $b = -3 + \sqrt{14}$이다.

[예제] **2.1.25** _____

음이 아닌 실수 a, b, c, d가 $a^2 + b^2 + c^2 + d^2 = 1$을 만족할 때,

$$(1 - a)(1 - b)(1 - c)(1 - d) \geq abcd$$

가 성립함을 보여라.

[풀이]

[풀이] 산술-기하평균 부등식과 주어진 관계식을 이용하면,

$$2cd \leq c^2 + d^2 = 1 - a^2 - b^2$$

이다. 그러므로

$$2(1 - a)(1 - b) - 2cd$$
$$\geq 2(1 - a)(1 - b) - 1 + a^2 + b^2$$
$$= (1 - a - b)^2 \geq 0$$

이다. 즉,

$$(1 - a)(1 - b) \geq cd \qquad (1)$$

이다. 같은 방법으로

$$(1 - c)(1 - d) \geq ab \qquad (2)$$

이다. 두 식 (1)과 (2)를 변변 곱하면,

$$(1 - a)(1 - b)(1 - c)(1 - d) \geq abcd$$

이다. 단, 등호는 $a = b = c = d = \dfrac{1}{2}$ 또는 a, b, c, d 중 하나만 1이고, 나머지가 모두 0일 때, 성립한다.

[예제] **2.1.26** _____

양의 실수 a, b, c에 대하여,

$$\frac{1}{a(1+b)} + \frac{1}{b(1+c)} + \frac{1}{c(1+a)} \geq \frac{3}{1+abc}$$

이 성립함을 보여라.

[풀이]

[풀이] 다음 항등식을 이용하자.

$$\frac{1+abc}{a(1+b)} = \frac{1+a}{a(1+b)} + \frac{b(1+c)}{1+b} - 1$$

$$\frac{1+abc}{b(1+c)} = \frac{1+b}{b(1+c)} + \frac{c(1+a)}{1+c} - 1$$

$$\frac{1+abc}{c(1+a)} = \frac{1+c}{c(1+a)} + \frac{a(1+b)}{1+a} - 1$$

세 식을 변변 더한 후, 산술-기하평균 부등식을 이용하면

$$\frac{1+abc}{a(1+b)} + \frac{1+abc}{b(1+c)} + \frac{1+abc}{c(1+a)}$$
$$= \left(\frac{1+a}{a(1+b)} + \frac{a(1+b)}{1+a} \right) + \left(\frac{1+b}{b(1+c)} + \frac{b(1+c)}{1+b} \right)$$
$$+ \left(\frac{1+c}{c(1+a)} + \frac{c(1+a)}{1+c} \right) - 3$$
$$\geq 2+2+2-3 = 3$$

이다. 따라서

$$\frac{1}{a(1+b)} + \frac{1}{b(1+c)} + \frac{1}{c(1+a)} \geq \frac{3}{1+abc}$$

이다. 단, 등호는 $a = b = c = 1$일 때, 성립한다.

예제 **2.1.27** _____

양의 실수 a, b, c, d, e가 $a + b + c + d + e = 5$를 만족할 때,

$$abc + bcd + cde + dea + eab \leq 5$$

임을 증명하여라.

풀이

풀이 a, b, c, d, e 중 최솟값을 e라고 가정해도 일반성을 잃지 않는다. 산술-기하평균 부등식에 의하여

$$abc + bcd + cde + dea + eab$$
$$= e(a + c)(b + d) + bc(a + d - e)$$
$$\leq e \left(\frac{a + c + b + d}{2} \right)^2 + \left(\frac{b + c + a + d - e}{3} \right)^3$$
$$= \frac{e(5 - e)^2}{4} + \frac{(5 - 2e)^3}{27}$$

이다. 이제 보일 것은

$$\frac{e(5 - e)^2}{4} + \frac{(5 - 2e)^3}{27} \leq 5$$

이다. 위 식을 정리하면 $(e - 1)^2(e + 8) \geq 0$이고, 이는 자명하게 성립한다. 단, 등호는 $a = b = c = d = e = 1$일 때, 성립한다.

예제 **2.1.28** ──────────────────

양의 실수 a, b, c가 $a + b + c = \sqrt{abc}$을 만족할 때,

$$ab + bc + ca \geq 9(a + b + c)$$

이 성립함을 보여라.

풀이

풀이 산술-기하평균 부등식에 의하여

$$\sqrt{abc} = a + b + c \geq 3\sqrt[3]{abc}$$

가 성립하므로,

$abc \geq 3^6$이고, $a + b + c = \sqrt{abc} \geq \sqrt{3^6} = 3^3$ (1)

이다. 또, 산술-기하평균 부등식에 의하여

$$ab + bc + ca \geq 3\sqrt[3]{(abc)^2}$$

이다. 식 (1)을 대입하면,

$$\begin{aligned}(ab + bc + ca)^3 &\geq 3^3(abc)^2 \\ &= 3^3(a + b + c)^4 \\ &\geq 3^6(a + b + c)^3\end{aligned}$$

이다. 따라서

$$ab + bc + ca \geq 9(a + b + c)$$

이다. 단, 등호는 $a = b = c = 9$일 때, 성립한다.

예제 2.1.29 _____

양의 실수 a, b, c, d가 $\dfrac{1}{1+a^4} + \dfrac{1}{1+b^4} + \dfrac{1}{1+c^4} + \dfrac{1}{1+d^4} = 1$을 만족할 때, $abcd \geq 3$임을 증명하여라.

풀이

풀이 다음과 같이 치환하자.

$$\frac{1}{1+a^4} = x, \quad \frac{1}{1+b^4} = y, \quad \frac{1}{1+c^4} = z, \quad \frac{1}{1+d^4} = t.$$

그러면, $x + y + z + t = 1$이고, $a^4 = \dfrac{1-x}{x}$, $b^4 = \dfrac{1-y}{y}$, $c^4 = \dfrac{1-z}{z}$, $d^4 = \dfrac{1-t}{t}$이다. 우리가 증명해야 할 것은

$$a^4 b^4 c^4 d^4 \geq 81$$

이다. 즉,

$$\frac{1-x}{x} \cdot \frac{1-y}{y} \cdot \frac{1-z}{z} \cdot \frac{1-t}{t} \geq 81$$

이다. $x + y + z + t = 1$과 산술-기하평균 부등식을 이용하면

$$\begin{aligned}
&\frac{1-x}{x} \cdot \frac{1-y}{y} \cdot \frac{1-z}{z} \cdot \frac{1-t}{t} \\
&= \frac{y+z+t}{x} \cdot \frac{x+z+t}{y} \cdot \frac{x+y+t}{z} \cdot \frac{x+y+z}{t} \\
&\geq \frac{3\sqrt[3]{yzt}}{x} \cdot \frac{3\sqrt[3]{xzt}}{y} \cdot \frac{3\sqrt[3]{xyt}}{z} \cdot \frac{3\sqrt[3]{xyz}}{t} \\
&= 81
\end{aligned}$$

이다.

예제 **2.1.30**

0이 아닌 실수 a와 실수 b에 대하여

$$a^2 + b^2 + \frac{1}{a^2} + \frac{b}{a} \geq \sqrt{3}$$

이 성립함을 보여라.

풀이

풀이 부등식의 좌변이 다음과 같이 변형된다.

$$a^2 + b^2 + \frac{1}{a^2} + \frac{b}{a} = \left(b + \frac{1}{2a}\right)^2 + a^2 + \frac{3}{4a^2} \quad (1)$$

$\left(b + \frac{1}{2a}\right)^2 \geq 0$이므로, 식 (1)에서

$$a^2 + b^2 + \frac{1}{a^2} + \frac{b}{a} \geq a^2 + \frac{3}{4a^2} \quad (2)$$

을 얻는다. 산술-기하평균 부등식에 의하여

$$a^2 + \frac{3}{4a^2} \geq \sqrt{3} \quad (3)$$

이다. 식 (2), (3)으로부터

$$a^2 + b^2 + \frac{1}{a^2} + \frac{b}{a} \geq \sqrt{3}$$

이다. 단, 등호는 $b + \frac{1}{2a} = 0$이고, $a^2 = \frac{3}{4a^2}$일 때, 성립한다.

예제 **2.1.31** ───────────────

양의 실수 a, b, c가 $a+b+c=1$을 만족할 때,

$$\frac{a^3}{a^2+b^2} + \frac{b^3}{b^2+c^2} + \frac{c^3}{c^2+a^2} \geq \frac{1}{2}$$

이 성립함을 보여라.

풀이

풀이 산술-기하평균 부등식에 의하여

$$\frac{a^2+b^2}{2} \geq ab \quad \text{즉,} \quad \frac{ab}{a^2+b^2} \leq \frac{1}{2}$$

이다. 그러므로

$$\frac{a^3}{a^2+b^2} = a - b\frac{ab}{a^2+b^2} \geq a - \frac{b}{2}$$

이다. 같은 방법으로

$$\frac{b^3}{b^2+c^2} \geq b - \frac{c}{2}, \quad \frac{c^3}{c^2+a^2} \geq c - \frac{a}{2}$$

이다. 위 세 식을 변변 더하고, $a+b+c=1$을 이용하면

$$\frac{a^3}{a^2+b^2} + \frac{b^3}{b^2+c^2} + \frac{c^3}{c^2+a^2} \geq a+b+c - \frac{a+b+c}{2}$$
$$= \frac{a+b+c}{2} = \frac{1}{2}$$

이다. 단, 등호는 $a=b=c=\frac{1}{3}$일 때, 성립한다.

예제 **2.1.32** ────────────────

양의 실수 x, y, z가 $x^2 + y^2 + z^2 = xyz$를 만족할 때, 다음이 성립함을 보여라.

(1) $xyz \geq 27$

(2) $xy + yz + zx \geq 27$

(3) $x + y + z \geq 9$

풀이

풀이

(1) 산술-기하평균 부등식에 의하여
$$xyz = x^2 + y^2 + z^2 \geq 3\sqrt[3]{(xyz)^2}$$
이다. 즉, $(xyz)^3 \geq 27(xyz)^2$이다. 따라서 $xyz \geq 27$이다.

(2) 산술-기하평균 부등식에 의하여
$$xy + yz + zx \geq 3\sqrt[3]{(xyz)^2} \geq 3\sqrt[3]{27^2} = 27$$
이다.

(3) 산술-기하평균 부등식과 (1)에 의하여
$$x + y + z \geq 3\sqrt[3]{xyz} \geq 3\sqrt[3]{27} = 9$$
이다.

예제 **2.1.33** ──────────────

양의 실수 x, y가 $x + y \leq 1$을 만족할 때, $xy + \dfrac{1}{xy}$의 최솟값을 구하여라.

풀이

풀이 이 문제는 산술-기하평균 부등식을 바로 이용할 수 없다. 왜냐하면 등호성립조건 $xy = 1$을 만족하지 않기 때문이다. 산술-기하평균 부등식에 의하여 $\dfrac{1}{xy} \geq \dfrac{4}{(x+y)^2} \geq 4$이다. $a = \dfrac{1}{xy}$라 하면, 주어진 문제는 $a \geq 4$일 때, $a + \dfrac{1}{a}$의 최솟값을 구하는 문제가 되고, $a = 4$를 착안점으로 생각하여 이 문제의 등호성립조건을 찾아보면, $\dfrac{a}{k} = \dfrac{1}{a}$이다. 이를 풀면 $k = a^2 = 16$이다. 그러면,

$$a + \frac{1}{a} = \frac{a}{16} + \frac{1}{a} + \frac{15}{16}a$$
$$\geq 2\sqrt{\frac{a}{16} \cdot \frac{1}{a}} + \frac{15}{16}a$$
$$\geq 2 \cdot \frac{1}{4} + \frac{15}{16} \cdot 4 = \frac{17}{4}$$

이다. 단, 등호는 $a = 4$일 때, 즉, $x = y = \dfrac{1}{2}$일 때, 성립한다.

예제 **2.1.34** ───────────────

양의 실수 a, b, c가 $a^2 + b^2 + c^2 = 3$을 만족할 때,

$$a + b + c + \frac{25}{a+b+c}$$

의 최솟값을 구하여라.

풀이

풀이 산술-기하평균 부등식을 이용하면,

$$a + b + c + \frac{25}{a+b+c} \geq 2\sqrt{(a+b+c) \cdot \frac{25}{a+b+c}} = 10$$

이다. 등호는 $(a+b+c)^2 = 25$일 때, 즉, $a+b+c = 5$일 때, 성립한다. 그런데,

$$25 = (a+b+c)^2 \leq (1^2 + 1^2 + 1^2)(a^2 + b^2 + c^2) = 9$$

에 모순된다. 따라서 주어진 식의 최솟값은 10이 아니다. 최솟값은 $a = b = c = 1$일 때, 성립할 것이다. $a + b + c = \frac{k}{a+b+c}$라 두면, $k = 9$이다. 주어진 식을 다음과 같이 변형하자.

$$a + b + c + \frac{25}{a+b+c} = a + b + c + \frac{9}{a+b+c} + \frac{16}{a+b+c}.$$

그러면, 산술-기하평균 부등식과 코시-슈바르츠 부등식 $3(a^2 + b^2 + c^2) \geq (a+b+c)^2$을 이용하면,

$$a + b + c + \frac{9}{a+b+c} \geq 2\sqrt{(a+b+c) \cdot \frac{9}{a+b+c}} \geq 6,$$
$$\frac{1}{a+b+c} \geq \frac{1}{\sqrt{3(a^2+b^2+c^2)}} = \frac{1}{3}$$

이다. 따라서

$$a + b + c + \frac{9}{a+b+c} + \frac{16}{a+b+c} \geq 6 + \frac{16}{3} = \frac{34}{3}$$

이다. 단, 등호는 $a = b = c = 1$일 때, 성립한다.

[예제] **2.1.35** —————————————————

양의 실수 x, y, z가 $x + 2y + 3z \geq 20$을 만족할 때,

$x + y + z + \dfrac{3}{x} + \dfrac{9}{2y} + \dfrac{4}{z}$의 최솟값을 구하여라.

[풀이]

[풀이] 산술-기하평균 부등식에 의하여

$$x + \frac{4}{x} \geq 4, \quad y + \frac{9}{y} \geq 6, \quad z + \frac{16}{z} \geq 8$$

이다. 그러므로

$$\frac{3}{4}\left(x + \frac{4}{x}\right) \geq 3, \quad \frac{1}{2}\left(y + \frac{9}{y}\right) \geq 3, \quad \frac{1}{4}\left(z + \frac{16}{z}\right) \geq 2$$

이다. 위 세 식을 변변 더하면,

$$\frac{3}{4}x + \frac{1}{2}y + \frac{1}{4}z + \frac{3}{x} + \frac{9}{2y} + \frac{4}{z} \geq 8$$

이다. 또, $x + 2y + 3z \geq 20$이므로

$$\frac{1}{4}x + \frac{1}{2}y + \frac{3}{4}z \geq 5$$

이다. 따라서

$$x + y + z + \frac{3}{x} + \frac{9}{2y} + \frac{4}{z} \geq 13$$

이다. 단, 등호는 $x = 2$, $y = 3$, $z = 4$일 때 성립한다.

예제 **2.1.36** ——————————————

양의 실수 a, b, c가 $abc \geq 1$을 만족할 때, 다음 부등식을 증명하여라.

$$\left(a + \frac{1}{a+1}\right)\left(b + \frac{1}{b+1}\right)\left(c + \frac{1}{c+1}\right) \geq \frac{27}{8}.$$

풀이

풀이 산술-기하평균 부등식에 의하여

$$\frac{a+1}{4} + \frac{1}{a+1} \geq 2\sqrt{\frac{a+1}{4} \cdot \frac{1}{a+1}} = 1 \qquad (1)$$

$$\frac{3a}{4} + \frac{3}{4} \geq 2\sqrt{\frac{3a}{4} \cdot \frac{3}{4}} = \frac{3}{2}\sqrt{a} \qquad (2)$$

이다. 등호는 모두 $a = 1$일 때, 성립한다. 위 두 부등식 (1), (2)를 변변 더하면

$$a + \frac{1}{a+1} \geq \frac{3}{2}\sqrt{a}$$

이다. 같은 방법으로,

$$b + \frac{1}{b+1} \geq \frac{3}{2}\sqrt{b}, \quad c + \frac{1}{c+1} \geq \frac{3}{2}\sqrt{c}$$

이다. 단, 등호는 $b = 1$, $c = 1$일 때, 성립한다. 따라서

$$\left(a + \frac{1}{a+1}\right)\left(b + \frac{1}{b+1}\right)\left(c + \frac{1}{c+1}\right)$$
$$\geq \frac{3}{2}\sqrt{a} \cdot \frac{3}{2}\sqrt{b} \cdot \frac{3}{2}\sqrt{c}$$
$$= \frac{27}{8}\sqrt[3]{abc}$$
$$\geq \frac{27}{8}$$

이다. 단, 등호는 $a = b = c = 1$일 때, 성립한다.

예제 **2.1.37** _____

1보다 큰 실수 x에 대하여

$$\frac{x^4 - x^2}{x^6 + 2x^3 - 1}$$

의 최댓값을 구하여라.

풀이

풀이 주어진 식을 변형하면

$$\frac{x^4 - x^2}{x^6 + 2x^3 - 1} = \frac{x - \frac{1}{x}}{x^3 + 2 - \frac{1}{x^3}} = \frac{x - \frac{1}{x}}{\left(x - \frac{1}{x}\right)^3 + 2 + 3\left(x - \frac{1}{x}\right)}$$

이다. $x > 1$이므로, $x - \frac{1}{x} > 0$이다. 그러므로 산술-기하평균 부등식에 의하여

$$\left(x - \frac{1}{x}\right)^3 + 2 = \left(x - \frac{1}{x}\right)^3 + 1 + 1$$
$$\geq 3\sqrt[3]{\left(x - \frac{1}{x}\right)^3 \cdot 1 \cdot 1}$$
$$= 3\left(x - \frac{1}{x}\right)$$

이다. 따라서

$$\frac{x^4 - x^2}{x^6 + 2x^3 - 1} = \frac{x - \frac{1}{x}}{x^3 + 2 - \frac{1}{x^3}}$$
$$= \frac{x - \frac{1}{x}}{\left(x - \frac{1}{x}\right)^3 + 2 + 3\left(x - \frac{1}{x}\right)}$$
$$\leq \frac{x - \frac{1}{x}}{3\left(x - \frac{1}{x}\right) + 3\left(x - \frac{1}{x}\right)}$$
$$= \frac{1}{6}$$

이다. 단, 등호는 $x - \frac{1}{x} = 1$일 때, 성립한다.

예제 **2.1.38**

$0 \leq a \leq b \leq 1$을 만족하는 실수 a, b에 대하여

$$a^2(b-a) + b^2(1-a)$$

의 최댓값을 구하여라.

풀이

풀이 산술-기하평균 부등식에 의하여

$$a^2(b-a) + b^2(1-a)$$
$$= \frac{1}{2}(a \cdot a \cdot (2b - 2a)) + b^2(1-b)$$
$$\leq \frac{1}{2}\left(\frac{a + a + (2b - 2a)}{3}\right)^3 + b^2(1-b)$$
$$= b^2\left(\frac{4b}{27} + 1 - b\right)$$
$$= b^2\left(1 - \frac{23b}{27}\right)$$
$$= \left(\frac{54}{23}\right)^2 \cdot \left(\frac{23b}{54}\right) \cdot \left(\frac{23b}{54}\right) \cdot \left(1 - \frac{23b}{27}\right)$$
$$\leq \left(\frac{54}{23}\right)^2 \cdot \left(\frac{\left(\frac{23b}{54}\right) + \left(\frac{23b}{54}\right) + \left(1 - \frac{23b}{27}\right)}{3}\right)^3$$
$$= \frac{108}{529}$$

이다. 단, 등호는 $a = \frac{12}{23}$, $b = \frac{18}{23}$일 때, 성립한다.

[예제] **2.1.39** ──────────────

실수 x, y에 대하여 관계식 $16^{x^2+y} + 16^{x+y^2} = 1$을 만족하는 순서쌍 (x, y)를 모두 구하여라.

[풀이]

[풀이] 산술-기하평균 부등식에 의하여

$$1 = 16^{x^2+y} + 16^{x+y^2}$$
$$\geq 2 \cdot 4^{x^2+y+x+y^2}$$
$$= 2^{1+2x^2+2y^2+2x+2y}$$

이다. 그러므로

$$0 \geq 1 + 2x^2 + 2y^2 + 2x + 2y$$
$$= 2\left\{\left(x + \frac{1}{2}\right)^2 + \left(y + \frac{1}{2}\right)^2\right\}$$
$$\geq 0$$

이다. 따라서 $x = -\frac{1}{2}$, $y = -\frac{1}{2}$이다. 즉, $(x, y) = \left(-\frac{1}{2}, -\frac{1}{2}\right)$이다.

예제 **2.1.40** _____

$0 \le x \le 1$인 실수 x에 대하여, $x(1-x^3)$의 최댓값을 구하여라.

풀이

풀이 $y = x(1-x^3)$라 두면,

$$3y^3 = 3x^3(1-x^3)(1-x^3)(1-x^3)$$

이다. 산술-기하평균 부등식에 의하여

$$3y^3 \le \left(\frac{3x^3 + (1-x^3) + (1-x^3) + (1-x^3)}{4}\right)^4 = \left(\frac{3}{4}\right)^4$$

이다. 따라서 $y \le \frac{3}{4\sqrt[3]{4}}$이다. 단, 등호는 $x = \frac{1}{\sqrt[3]{4}}$일 때 성립한다.

예제 **2.1.41 (KMO, '2012)** ────────────

양의 실수 a, b, c가 $ab + bc + ca = 1$을 만족할 때, 다음 부등식이 성립함을 보여라.

$$\frac{a+b}{\sqrt{ab(1-ab)}} + \frac{b+c}{\sqrt{bc(1-bc)}} + \frac{c+a}{\sqrt{ca(1-ca)}} \le \frac{\sqrt{2}}{abc}$$

풀이

풀이 주어진 조건으로 부터 부등식의 좌변이

$$\frac{a+b}{\sqrt{ab(1-ab)}} + \frac{b+c}{\sqrt{bc(1-bc)}} + \frac{c+a}{\sqrt{ca(1-ca)}}$$
$$= \frac{a+b}{\sqrt{ab(bc+ca)}} + \frac{b+c}{\sqrt{bc(ab+ca)}} + \frac{c+a}{\sqrt{ca(ab+bc)}}$$
$$= \frac{a+b}{\sqrt{abc(a+b)}} + \frac{b+c}{\sqrt{abc(b+c)}} + \frac{c+a}{\sqrt{abc(c+a)}}$$

로 변형된다. 그러므로 우리가 보일 것은

$$\sqrt{abc}(\sqrt{a+b} + \sqrt{b+c} + \sqrt{c+a}) \le \sqrt{2}$$

이다. 양변을 제곱하면,

$$abc\Big\{2(a+b+c) + 2(\sqrt{(a+b)(b+c)}$$
$$+ \sqrt{(b+c)(c+a)} + \sqrt{(c+a)(a+b)})\Big\} \le 2$$

$$(1)$$

이다. 여기서, 산술-기하평균 부등식에 의하여

$$2\sqrt{(a+b)(b+c)} \le (a+b) + (b+c)$$
$$2\sqrt{(b+c)(c+a)} \le (b+c) + (c+a)$$
$$2\sqrt{(c+a)(a+b)} \le (c+a) + (a+b)$$

이다. 그러므로 식 (1)의 좌변은 $6abc(a+b+c)$ 보다 같거나 작다. 그러므로 우리는

$$6abc(a+b+c) \le 2$$

임을 보이면 된다. 그런데, $ab + bc + ca = 1$이므로,

$$2 = 2(ab+bc+ca)^2 \ge 6abc(a+b+c)$$

이다. 따라서 주어진 부등식이 성립한다. 단, 등호는 $a = b = c = \dfrac{1}{\sqrt{3}}$일 때, 성립한다.

예제 **2.1.42 (KMO, '2014)** _____

실수 a, b, c가 $a + b + c = 0$, $abc \neq 0$을 만족할 때,

$$-8abc\left(\frac{1}{a} + \frac{1}{b} + \frac{1}{c}\right)^3$$

의 값이 될 수 있는 수 중 가장 작은 것을 구하여라.

풀이

풀이 $(a - b)^2 \geq 0$이므로, $(a + b)^2 \geq 4ab$이다. 이로부터

$$
\begin{aligned}
a^2 + ab + b^2 &= (a + b)^2 - ab \\
&\geq (a + b)^2 - \frac{(a + b)^2}{4} \\
&= \frac{3}{4}(a + b)^2
\end{aligned}
$$

이 성립한다. 그러므로

$$
\begin{aligned}
-8abc\left(\frac{1}{a} + \frac{1}{b} + \frac{1}{c}\right)^3 &= 8ab(a + b)\left(\frac{1}{a} + \frac{1}{b} - \frac{1}{ab}\right)^3 \\
&= 8ab(a + b)\left(\frac{a^2 + ab + b^2}{ab(a + b)}\right)^3 \\
&= 8\frac{(a^2 + ab + b^2)^3}{(ab)^2(a + b)^2} \\
&\geq 8\frac{\left\{\frac{3}{4}(a + b)^2\right\}^3}{(ab)^2(a + b)^2} \\
&= \frac{27}{8}\frac{(a + b)^4}{(ab)^2} \\
&\geq \frac{27}{8} \times 16 \\
&= 54
\end{aligned}
$$

이다. 단, 등호는 $a = b, a + b + c = 0$일 때, 성립한다.

예제 **2.1.43** _____

실수 x, y가 관계식 $x^2 + y^2 = 1$을 만족한다. 이 때, 다음 물음에 답하여라.

(1) xy의 최댓값과 최솟값을 구하여라.

(2) $z = |x + 2y| + |2x + y|$라 할 때, z^2의 최솟값을 구하여라.

풀이

풀이 (1) 산술-기하평균 부등식에 의하여

$$1 = x^2 + y^2 \geq 2\sqrt{x^2 y^2} = 2|xy|$$

이다. 따라서 $-\frac{1}{2} \leq xy \leq \frac{1}{2}$이다. 즉, xy의 최댓 값은 $\frac{1}{2}$이고, 최솟값은 $-\frac{1}{2}$이다.

(2)

$$\begin{aligned}
z^2 &= (|x + 2y| + |2x + y|)^2 \\
&= |x + 2y|^2 + |2x + y|^2 + 2|x + 2y| \cdot |2x + y| \\
&= 5(x^2 + y^2) + 8xy + 2|2(x^2 + y^2) + 5xy|
\end{aligned}$$

에서, $x^2 + y^2 = 1$이므로, $z^2 = 5 + 8xy + 2|2 + 5xy|$ 이다. (1)에서 $-\frac{1}{2} \leq xy \leq \frac{1}{2}$이므로,

(i) $-\frac{1}{2} \leq xy \leq -\frac{2}{5}$일 때,

$$z^2 = 5 + 8xy - 2(2 + 5xy) = 1 - 2xy \geq \frac{9}{5}$$

이다.

(ii) $-\frac{2}{5} \leq xy \leq \frac{1}{2}$일 때,

$$z^2 = 5 + 8xy + 2(2 + 5xy) = 9 + 18xy \geq \frac{9}{5}$$

이다.

따라서 z^2은 $xy = -\frac{2}{5}$일 때, 최솟값 $\frac{9}{5}$를 갖는다.

예제 **2.1.44 (KMO, '2019)** ————————

양수 a, b, c에 대하여, 다음 식의 최솟값을 구하여라.

$$\frac{a^2 + 8b^2 + c^2}{ab + bc}$$

풀이

풀이 산술-기하평균 부등식에 의하여

$$a^2 + 4b^2 \geq 4ab$$

(등호는 $a = 2b$일 때 성립)이고,

$$4b^2 + c^2 \geq 4bc$$

(등호는 $2b = c$일 때 성립)이다. 따라서

$$a^2 + 8b^2 + c^2 \geq 4(ab + bc)$$

이다. 즉, $\dfrac{a^2 + 8b^2 + c^2}{ab + bc}$의 최솟값은 3이다. 이때, $a = 2b = c$이다.

예제 **2.1.45 (KMO, '2018)** ────────────

양의 실수 a, b, c가 다음 세 조건을 모두 만족할 때, $a+b+c$의 값을 구하여라.

(i) $c > a$

(ii) $10c = 7a + 4b + 2024$

(iii) $\dfrac{(a+c)^2}{a} + \dfrac{(c-a)^2}{b} = 2024$

풀이

풀이 식 (iii)을 (ii)에 대입하면

$$10c = 7a + 4b + \frac{(a+c)^2}{a} + \frac{(c-a)^2}{b}$$
$$= 8a + 2c + \frac{c^2}{a} + 4b + \frac{(c-a)^2}{b}$$

이다. 산술-기하평균 부등식에 의하여

$$8a + 2c + \frac{c^2}{a} + 4b + \frac{(c-a)^2}{b}$$
$$\geq 8a + 2c + \frac{c^2}{a} + 2\sqrt{4(c-a)^2}$$
$$= 6c + 4a + \frac{c^2}{a}$$
$$\geq 6c + 2\sqrt{4c^2}$$
$$= 10c$$

이다. 단, 등호는 $a = 2b$, $c = 4b$일 때 성립한다. 이를 (ii)에 대입하여 풀면 $b = 92$이다. 따라서 $a + b + c = 2b + b + 4b = 7b = 644$이다.

예제 **2.1.46 (KMO, '2020)** ———————

조건 $x + y = 10$을 만족하는 양의 실수 x, y에 대하여 $\left(x + \dfrac{1}{x}\right)\left(y + \dfrac{1}{y}\right)$의 최솟값을 m이라 할 때, m을 넘지 않는 최대 정수를 구하여라.

풀이

풀이 산술-기하평균 부등식에 의하여

$$10 = x + y \geq 2\sqrt{xy}$$

이다. 즉, $0 < xy \leq 25$이다. 그러므로,

$$\begin{aligned}
\left(x + \frac{1}{x}\right)\left(y + \frac{1}{y}\right) &= xy + \frac{1}{xy} + \frac{x}{y} + \frac{y}{x} \\
&= xy + \frac{1}{xy} + \frac{x^2 + y^2}{xy} \\
&= xy + \frac{1}{xy} + \frac{(x+y)^2 - 2xy}{xy} \\
&= xy + \frac{1}{xy} + \frac{100 - 2xy}{xy} \\
&= xy + \frac{101}{xy} - 2
\end{aligned}$$

산술-기하평균 부등식에 의하여

$$= 2\sqrt{101} - 2$$

이다. 따라서 $m = 2\sqrt{101} - 2$이고, m을 넘지 않는 최대 정수는 18이다.

예제 **2.1.47 (KMO, '2020)** ─────────────

양의 실수 a, b, c, d가 $a \geq b \geq c$와 $4(a+b) \leq 9(c+d)$를 모두 만족할 때, $36\left(\dfrac{c}{a} + \dfrac{d}{b}\right)$의 최솟값을 구하여라.

풀이

풀이 $4(a+b) \leq 9(c+d)$으로부터

$$d \geq \frac{4}{9}a + \frac{4}{9}b - c$$

이다. 그러므로,

$$\frac{c}{a} + \frac{d}{b} = \frac{c}{a} + \frac{1}{b}\left(\frac{4}{9}a + \frac{4}{9}b - c\right)$$
$$= \frac{c(b-a)}{ab} + \frac{4a}{9b} + \frac{4}{9}$$

이다. 이때, $b - a \leq 0$이므로 c가 최대일 때, 즉, $c \leq b$일 때, 최솟값을 가진다. 그러므로,

$$\frac{c(b-a)}{ab} + \frac{4a}{9b} + \frac{4}{9} \geq \frac{b(b-a)}{ab} + \frac{4a}{9b} + \frac{4}{9}$$
$$= \frac{b}{a} + \frac{4a}{9b} - \frac{5}{9}$$

산술-기하평균 부등식에 의해

$$\geq 2\sqrt{\frac{4}{9}} - \frac{5}{9}$$
$$= \frac{7}{9}$$

이다. 등호는 $a = 3$, $b = c = 2$, $d = \dfrac{2}{9}$일 때, 성립한다.

2.2   판별식 또는 해석기하를 이용한 최대·최소

- 이 절의 주요 내용

- 판별식을 이용한 최대·최소

- 해석기하를 이용한 최대·최소

정리 **2.2.1** ————————————

판별식을 이용한 최대·최소 문제는 이차함수 $y = ax^2 + bx + c$의 형태 또는 분수함수 $y = \frac{g(x)}{f(x)}$의 형태에서 주로 사용된다.

(1) 이차함수 $y = ax^2 + bx + c$의 경우, y를 이항하여, $ax^2 + bx + c - y = 0$의 꼴로 변형한 다음, 판별식 $D = b^2 - 4a(c - y) \geq 0$을 써서 y의 범위를 구한다.

(2) 분수함수 $y = \frac{g(x)}{f(x)}$의 경우, 양변에 $f(x)$를 곱하여 x의 정방정식으로 변형한 다음, x의 이차방정식일 때는 $D \geq 0$을 써서 y의 범위를 구한다.

정리 **2.2.2** ————————————

해석기하(좌표)를 이용한 최대·최소 문제에서 사용되는 해석기하의 성질은 다음과 같다.

(1) 두 점 $P(x_1, y_1)$과 $Q(x_2, y_2)$ 사이의 거리 :
$$\sqrt{(x_2 - x_1)^2 + (y_2 - y_1)^2}$$

(2) 점 $P(x_1, y_1)$과 직선 $ax + by + c = 0$ 사이의 거리 :
$$\frac{|ax_1 + by_1 + c|}{\sqrt{a^2 + b^2}}$$

(3) 평행한 두 직선 $ax + by + c = 0$과 $ax + by + c' = 0$ 사이의 거리 :
$$\frac{|c - c'|}{\sqrt{a^2 + b^2}}$$

예제 **2.2.3 (KMO, '2004)** _____

실수 a, b, c가 임의의 실수 x, y, z에 대하여 다음 부등식을 만족시킬 때, $3a+2b-c$의 최댓값은 얼마인가?

$$x^2 + 4xy + 4y^2 + axz + byz + cz^2 \geq 0$$

풀이

풀이 주어진 관계식을 x에 대하여 정리하면,

$$x^2 + (4y + az)x + 4y^2 + byz + cz^2 \geq 0$$

이다. 모든 실수 x에 대하여 성립하려면, 판별식 $D \leq 0$이어야 한다. 그러므로

$$D = (4y + az)^2 - 4(4y^2 + byz + cz^2)$$
$$= 4(2a - b)zy + (a^2 - 4c)z^2 \leq 0$$

이다. 위의 식이 모든 실수 y에 대하여 성립해야 하므로, $b = 2a$, $a^2 - 4c \leq 0$이어야 한다. 따라서

$$b = 2a, \quad c \geq \frac{1}{4}a^2$$

이다. 그러므로

$$3a + 2b - c = 7a - c$$
$$\leq -\frac{1}{4}a^2 + 7a$$
$$= -\frac{1}{4}(a - 14)^2 + 49$$

이다. 따라서 최댓값은 49이다.

예제 **2.2.4** _____

실수 x, y가 관계식

$$x^2 + 4y^2 - 16x + 32y - 16 = 0$$

을 만족한다. y의 최댓값을 a, 최솟값을 b이라 할 때, $|10ab|$를 구하여라.

풀이

풀이 관계식 $x^2 + 4y^2 - 16x + 32y - 16 = 0$를 x에 대하여 정리하면,

$$x^2 - 16x + 4y^2 + 32y - 16 = 0$$

이다. 위 방정식은 실근을 가지므로, 판별식 $D/4 \geq 0$이다. 그러므로

$$D/4 = 64 - 4y^2 - 32y + 16 \geq 0$$

이다. 이를 정리하면, $y^2 + 8y - 20 \leq 0$이다. 이를 풀면, $-10 \leq y \leq 2$이다. 따라서 y의 최댓값은 2이고, 최솟값은 -10이다. 즉, $a = 2$, $b = -10$이다. 그러므로 $|10ab| = 200$이다.

예제 2.2.5 ──────────────

실수 x, y가 $x^2 + y^2 = 1$을 만족할 때,

$$(x + 2y)^2 + (2x + y)^2$$

의 최댓값과 최솟값의 합을 구하여라.

풀이

풀이1 $(x + 2y)^2 + (2x + y)^2 = k$라 두자. 그러면, $x^2 + y^2 = 1$이므로,

$$(x + 2y)^2 + (2x + y)^2 = k(x^2 + y^2)$$

이다. 이를 정리하면,

$$(5 - k)x^2 + 8yx + (5 - k)y^2 = 0$$

이다. 위 방정식은 실근을 가지므로, $D/4 \geq 0$이다. 그러므로

$$D/4 = 16y^2 - (5 - k)^2 y^2 \geq 0$$

이다. 이를 정리하면, $(k^2 - 10k + 9)y^2 \leq 0$이다. 그런데, $y^2 \geq 0$이므로, $k^2 - 10k + 9 \leq 0$이다. 따라서 $1 \leq k \leq 9$이다. 즉, 구하는 값은 10이다.

풀이2 [삼각함수 치환을 이용한 풀이] $x^2 + y^2 = 1$이므로, $x = \cos\theta$, $y = \sin\theta$로 치환하자. 또, $(x + 2y)^2 + (2x + y)^2 = k$라 두자. 그러면,

$$\begin{aligned} k &= (x + 2y)^2 + (2x + y)^2 \\ &= 5(x^2 + y^2) + 8xy \\ &= 5(\cos^2\theta + \sin^2\theta) + 8\cos\theta\sin\theta \\ &= 5 + 4\sin 2\theta \end{aligned}$$

이다. $-1 \leq \sin 2\theta \leq 1$이므로, k의 최댓값은 9이고, 최솟값은 1이다. 따라서 구하는 값은 10이다.

예제 **2.2.6** ─────────────

실수 x, y가 관계식 $x^2 - xy + y^2 = 3$을 만족할 때, $(y-2)(x-y-2)$의 최댓값과 최솟값의 합을 구하여라.

풀이

풀이 관계식 $x^2 - xy + y^2 = 3$을 만족하는 x의 범위를 먼저 구하기 위해 y에 대하여 정리하면 $y^2 - xy + x^2 - 3 = 0$이다. 이 방정식이 실근을 가지므로, 판별식 $D = x^2 - 4x^2 + 12 \geq 0$이다. 이를 정리하면, $-2 \leq x \leq 2$이다. 또, $y^2 - xy = 3 - x^2$이므로,

$$\begin{aligned} (y-2)(x-y-2) &= xy - y^2 - 2x + 4 \\ &= (x^2 - 3) - 2x + 4 \\ &= (x-1)^2 \end{aligned}$$

이다. $-2 \leq x \leq 2$이므로, $(y-2)(x-y-2)$의 최댓값은 $x = -2$일 때, 9이고, 최솟값은 $x = 1$일 때, 0이다. 따라서 구하는 값은 9이다.

[예제] **2.2.7** _____

실수 x, y에 대하여 $x^2 - 2xy + y^2 - x - y + 6 = 0$일 때, xy의 최솟값을 구하여라.

[풀이]

[풀이] $xy = \frac{1}{4}\{(x+y)^2 - (x-y)^2\}$이고, 주어진 조건으로부터 $(x-y)^2 = (x+y) - 6$이다. $t = x+y$라 놓으면,

$$xy = f(t) = \frac{1}{4}(t^2 - t + 6)$$

이다. 그런데, $(x-y)^2 \geq 0$이므로, $t - 6 \geq 0$으로부터 $t \geq 6$이다. 따라서 xy의 최솟값은 $f(6) = 9$이다.

예제 **2.2.8** ─────────────────

양의 실수 x, y에 대하여, $k = \dfrac{3y^2 + 2xy + x^2}{2xy + y^2}$의 최솟

값을 구하여라.

풀이

풀이 주어진 식을 x^2으로 분자, 분모를 나누고, $\dfrac{y}{x} = t$라고 두면,

$$k = \frac{3t^2 + 2t + 1}{2t + t^2}$$

이다. 위 식을 정리하면,

$$(k-3)t^2 + 2(k-1)t - 1 = 0$$

이다. 단, $t > 0$이다. 이제 $k = 3$인 경우와 $k \neq 3$인 경우로 나누어 살펴보자.

(i) $k = 3$인 경우, $t = \dfrac{1}{4}$이다.

(ii) $k \neq 3$인 경우, 판별식 $D/4 = (k-1)^2 + k - 3 \geq 0$에서 $k^2 - k - 2 \geq 0$이다. 이를 풀면, $k \geq 2$ 또는 $k \leq -1$이다. 그런데, $t > 0$이므로, $k > 0$이다. 이 경우, k의 최솟값은 2이다.

따라서 (i), (ii)에 의하여 k의 최솟값은 2이다.

[예제] **2.2.9** _____

실수 x에 대하여 $\dfrac{ax^2+8x+b}{x^2+1}$의 최댓값이 9, 최솟값이 1이 되도록 상수 a, b의 값을 구하여라.

[풀이]

[풀이] $\dfrac{ax^2+8x+b}{x^2+1} = k$라 하고, 정리하면,

$$(k-a)x^2 - 8x + k - b = 0$$

이다. 이제 (i) $k = a$일 때와 (ii) $k \neq a$일 때로 나눠 살펴보자.

(i) $k = a$이면, $x = \dfrac{a-b}{8}$이다.

(ii) $k \neq a$이면, x의 실수조건에서 판별식

$$D/4 = 16 - (k-a)(k-b) \geq 0$$

이다. 즉,

$$k^2 - (a+b)k + ab - 16 \leq 0 \qquad (1)$$

이다. $k = a$는 식 (1)을 만족한다. 그러므로 문제의 조건으로부터 식 (1)은 다음과 동치이다.

$$(k-1)(k-9) \leq 0, \quad 즉, \quad k^2 - 10k + 9 \leq 0. \quad (2)$$

식 (1)과 식 (2)를 계수비교하면, $a = b = 5$이다.

예제 **2.2.10 (KMO, '2010)** —————————————

모든 실수 x에 대하여

$$(x^2 + (7-p)x + 2)(px^2 + 12x + 2p) \geq 0$$

을 만족시키는 정수 p의 개수를 구하여라.

풀이

풀이 모든 실수 x에 대하여 $(x^2 + (7-p)x + 2)(px^2 + 12x + 2p) \geq 0$을 만족시키기 위해서는 (i) $(x^2 + (7-p)x + 2)(px^2 + 12x + 2p)$가 완전제곱식이거나, (ii) 모든 실수 x에 대하여, $x^2 + (7-p)x + 2 \geq 0$이고, $px^2 + 12x + 2p \geq 0$이어야 한다. 먼저 (i)의 경우를 살펴보면, $(x^2 + (7-p)x + 2)(px^2 + 12x + 2p)$가 완전제곱식이 되기 위해서는 $px^2 + 12x + 2p = p(x^2 + (7-p)x + 2)$이면 된다. 이를 계수비교하면, $12 = p(7-p)$이고, 즉, $p^2 - 7p + 12 = 0$이다. 이를 풀면 $p = 3, 4$이다. 이제 (ii)의 경우를 살펴보자. 모든 실수 x에 대하여 $x^2 + (7-p)x + 2 \geq 0$이고, $px^2 + 12x + 2p \geq 0$이기 위해서는 두 이차방정식의 판별식이 모두 0이하여야 한다. 그러므로

$$(7-p)^2 - 8 \leq 0, \quad 6^2 - 2p^2 \leq 0$$

이다. 두 연립부등식을 풀면

$$3\sqrt{2} \leq p \leq 7 + 2\sqrt{2}$$

이다. 이를 만족하는 정수 p는 5, 6, 7, 8, 9이다. 따라서 (i), (ii)에 의하여 주어진 조건을 만족하는 정수 p의 개수는 7개다.

예제 **2.2.11 (KMO, '2013)** —————

식 $a^2 + 200ab + 10000 = 0$을 만족하는 실수 a, b에 대하여 $\dfrac{a+100}{b+1}$의 최댓값을 구하여라. (단, b는 -1이 아니다.)

풀이

풀이 $\dfrac{a+100}{b+1} = k$라 하고, 정리하면 $a + 100 = k(b+1)$이다. 이 식에 관계식의 변형 $b = -\dfrac{a^2 + 10000}{200a}$을 대입하고 정리하면,

$$a + 100 - k\left(-\dfrac{a^2 + 10000}{200a} + 1\right) = 0$$

$$200a^2 + 20000a + ka^2 + 10000k - 200ka = 0$$

$$(k+200)a^2 + 2(10000 - 100k)a + 10000k = 0$$

$$(1)$$

이다. 식 (1)이 실근을 갖기 위한 조건은 판별식

$$D/4 = (10000 - 100k)^2 - 10000k(k+200) \geq 0$$

이다. 이를 정리하여 풀면 $k \leq 25$이다. 따라서 $\dfrac{a+100}{b+1}$의 최댓값은 25이다.

예제 **2.2.12 (KMO, '2012)** ———————

양의 실수 x, y에 대하여

$$\frac{100xy}{4x + (x+y-1)^2}$$

의 최댓값을 구하여라.

풀이

풀이 다음과 같이 식을 변형하자.

$$\frac{100xy}{4x + (x+y-1)^2} = \frac{100xy}{4xy + (x-y+1)^2}$$
$$= \frac{100}{4 + \left(\frac{x-y+1}{\sqrt{xy}}\right)^2}$$

분자가 상수이므로, 분모가 최소일 때, 최댓값을 갖는다. 따라서 $y = x + 1$일 때, 주어진 식은 최댓값 25를 갖는다.

예제 **2.2.13 (KMO, '2003)** ────────

직선 $y = x$와 포물선 $y = x^2$으로 둘러싸인 영역 안에 정사각형이 있다. 이 정사각형의 한 변은 $y = x$ 위에 있고, 두 꼭짓점은 $y = x^2$ 위에 있다. 이 정사각형의 넓이는 얼마인가?

풀이

풀이 포물선 $y = x^2$ 위에 있는 정사각형의 두 꼭짓점의 좌표를 $A(a, a^2)$, $B(b, b^2)$라 두자. 단, $0 < a < b < 1$이다. 또, 두 점 A, B에서 직선 $y = x$에 내린 수선의 발을 각각 D, C라고 하자. 선분 AB의 기울기가 1이므로, $\frac{b^2 - a^2}{b - a} = a + b = 1$이다. 또한, 점과 직선사이의 거리공식에 의해 $AD = \frac{a - a^2}{\sqrt{2}}$이다. 한편,

$$AB = \sqrt{(b-a)^2 + (b^2 - a^2)^2}$$
$$= (b-a)\sqrt{1 + (a+b)^2}$$
$$= (1 - 2a)\sqrt{2}$$

이다. $AD = AB$이므로, $a - a^2 = 2(1 - 2a)$이다. 그러므로 $a^2 - 5a + 2 = 0$이다. 즉, $a = \frac{5 - \sqrt{17}}{2}$($0 < a < 1$)이다. 따라서

$$\square ABCD = AB^2$$
$$= 2(1 - 2a)^2$$
$$= 2(16a - 7)$$
$$= 66 - 16\sqrt{17}$$

이다.

예제 **2.2.14 (KMO, '2005)** ————————

양의 정수 a, b에 대하여, $y = (x - a)^2$의 그래프와 $y = b^2 - x^2$의 그래프의 두 교점과 두 그래프의 y-축과의 교점들을 꼭짓점으로 하는 사각형의 넓이가 $12\sqrt{7}$일 때, $a + b$의 값을 구하여라. (단, $a < b$이다.)

풀이

풀이 $y = (x - a)^2$의 그래프와 $y = b^2 - x^2$의 그래프의 두 교점을 각각 α, β라 하자. 단, $\alpha < \beta$이다. 그러면, α, β는 이차방정식 $(x - a)^2 = b^2 - x^2$의 두 근이다. 또, 비에트의 정리(근과 계수와의 관계)로 부터

$$\alpha + \beta = a, \quad \alpha\beta = \frac{a^2 - b^2}{2}$$

이다. 그러므로 $(\beta - \alpha)^2 = (\alpha + \beta)^2 - 4\alpha\beta = 2b^2 - a^2$이다. 그런데, 네 점 $(\alpha, b^2 - \alpha^2)$, $(0, a^2)$, $(\beta, b^2 - \beta^2)$, $(0, b^2)$을 꼭짓점으로 하는 사각형의 넓이는 $12\sqrt{7}$이다. 그러므로

$$\frac{1}{2} \begin{vmatrix} \alpha & 0 & \beta & 0 & \alpha \\ b^2 - \alpha^2 & a^2 & b^2 - \beta^2 & b^2 & b^2 - \alpha^2 \end{vmatrix}$$
$$= \frac{1}{2} |\alpha a^2 + \beta b^2 - \beta a^2 - \alpha b^2|$$
$$= \frac{1}{2}(b^2 - a^2)(\beta - \alpha) = 12\sqrt{7} \tag{1}$$

이다. 식 (1)에서 양변을 제곱하고, 위에서 구한 $(\beta - \alpha)^2 = 2b^2 - a^2$임을 이용하면,

$$(b^2 - a^2)^2 (2b^2 - a^2) = 24^2 \times 7$$

이다. a, b가 양의 정수이므로, 위 식은 부정방정식이 된다. 이를 풀면, 가능한 경우는 $(b^2 - a^2, 2b^2 - a^2) = (1, 24^2 \times 7)$, $(2, 12^2 \times 7)$, $(3, 8^2 \times 7)$, $(4, 6^2 \times 7)$, $(6, 4^2 \times 7)$, $(8, 3^2 \times 7)$, $(12, 2^2 \times 7)$이다. 그런데, 이 중에서 a, b가 모두 양의 정수가 되는 경우는 $(b^2 - a^2, 2b^2 - a^2) = (12, 2^2 \times 7)$뿐이다. 이 때, $(a, b) = (2, 4)$이다. 따라서 $a + b = 6$이다.

예제 **2.2.15 (KMO, '2010)** ————————

정삼각형 ABC의 내부의 점 D에 대하여 $DB^2 + DC^2 + BC^2 = 100$이고, $\triangle DBC$의 넓이가 $5\sqrt{3}$일 때, 점 A에서 점 D까지의 거리의 제곱을 구하여라.

풀이

풀이 점 B, C의 좌표를 각각 $(-a, 0)$, $(a, 0)$(단, $a > 0$)이라 하자. 그러면, $A(0, \sqrt{3}a)$이다. 또, 점 D의 좌표를 (x, y)라 하자. 그러면,

$$\triangle DBC = ay = 5\sqrt{3} \tag{1}$$

$$DB^2 + DC^2 + BC^2$$
$$= (x+a)^2 + y^2 + (x-a)^2 + y^2 + 4a^2$$
$$= 2x^2 + 2y^2 + 6a^2 = 100 \tag{2}$$

이다. 식 (1)을 정리하면 $y = \dfrac{5\sqrt{3}}{a}$이고, 이를 식 (2)에 대입하여 정리하면,

$$x^2 + \frac{75}{a^2} + 3a^2 = 50 \tag{3}$$

이다. 또,

$$AD^2 = x^2 + (y - \sqrt{3}a)^2$$
$$= x^2 + \left(\frac{5\sqrt{3}}{a} - \sqrt{3}a \right)^2$$
$$= x^2 + 3a^2 + \frac{75}{a^2} - 30 \tag{4}$$

이다. 따라서 식 (4)에 식 (3)을 대입하면, $AD^2 = 20$이다.

예제 **2.2.16 (KMO, '2006)** ————————

두 직선 l_1 : $y = \frac{1}{\sqrt{3}}x$과 l_2 : $y = -\frac{1}{\sqrt{3}}x$에 대하여, 직선 l이 직선 l_1과는 제 1사분면에서 만나고, 직선 l_2와는 제 4사분면에서 만난다. 세 직선 l, l_1, l_2 모두와 접하는 원들 중에서 $\{(x, y)|y > 0\}$에 포함되는 것을 C_1, $\{(x, y)|y < 0\}$에 포함되는 것을 C_2라고 하면, C_1의 중심과 C_2의 중심과의 거리가 20이다. l과 l_1과의 교점을 P, l과 C_1과의 접점을 Q, l과 C_2와의 접점을 R이라고 할 때, $|PR - PQ|$의 값을 구하여라.

풀이

풀이 두 중심 C_1, C_2에서 직선 l_1에 내린 수선의 발을 각각 Q', R'이라 하자. 그러면, l_1, l_2는 각각 x축과 30°의 각을 이루므로, $\angle C_1 O Q' = \angle C_2 O R' = 60°$, $PR = PR'$, $PQ = PQ'$이고, $PR - PQ = PR' - PQ' = Q'R'$이다. 이제 $OC_1 = 2a$, $OC_2 = 2b$라고 하면, $2(a + b) = 20$이다. 즉, $a + b = 10$이다. 또한, $OQ' = 2a \cdot \cos 60° = a$, $OR' = 2b \cdot \cos 60° = b$이므로,

$$Q'R' = OQ' + OR' = a + b = 10$$

이다. 따라서 $|PR - PQ| = 10$이다.

예제 **2.2.17** _____

임의의 실수 t에 대하여 $y(t^2-1)-2xt \geq -2$를 만족하는 점 (x, y)의 영역에서 $\frac{x+y+1}{x-y+3}$의 최댓값을 구하여라.

풀이

풀이 주어진 부등식을 정리하면,

$$yt^2 - 2xt + (2-y) \geq 0 \qquad (1)$$

이다. 식 (1)이 임의의 실수 t에 대하여 성립하기 위해서는 $y \geq 0$이다. (i) $y = 0$일 때와 (ii) $y > 0$일 때로 나누어 살펴보자.

(i) $y = 0$, $x = 0$일 때, 임의의 실수 t에 대하여 식 (1)이 성립한다.

(ii) $y > 0$일 때, 판별식 $D/4 = x^2 - y(2-y) \leq 0$으로부터 $x^2 + (y-1)^2 \leq 1$이다.

따라서 (i), (ii)로 부터 임의의 실수 t에 대하여 주어진 부등식을 만족하는 영역은

$$x^2 + (y-1)^2 \leq 1 \qquad (2)$$

이다. 이제, $\frac{x+y+1}{x-y+3} = k$라 놓고 정리하면,

$$(1-k)x + (1+k)y + (1-3k) = 0 \qquad (3)$$

이다. 식 (2)와 식 (3)의 공통부분이 존재해야하므로, 점과 직선사이의 거리로부터

$$\frac{|(1+k) + (1-3k)|}{\sqrt{(1-k)^2 + (1+k)^2}} \leq 1$$

이다. 이를 풀면

$$2 - \sqrt{3} \leq k \leq 2 + \sqrt{3}$$

이다. 따라서 $\frac{x+y+1}{x-y+3}$의 최댓값은 $2 + \sqrt{3}$이다.

예제 **2.2.18** ——————————————

삼각형 ABC에 대하여, 변 AB 위의 한 점 P를 지나며 변 BC에 평행인 직선과 변 AC와의 교점을 Q라 하고, 또, 점 P를 지나며 변 AC에 평행인 직선과 점 Q를 지나며 변 AB에 평행인 직선과의 교점을 R이라 하자. 삼각형 ABC의 넓이를 S, 삼각형 ABC와 삼각형 PQR의 공통부분의 넓이를 T라고 할 때, $\frac{S^2}{T^2}$의 최솟값을 구하여라.

풀이

풀이 $BC = 1$이라고 가정해도 일반성을 잃지 않는다. 또, $PQ = a$라고 하자. 그러면, T가 가장 큰 경우를 구하면 된다. 이제 R의 위치에 따라 두 가지 경우로 나뉜다.

(i) 점 R이 $\triangle ABC$ 안에 있을 때, 즉, $0 \leq a \leq \frac{1}{2}$ 일 때,

이 경우는 R이 BC 위에 있을 때 T가 가장 크다는 것을 쉽게 알 수 있다. 또, 이 때, $\frac{S^2}{T^2} = 16$이다.

(ii) 점 R이 $\triangle ABC$ 밖에 있을 때, 즉, $\frac{1}{2} \leq a \leq 1$ 일 때,

선분 PR, QR이 변 BC와 만나는 점을 각각 X, Y라 하자. 그러면, $BX = YC = 1 - a$, $\frac{BP}{AB} = 1 - a$, $\frac{CQ}{CA} = 1 - a$이다. 그러므로

$$T = \triangle ABC - (\triangle APQ + \triangle PBX + \triangle QYC)$$
$$= S - a^2 S - 2(1-a)^2 S$$

이다. 위 식의 양변을 S로 나누고 정리하면,

$$\frac{T}{S} = -3a^2 + 4a - 1 = -3\left(a - \frac{2}{3}\right)^2 + \frac{1}{3}$$

이다. 따라서 $\frac{T}{S}$의 최댓값은 $a = \frac{2}{3}$일 때, $\frac{1}{3}$이다. 그러므로 $\frac{S^2}{T^2}$의 최솟값은 9이다.

따라서 (i), (ii)에 의하여, 구하는 답은 9이다.

예제 **2.2.19**

x가 양의 실수일 때,

$$\frac{\sqrt{x^4 + x^2 + 2x + 1} + \sqrt{x^4 - 2x^3 + 5x^2 - 4x + 1}}{x}$$

의 최솟값을 구하여라.

풀이

풀이 점 A, B, P를 각각 $(0, -1)$, $(1, 2)$, $\left(x, \frac{1}{x}\right)$라고 하자. 그러면,

$$\frac{\sqrt{x^4 + x^2 + 2x + 1} + \sqrt{x^4 - 2x^3 + 5x^2 - 4x + 1}}{x}$$

$$= \sqrt{x^2 + 1 + \frac{2}{x} + \frac{1}{x^2}} + \sqrt{x^2 - 2x + 5 - \frac{4}{x} + \frac{1}{x^2}}$$

$$= \sqrt{x^2 + \left(\frac{1}{x} + 1\right)^2} + \sqrt{(x-1)^2 + \left(\frac{1}{x} - 2\right)^2}$$

$$= PA + PB$$

$$\geq AB = \sqrt{10}$$

이다. 등호성립조건은 세 점 A, P, B가 한 직선 위에 있을 때이다. 즉, $x = \frac{1 + \sqrt{13}}{6}$일 때이다. 따라서 구하는 최솟값은 $\sqrt{10}$이다.

예제 **2.2.20 (KMO, '2013)** ─────────

식 $|x + y + 1| + |x + 1| + |y + 3| = 3$을 만족하는 실수의 순서쌍 (x, y)에 대하여 $x^2 + y^2$의 최댓값을 M, 최솟값을 m이라 할 때 $M + 2m$의 값을 구하여라.

풀이

풀이 삼각부등식의 변형

$$|a - b - c| \le |a| + |-b| + |-c|$$

를 응용하면,

$$
\begin{aligned}
3 &= |(x + y + 1) - (x + 1) - (y + 3)| \\
&\le |x + y + 1| + |-(x + 1)| + |-(y + 3)| \\
&= |x + y + 1| + |x + 1| + |y + 3| \\
&= 3
\end{aligned}
$$

이다. 좌변과 우변이 같으므로, 삼각부등식의 등호가 성립할 조건을 구하면,

$$
\begin{cases}
x + y + 1 \le 0 \\
x + 1 \ge 0 \\
y + 3 \ge 0
\end{cases}
\tag{1}
$$

이다. $x^2 + y^2 = r^2$이라 두면, 중심이 $(0, 0)$이고 반지름이 r인 원이 된다. 이 원이 식 (1)로 둘러싸인 영역에서 반지름의 제곱인 r^2의 최댓값과 최솟값을 구하면 된다. 즉, 최댓값은 원이 $y = -3$과 $x + y + 1 = 0$의 교점 $(2, -3)$을 지날 때이고, 최솟값은 원이 $x + y + 1 = 0$에 접할 때이다. 따라서 $M = 13$, $m = \frac{1}{2}$이다. 그러므로 구하는 답은 $M + 2m = 14$이다.

예제 **2.2.21 (KMO, '2014)** ────────

실수 a, b, c가 다음 부등식을 만족할 때, $\dfrac{1}{abc}$의 값

을 구하여라.

$$a^2 + 2b^2 + 2c^2 + b^2c^2 + 1 \le 2(abc + b + c)$$

풀이

풀이 주어진 식을 정리하면,

$$2\left(b - \frac{1}{2}\right)^2 + 2\left(c - \frac{1}{2}\right)^2 + (bc - a)^2 \le 0$$

이다. 따라서 $a = \dfrac{1}{4}$, $b = \dfrac{1}{2}$, $c = \dfrac{1}{2}$이다. 그러므로 $\dfrac{1}{abc} = 16$이다.

[예제] **2.2.22** ─────────────────

실수 x에 대하여, 함수

$$f(x) = \left| \sqrt{x^2 - 26x + 218} - \sqrt{x^2 - 2x + 5} \right|$$

의 최댓값과 최솟값을 구하여라.

[풀이]

[풀이] $x^2 - 26x + 218 = (x - 13)^2 + (0 - 7)^2$, $x^2 - 2x + 5 = (x - 1)^2 + (0 - 2)^2$으로 생각하자. 이제, $P(x, 0)$, $A(13, 7)$, $B(1, 2)$라고 하자. 그러면, $f(x) = |PA - PB|$이다. $f(x)$의 최솟값은 선분 AB의 수직이등분선과 x축과의 교점이 P일 때이다. 이 때, $f(x) = 0$이다. 또, $f(x)$의 최댓값은 점 A과 $B'(1, -2)$(점 B의 x축의 대칭점)을 이은 선분이 x축과 만나는 점을 P일 때이다. 이 때, $f(x)$는 선분 AB의 길이로, 13이다. 따라서 $f(x)$의 최댓값은 13이고, 최솟값은 0이다.

예제 **2.2.23**

실수 x, y가 $x^2 + y^2 = 18$을 만족할 때,

$$(x + y)^2 - 6(x + y) + 12$$

의 최댓값과 최솟값을 구하여라.

풀이

풀이 $x + y = u$라 하고,

$$f(u) = u^2 - 6u + 12 = (u - 3)^2 + 3 \qquad (1)$$

라 하자. $x^2 + y^2 = 18$을 만족하는 u의 범위를 구하자. 직선 $l : x + y = u$와 원 $C : x^2 + y^2 = 18$이 교점을 갖기 위해서는 직선 l과 원 C의 중심사이의 거리가 원 C의 반지름보다 작거나 같아야한다. 그러므로

$$\frac{|0 + 0 - u|}{\sqrt{1^2 + 1^2}} \le \sqrt{18}$$

이다. 즉,

$$|u| \le 6 \qquad (2)$$

이다. 식 (1)과 (2)에서, 최댓값은 $u = -6$일 때, $f(-6) = 84$이고, 최솟값은 $u = 3$일 때, $f(3) = 3$이다.

예제 **2.2.24 (KMO, '2020)** _____

등식 $x + 2y = 40$을 만족하는 양의 정수 x, y에 대하여, $|(x-33)(y-17)|$의 최댓값을 구하여라.

풀이

풀이 $x = 40 - 2y \geq 1$이므로, $1 \leq y \leq 19$이다.

$$|(x-33)(y-17)| = |(-2y+7)(y-17)|$$
$$= |-2y^2 + 41y - 119|$$
$$= \left| -2\left(y - \frac{41}{4}\right)^2 + \frac{729}{8} \right| \quad (*)$$

에서, $y = 10$일 때, $(*) = 91$, $y = 1$일 때, 80이다. 따라서 $|(x-33)(y-17)|$의 최댓값은 91이다.

예제 **2.2.25 (KMO,'2022)** _____

실수 x, y에 대하여 다음 식이 가질 수 있는 값 중 가장 작은 것을 구하여라.

$$x^4 y^2 + x^2 y^2 + 12x^2 y + 4x^2 + 2022$$

풀이

풀이

$$x^4 y^2 + x^2 y^2 + 12x^2 y + 4x^2 + 2022$$
$$= (x^4 y^2 + 8x^2 y + 16) + (x^2 y^2 + 4x^2 y + 4x^2)$$
$$\qquad + 2006$$
$$= (x^2 y + 4)^2 + x^2 (y + 2)^2 + 2006$$
$$\geq 2006$$

이다. 단, 등호는 $x^2 = 2$, $y = -2$일 때, 성립한다.

예제 **2.2.26 (KMO, '2022)** ―――――

함수 $f(x)$가 다음과 같이 정의된다.

$$f(x) = ax + |x-1| + 3|x-2| + 5|x-3| + 7|x-4|$$

모든 실수 x에 대하여 $f(x) \geq f(2)$가 성립하도록 하는 정수 a의 개수를 구하여라.

풀이

풀이 $f(x) \geq f(2)$이므로 $1 \leq x \leq 2$과 $2 \leq x \leq 3$일 때, 나누어 살펴본다.

   (i) $1 \leq x \leq 2$일 때,

$$f(x) = ax + (x-1) - 3(x-2)$$
$$- 5(x-3) - 7(x-4)$$
$$= (a-14)x + 48$$

로 부터 $a - 14 \leq 0$이다.

   (ii) $2 \leq x \leq 3$일 때,

$$f(x) = ax + (x-1) + 3(x-2)$$
$$- 5(x-3) - 7(x-4)$$
$$= (a-8)x + 36$$

이므로, $0 \leq a - 8$이다.

그러므로 $a - 14 \leq 0 \leq a - 8$이다. 즉, $8 \leq a \leq 14$이다. 따라서 구하는 정수 a의 개수는 7개다.

[예제] **2.2.27 (KMO, '2022)** ――――――――

식 $a^2 + 2ab + 4b^2 = 30$을 만족하는 음의, 아닌 실수 a, b에 대하여 $ab + \dfrac{1}{1+ab}$이 가질 수 있는 값 중 가장 큰 것과 가장 작은 것의 합을 M이라 하자. $24M$의 값을 구하여라.

[풀이]

[풀이] a, b는 음이 아닌 실수이므로 $ab \geq 0$이다. 또,

$$30 = a^2 + 2ab + 4b^2 = (a^2 - 4ab + 4b^2) + 6ab$$
$$= (a - 2b)^2 + 6ab$$
$$\geq 6ab$$

이므로 $ab \leq 5$이다. 즉, $1 \leq 1 + ab \leq 6$이다. 산술-기하평균 부등식에 의하여

$$ab + \frac{1}{1+ab} = 1 + ab + \frac{1}{1+ab} - 1$$
$$\geq 2\sqrt{(1+ab) \times \frac{1}{1+ab}} - 1$$
$$= 1$$

이다. 단, 등호는 $ab = 0$일 때 성립한다. 또,

$$ab + \frac{1}{1+ab} \leq 5 + \frac{1}{6} = \frac{31}{6}$$

이다.
따라서 $24M = 24\left(1 + \dfrac{31}{6}\right) = 148$이다.

예제 **2.2.28 (KMO, '2023)** _____

부등식 $2x^2 - 6x + 4 \leq 3x$를 만족하는 모든 정수 x의 합을 구하여라.

풀이

풀이 부등식 $2x^2 - 6x + 4 \leq 3x$을 정리하면,

$$2x^2 - 9x + 4 \leq 0, \quad (2x-1)(x-4) \leq 0$$

이다. 따라서 $\dfrac{1}{2} \leq x \leq 4$이다. x는 정수이므로 $x = 1, 2, 3, 4$이다. 즉, 주어진 부등식을 만족하는 모든 정수 x의 합은 10이다.

2.3 재배열 부등식

- 이 절의 주요 내용

  • 욕심쟁이 알고리즘

  • 재배열 부등식

  • 체비셰프 부등식

$a_1, a_2, \cdots, a_n$과 $b_1, b_2, \cdots, b_n$을 양의 실수의 수열이라 가정하자. 그리고 $c_1, c_2, \cdots, c_n$은 $b_1, b_2, \cdots, b_n$의 순열이라고 하자. $n!$가지의 합들인 $S = a_1c_1 + a_1c_2 + \cdots + a_nc_n$ 중 어느 것이 최대이고 어느 것이 최소일까? 한 예를 생각해 보자.

세 개의 상자에 각각 10원, 50원, 100원의 동전이 들어 있다. 각각의 상자에서 3, 4, 5개의 동전을 가져갈 수 있다. 단, 어떤 상자에 3, 4, 5개 가져가느냐는 자유이다. 가장 많은 액수를 가져가기 위해서는 어떻게 가져가야 할까?

이 문제를 풀기 위해서는 '욕심쟁이 알고리즘'을 사용해야한다. 우선 100원짜리 동전을 가장 많이 즉 5개 가져고 50원짜리 4개, 10원짜리 동전 3개를 가져가면 최대액수가 된다. 반대로 가장 적은 돈을 가져가려면 100원짜리 동전 3개, 50원짜리 동전 4개, 10원짜리 동전 5개를 가져가면 된다.

정리 **2.3.1 (욕심쟁이 알고리즘)** _____

합 $S = a_1b_1 + \cdots + a_nb_n$은 두 수열인 $a_1, a_2, \cdots, a_n$과 $b_1, b_2, \cdots, b_n$이 같은 방법으로 정렬될 경우 최대이고, 반대방법으로 정렬될 경우 즉 하나는 증가하고 하나는 감소할 경우 최소가 된다.

증명 $a_r > a_s$이라고 가정하자. 두 합

$$S = a_1b_1 + \cdots + a_rb_r + \cdots + a_sb_s + \cdots + a_nb_n$$

$$S' = a_1b_1 + \cdots + a_rb_s + \cdots + a_sb_r + \cdots + a_nb_n$$

에서 S의 b_s와 b_r을 바꿈으로써 S'을 구할 수 있다. 그러면,

$$S' - S = a_rb_s + a_sb_r - a_rb_r - a_sb_s = (a_r - a_s)(b_s - b_r)$$

이고, 따라서 $b_r < b_s$이면 $S' > S$이고, $b_r > b_s$이면 $S' < S$이다.

정리 **2.3.2 (재배열 부등식)** _____

$a_1 \leq a_2 \leq \cdots \leq a_n$이고, $b_1 \leq b_2 \leq \cdots \leq b_n$인 임의의 $2n$개의 실수에 대하여 $x_1, x_2, \cdots, x_n$은 $b_1, b_2, \cdots, b_n$을 적당히 재배열하여 얻은 실수들이라 하면,

$$a_1 b_n + a_2 b_{n-1} + \cdots a_n b_1 \leq a_1 x_1 + a_2 x_2 + \cdots + a_n x_n$$

$$\leq a_1 b_1 + a_2 b_2 + \cdots + a_n b_n$$

이 성립한다. 등호는 a_i가 모두 같거나, b_i가 모두 같을 때 성립한다. 단, $i = 1, 2, \cdots, n$이다. 이 부등식이 의미하는 것은 큰 수끼리 곱하는 경우가 항상 더 크다는 것이다.

예제 **2.3.3** _____

양의 실수 a, b, c에 대하여,

$$\frac{a+b+c}{abc} \leq \frac{1}{a^2} + \frac{1}{b^2} + \frac{1}{c^2}$$

이 성립함을 증명하여라.

풀이

풀이 위 부등식은

$$\frac{1}{a} \cdot \frac{1}{b} + \frac{1}{b} \cdot \frac{1}{c} + \frac{1}{c} \cdot \frac{1}{a} \leq \frac{1}{a} \cdot \frac{1}{a} + \frac{1}{b} \cdot \frac{1}{b} + \frac{1}{c} \cdot \frac{1}{c}$$

와 동치이다. 재배열 부등식에 의해 성립한다.

예제 **2.3.4**

양의 실수 a, b, c에 대하여

$$\frac{a^2}{b^2} + \frac{b^2}{c^2} + \frac{c^2}{a^2} \geq \frac{b}{a} + \frac{c}{b} + \frac{a}{c}$$

가 성립함을 증명하여라.

풀이

예제 **2.3.5**

임의의 양의 짝수 n에 대하여,

$$a^n + b^n + c^n \geq a^{n-1}b + b^{n-1}c + c^{n-1}a$$

가 성립함을 보여라.

풀이

풀이 위 부등식은 재배열 부등식

$$\frac{a}{b} \cdot \frac{a}{b} + \frac{b}{c} \cdot \frac{b}{c} + \frac{c}{a} \cdot \frac{c}{a} \geq \frac{a}{b} \cdot \frac{b}{c} + \frac{b}{c} \cdot \frac{c}{a} + \frac{c}{a} \cdot \frac{a}{b}$$

이므로 성립한다.

풀이 $a \geq b \geq c$라고 가정해도 일반성을 잃지 않는다. 그러면, 재배열 부등식에 의하여,

$$a^n + b^n + c^n = a^{n-1}a + b^{n-1}b + c^{n-1}$$
$$\geq a^{n-1}b + b^{n-1}c + c^{n-1}a$$

이다.

[예제] **2.3.6** —————————————————

양의 실수 $a_1, a_2, \cdots, a_n$에 대하여, $b_1, b_2, \cdots, b_n$을
$a_1, a_2, \cdots, a_n$을 치환(순열)이라고 할 때,

$$\frac{a_1}{b_1} + \frac{a_2}{b_2} + \cdots + \frac{a_n}{b_n} \geq n$$

이 성립함을 증명하여라.

[풀이]

[풀이] $a_1 \geq a_2 \geq \cdots \geq a_n$라고 가정해도 일반성을 잃지 않는다. 그러면

$$\frac{1}{a_n} \geq \frac{1}{a_{n-1}} \geq \cdots \geq \frac{1}{a_1}$$

이다. 재배열 부등식에 의하여

$$\frac{a_1}{b_1} + \frac{a_2}{b_2} + \cdots + \frac{a_n}{b_n}$$
$$= a_1\left(\frac{1}{b_1}\right) + a_2\left(\frac{1}{b_2}\right) + \cdots + a_n\left(\frac{1}{b_n}\right)$$
$$\geq a_1\left(\frac{1}{a_1}\right) + a_2\left(\frac{1}{a_2}\right) + \cdots + a_n\left(\frac{1}{a_n}\right)$$
$$= n$$

이다.

[정리] **2.3.7 (체비셰프 부등식)** ————————

$a_1 \leq a_2 \leq \cdots \leq a_n$이고, $b_1 \leq b_2 \leq \cdots \leq b_n$인 임의의 $2n$개의 실수에 대하여

$$a_1 b_1 + a_2 b_2 + \cdots + a_n b_n$$

$$\geq \frac{1}{n}(a_1 + a_2 + \cdots + a_n)(b_1 + b_2 + \cdots + b_n)$$

$$\geq a_1 b_n + a_2 b_{n-1} + \cdots + a_n b_1$$

가 성립한다. 등호는 a_i가 모두 같거나 b_i가 모두 같은 경우에 성립한다. 단, $i = 1, 2, \cdots, n$이다.

[예제] **2.3.8** ————————————————

양의 실수 a, b와 자연수 n에 대하여,

$$\frac{a^n + b^n}{a + b} \geq \frac{1}{2}(a^{n-1} + b^{n-1})$$

이 성립함을 보여라.

[풀이]

[풀이] 체비셰프 부등식에 의하여,

$$\frac{a^n + b^n}{2} \geq \frac{a+b}{2} \cdot \frac{a^{n-1} + b^{n-1}}{2}$$

가 성립한다. 따라서 주어진 부등식이 성립한다.

[예제] **2.3.9** 실수 a, b, c에 대하여

$$\frac{a+b+c}{3} \leq \sqrt{\frac{a^2 + b^2 + c^2}{3}}$$

이 성립함을 보여라.

[풀이]

[풀이] $a \leq b \leq c$라고 가정해도 일반성을 잃지 않는다. 그러면, 체비셰프 부등식에 의하여,

$$\frac{a \cdot a + b \cdot b + c \cdot c}{3} \geq \left(\frac{a+b+c}{3}\right)\left(\frac{a+b+c}{3}\right)$$

이다. 따라서

$$\frac{a+b+c}{3} \leq \sqrt{\frac{a^2 + b^2 + c^2}{3}}$$

이다.

예제 **2.3.10** _____

양의 실수 a, b, c에 대하여,

$$a^a b^b c^c \geq (abc)^{\frac{a+b+c}{3}}$$

이 성립함을 보여라.

풀이

풀이 $a \leq b \leq c$라고 가정해도 일반성을 잃지 않는다. 그러면, $\log a \leq \log b \leq \log c$이다. 이제 주어진 부등식의 양변에 $\log$함수를 취하면,

$$a \log a + b \log b + c \log c$$
$$\geq \frac{a+b+c}{3} (\log a + \log b + \log c) \qquad (1)$$

이다. 식 (1)의 양변을 3으로 나누면,

$$\frac{a \log a + b \log b + c \log c}{3} \geq \frac{a+b+c}{3} \frac{\log a + \log b + \log c}{3}$$
$$\qquad (2)$$

이다. 그런데, 식 (2)는 체비셰프 부등식에 의하여 성립함을 알 수 있다. 그러므로 주어진 부등식이 성립한다.

예제 **2.3.11** _____

음이 아닌 실수 a, b에 대하여,

$$2(a^5 + b^5) \geq (a^3 + b^3)(a^2 + b^2)$$

이 성립함을 보여라.

풀이

풀이 체비셰프 부등식에 의하여,

$$\frac{a^3 \cdot a^2 + b^3 \cdot b^2}{2} \geq \left(\frac{a^3 + b^3}{2}\right)\left(\frac{a^2 + b^2}{2}\right)$$

이므로

$$2(a^5 + b^5) \geq (a^3 + b^3)(a^2 + b^2)$$

이다.

여기서, 스칼라에 대한 기호법을 알고 넘어가자.

$$\begin{bmatrix} a_1 & a_2 & a_3 \\ b_1 & b_2 & b_3 \end{bmatrix} = a_1 b_1 + a_2 b_2 + a_3 b_3$$

위의 스칼라 기호법을 이용하여 다음을 증명할 수 있다.

$$a^3 + b^3 + c^3 = \begin{bmatrix} a & b & c \\ a^2 & b^2 & c^2 \end{bmatrix}$$

$$\geq \begin{bmatrix} a & b & c \\ c^2 & a^2 & b^2 \end{bmatrix}$$

$$= a^2 b + b^2 c + c^2 a$$

예제 **2.3.12** ────────────

$a^4 + b^4 + c^4 \geq a^2 bc + b^2 ca + c^2 ab$ 를 증명하여라.

풀이

풀이 스칼라 기호법을 이용하면,

$$\begin{bmatrix} a^2 & b^2 & c^2 \\ a & b & c \\ a & b & c \end{bmatrix} \geq \begin{bmatrix} a^2 & b^2 & c^2 \\ b & c & a \\ c & a & b \end{bmatrix}$$

이다.

예제 **2.3.13** ────────────

음이 아닌 실수 a, b에 대하여,

$$a^9 + b^9 \geq a^2 b^2 (a^5 + b^5)$$

이 성립함을 보여라.

풀이

풀이 스칼라 기호법을 이용하면,

$$\begin{bmatrix} a^7 & b^7 \\ a^2 & b^2 \end{bmatrix} \geq \begin{bmatrix} a^7 & b^7 \\ b^2 & a^2 \end{bmatrix}$$

이다.

2.4 T_2의 도움정리, 코시-슈바르츠 부등식

- 이 절의 주요 내용

- T_2의 도움정리

- 코시-슈바르츠 부등식

T_2의 도움정리는 Titu Andreescu가 저서인 Problems from the book(한국어판 : 책으로부터의 문제, 씨실과날실)에서 이 도움정리의 중요성을 강조하면서, 자신의 이름 Titu를 재미있게 변형하여 붙이면서 이 도움정리를 T_2의 도움정리라고 불리운다.

도움정리 **2.4.1 (T_2의 도움정리)** ───────
실수 a, b와 양의 실수 x, y에 대하여 다음이 성립한다.

$$\frac{a^2}{x} + \frac{b^2}{y} \geq \frac{(a+b)^2}{x+y}.$$

증명

$$\frac{a^2}{x} + \frac{b^2}{y} - \frac{(a+b)^2}{x+y}$$
$$= \frac{1}{xy(x+y)}\left[a^2 y(x+y) + b^2 x(x+y) - (a+b)^2 xy\right]$$
$$= \frac{1}{xy(x+y)}\left[(ay - bx)^2\right] \geq 0$$

이 되어 주어진 부등식이 성립한다. 등호는 $\frac{a}{x} = \frac{b}{y}$ 일 때 성립한다.

T_2의 도움정리를 두 번 사용하면, 실수 a, b, c와 양의 실수 x, y, z에 대하여 다음이 성립한다.

$$\frac{a^2}{x} + \frac{b^2}{y} + \frac{c^2}{z} \geq \frac{(a+b)^2}{x+y} + \frac{c^2}{z} \geq \frac{(a+b+c)^2}{x+y+z}.$$

정리 **2.4.2 (도움정리 2.4.1의 확장)** ───────
실수 $a_1, a_2, \cdots, a_n$과 양의 실수 $x_1, x_2, \cdots, x_n$에 대하여

$$\frac{a_1^2}{x_1} + \frac{a_2^2}{x_2} + \cdots + \frac{a_n^2}{x_n} \geq \frac{(a_1 + a_2 + \cdots + a_n)^2}{x_1 + x_2 + \cdots + x_n}$$

이 성립한다. 등호 성립은 $\frac{a_1}{x_1} = \frac{a_2}{x_2} = \cdots = \frac{a_n}{x_n}$이다.

[예제] **2.4.3** _____

양의 실수 a, b, c에 대하여, 다음이 성립함을 보여라.

(1) $a^2 + b^2 + c^2 \geq ab + bc + ca$.

(2) $(a + b + c)^2 \geq 3(ab + bc + ca)$.

[풀이]

[예제] **2.4.4** _____

양의 실수 a, b에 대하여

$$8(a^4 + b^4) \geq (a + b)^4$$

이 성립함을 보여라.

[풀이]

[풀이]

(1) $a^2 + b^2 + c^2 - ab - bc - ca = \dfrac{1}{2}\{(a-b)^2 + (b-c)^2 + (c-a)^2\} \geq 0$이다.

(2) (1)의 양변에 $2(ab + bc + ca)$를 더하면 (2)가 된다.

[풀이] T_2의 도움정리를 이용하면,

$$a^4 + b^4 = \frac{a^4}{1} + \frac{b^4}{1} \geq \frac{(a^2 + b^2)^2}{2} \geq \frac{\left(\frac{(a+b)^2}{2}\right)^2}{2} = \frac{(a+b)^4}{8}$$

이다. 따라서 주어진 부등식이 성립한다. 단, 등호는 $a = b$일 때, 성립한다.

예제 **2.4.5 (KMO, '2013)** _____

식 $ab + bc + ca = 7(a + b + c) - 30$을 만족하는 실수 a, b, c에 대하여 $a^2 + b^2 + c^2$의 최솟값을 구하여라.

풀이

풀이 예제 2.4.3에서 증명한 절대부등식

$$(a + b + c)^2 \geq 3(ab + bc + ca)$$

과 주어진 관계식

$$ab + bc + ca = 7(a + b + c) - 30$$

으로부터

$$(a + b + c)^2 - 21(a + b + c) + 90 \geq 0,$$

$$\{(a + b + c) - 15\}\{(a + b + c) - 6\} \geq 0$$

이다. 이를 정리하면, $a + b + c \geq 15$ 또는 $a + b + c \leq 6$이다. 또,

$$a^2 + b^2 + c^2 = (a + b + c)^2 - 2(ab + bc + ca)$$
$$= (a + b + c)^2 - 14(a + b + c) + 60$$
$$= \{(a + b + c) - 7\}^2 + 11$$

이다. 따라서 $a + b + c$의 제한범위(즉 $a + b + c \leq 6$ 또는 $a + b + c \geq 15$)에서, $a^2 + b^2 + c^2$의 최솟값은 12이다. 단, 등호는 $a + b + c = 6 (a = b = c = 2)$일 때, 성립한다.

예제 **2.4.6** ————————————

양의 실수 a, b, c에 대하여, 다음을 증명하여라.

$$\frac{a}{c+5b} + \frac{b}{a+5c} + \frac{c}{b+5a} \ge \frac{1}{2}.$$

풀이

풀이 T_2의 도움정리의 확장과 예제 2.4.3에서 증명한 절대부등식

$$(a+b+c)^2 \ge 3(ab+bc+ca)$$

를 이용하면

$$\frac{a}{c+5b} + \frac{b}{a+5c} + \frac{c}{b+5a}$$
$$= \frac{a^2}{ca+5ab} + \frac{b^2}{ab+5bc} + \frac{c^2}{bc+5ca}$$
$$\ge \frac{(a+b+c)^2}{6(ab+bc+ca)}$$
$$\ge \frac{1}{2}$$

이다. 단, 등호는 $a = b = c$일 때, 성립한다.

[예제] **2.4.7** _____

양의 실수 x, y, z에 대하여, 다음을 증명하여라.

$$\frac{x}{x+2y+3z} + \frac{y}{y+2z+3x} + \frac{z}{z+2x+3y} \geq \frac{1}{2}.$$

[풀이]

[풀이] T_2의 도움정리의 확장을 이용하면

$$\frac{x}{x+2y+3z} + \frac{y}{y+2z+3x} + \frac{z}{z+2x+3y}$$

$$= \frac{x^2}{x^2+2xy+3zx} + \frac{y^2}{y^2+2yz+3xy} + \frac{z^2}{z^2+2zx+3yz}$$

$$\geq \frac{(x+y+z)^2}{x^2+y^2+z^2+5(xy+yz+zx)} \qquad (1)$$

이다. 예제 2.4.3에서 증명한 절대부등식

$$x^2+y^2+z^2 \geq xy+yz+zx$$

으로부터

$$\frac{(x+y+z)^2}{x^2+y^2+z^2+5(xy+yz+zx)} \geq \frac{1}{2} \qquad (2)$$

이다. 따라서 식 (1)과 (2)로부터

$$\frac{x}{x+2y+3z} + \frac{y}{y+2z+3x} + \frac{z}{z+2x+3y} \geq \frac{1}{2}$$

이다. 단, 등호는 $x=y=z$일 때, 성립한다.

예제 **2.4.8** _____

양의 실수 x, y, z에 대하여, 다음 부등식을 증명하여라.

$$\frac{x^2}{3^3} + \frac{y^2}{4^3} + \frac{z^2}{5^3} \geq \frac{(x+y+z)^2}{6^3}.$$

풀이

풀이 $3^3 + 4^3 + 5^3 = 6^3$이므로, T_2의 도움정리의 확장을 이용하면,

$$\frac{x^2}{3^3} + \frac{y^2}{4^3} + \frac{z^2}{5^3} \geq \frac{(x+y+z)^2}{6^3}$$

이다. 단, 등호는 $\frac{x}{3^3} = \frac{y}{4^3} = \frac{z}{5^3}$일 때, 성립한다.

예제 2.4.9 _____

양의 실수 a, b, c에 대하여,

$$\frac{(a+b)^2}{c} + \frac{c^2}{a} \geq 4b$$

가 성립함을 증명하여라.

풀이

풀이 T_2의 도움정리로 부터

$$\frac{(a+b)^2}{c} + \frac{c^2}{a} \geq \frac{(a+b+c)^2}{a+c}$$

이다. 그러므로 이제

$$\frac{(a+b+c)^2}{a+c} \geq 4b$$

임을 보이면 된다. 그런데,

$$(a+b+c)^2 - 4b(a+c) = (a-b+c)^2 \geq 0$$

이다. 따라서

$$\frac{(a+b)^2}{c} + \frac{c^2}{a} \geq 4b$$

이다. 단, 등호는 $c = 2a$, $b = a+c$일 때, 즉, $a : b : c = 1 : 3 : 2$일 때, 성립한다.

[예제] **2.4.10 (KMO, '2009)** ———————————

0보다 크고, 1보다 작은 임의의 양의 실수 x, y에 대하여, 다음 부등식이 성립함을 보여라.

$$\frac{x^2}{x+y} + \frac{y^2}{1-x} + \frac{(1-x-y)^2}{1-y} \geq \frac{1}{2}.$$

[풀이]

[풀이] T_2의 도움정리의 확장을 이용하면

$$\frac{x^2}{x+y} + \frac{y^2}{1-x} + \frac{(1-x-y)^2}{1-y} \geq \frac{(x+y+1-x-y)^2}{x+y+1-x+1-y} = \frac{1}{2}$$

이다. 등호는 $\dfrac{x}{x+y} = \dfrac{y}{1-x} = \dfrac{1-x-y}{1-y}$일 때, 즉, $x = y = \dfrac{1}{3}$일 때 성립한다.

예제 **2.4.11 (KMO, '2009)** ────────

임의의 양의 실수 a, b, c에 대하여 다음 부등식이
성립함을 보여라.

$$\frac{a^3}{c(a^2+bc)} + \frac{b^3}{a(b^2+ca)} + \frac{c^3}{b(c^2+ab)} \geq \frac{3}{2}$$

풀이

풀이 T_2의 도움정리의 확장과 산술-기하평균
부등식을 이용하면

$$\frac{a^3}{c(a^2+bc)} + \frac{b^3}{a(b^2+ca)} + \frac{c^3}{b(c^2+ab)}$$

$$= \frac{a^4 b^2}{ab^2 c(a^2+bc)} + \frac{b^4 c^2}{bc^2 a(b^2+ca)} + \frac{c^4 a^2}{ca^2 b(c^2+ab)}$$

$$\geq \frac{(a^2 b + b^2 c + c^2 a)^2}{a^3 b^2 c + ab^3 c^2 + ab^3 c^2 + c^3 a^2 b + c^3 a^2 b + a^3 b^2 c}$$

$$= \frac{(a^2 b + b^2 c + c^2 a)^2}{2abc(a^2 b + b^2 c + c^2 a)}$$

$$= \frac{a^2 b + b^2 c + c^2 a}{2abc}$$

$$\geq \frac{3\sqrt[3]{a^3 b^3 c^3}}{2abc}$$

$$= \frac{3}{2}$$

이다. 따라서

$$\frac{a^3}{c(a^2+bc)} + \frac{b^3}{a(b^2+ca)} + \frac{c^3}{b(c^2+ab)} \geq \frac{3}{2}$$

이다. 단, 등호는 $a = b = c$일 때, 성립한다.

[예제] **2.4.12 (KMO, '2012)** _____

모든 $x_k(k = 1, 2, 3, 4, 5)$가 양수이고,
$\{a_1, a_2, a_3, a_4, a_5\} = \{1, 2, 3, 4, 5\}$일 때,

$$\frac{(\sqrt{s_1 x_1} + \sqrt{s_2 x_2} + \sqrt{s_3 x_3} + \sqrt{s_4 x_4} + \sqrt{s_5 x_5})^2}{a_1 x_1 + a_2 x_2 + a_3 x_3 + a_4 x_4 + a_5 x_5}$$

의 최댓값을 구하여라. (단, $s_k = a_1 + a_2 + \cdots + a_k$)

[풀이]

[풀이] T_2의 도움정리의 확장으로부터

$$\frac{(\sqrt{s_1 x_1} + \sqrt{s_2 x_2} + \sqrt{s_3 x_3} + \sqrt{s_4 x_4} + \sqrt{s_5 x_5})^2}{a_1 x_1 + a_2 x_2 + a_3 x_3 + a_4 x_4 + a_5 x_5}$$
$$\leq \frac{s_1}{a_1} + \frac{s_2}{a_2} + \frac{s_3}{a_3} + \frac{s_4}{a_4} + \frac{s_5}{a_5}$$

이다. 여기서,

$$\frac{s_1}{a_1} + \frac{s_2}{a_2} + \frac{s_3}{a_3} + \frac{s_4}{a_4} + \frac{s_5}{a_5}$$
$$= 1 + 1 + \frac{a_1}{a_2} + 1 + \frac{a_1}{a_3} + \frac{a_2}{a_3}$$
$$+ 1 + \frac{a_1}{a_4} + \frac{a_2}{a_4} + \frac{a_3}{a_4}$$
$$+ 1 + \frac{a_1}{a_5} + \frac{a_2}{a_5} + \frac{a_3}{a_5} + \frac{a_4}{a_5}$$

이다. 우변이 최대가 되기 위해서는 $a_5 = 1$, $a_4 = 2$, $a_3 = 3$, $a_2 = 4$, $a_1 = 5$일 때이므로, 우리가 구하려는 최댓값은 $\frac{117}{4}$이다.

[예제] **2.4.13**

양의 실수 a, b, c에 대하여

$$\frac{a^3}{b^2} + \frac{b^3}{c^2} + \frac{c^3}{a^2} \geq \frac{a^2}{b} + \frac{b^2}{c} + \frac{c^2}{a}$$

이 성립함을 보여라.

[풀이]

[풀이] 산술-기하평균 부등식에 의하여

$$\frac{a^3}{b^2} + a \geq 2\sqrt{\frac{a^3}{b^2} \cdot a} = 2\frac{a^2}{b}$$

이 성립한다. 같은 원리로

$$\frac{b^3}{c^2} + b \geq 2\frac{b^2}{c} \quad \text{이고,} \quad \frac{c^3}{a^2} + c \geq 2\frac{c^2}{a}$$

이다. 위 세 부등식을 변변 더하면

$$\frac{a^3}{b^2} + \frac{b^3}{c^2} + \frac{c^3}{a^2} + (a+b+c) \geq 2\left(\frac{a^2}{b} + \frac{b^2}{c} + \frac{c^2}{a}\right) \quad (1)$$

이다. 또 T_2 도움정리로 부터

$$\frac{a^2}{b} + \frac{b^2}{c} + \frac{c^2}{a} \geq a+b+c \qquad (2)$$

이 성립한다. 위 두 식 (1), (2)로 부터

$$\frac{a^3}{b^2} + \frac{b^3}{c^2} + \frac{c^3}{a^2} + (a+b+c)$$
$$\geq 2\left(\frac{a^2}{b} + \frac{b^2}{c} + \frac{c^2}{a}\right)$$
$$\geq \frac{a^2}{b} + \frac{b^2}{c} + \frac{c^2}{a} + (a+b+c)$$

이다. 단, 등호는 $a = b = c$일 때, 성립한다.

정리 **2.4.14 (코시-슈바르츠 부등식)** ──────

실수 a, b, x, y에 대하여

$$(a^2 + b^2)(x^2 + y^2) \geq (ax + by)^2$$

이 성립한다. 등호는 $\dfrac{a}{x} = \dfrac{b}{y}$일 때 성립한다.

증명

$$
\begin{aligned}
&(a^2 + b^2)(x^2 + y^2) - (ax + by)^2 \\
&= b^2 x^2 - 2abxy + a^2 y^2 \\
&= (bx - ay)^2 \geq 0
\end{aligned}
$$

이다. 등호는 $\dfrac{a}{x} = \dfrac{b}{y}$일 때, 성립한다.

정리 **2.4.15 (코시-슈바르츠 부등식의 확장)** ──────

실수 $a_1, a_2, \cdots, a_n$과 $x_1, x_2, \cdots, x_n$에 대하여

$$
\begin{aligned}
&(a_1^2 + a_2^2 + \cdots + a_n^2)(x_1^2 + x_2^2 + \cdots + x_n^2) \\
&\qquad \geq (a_1 x_1 + a_2 x_2 + \cdots + a_n x_n)^2 \qquad (1)
\end{aligned}
$$

이 성립한다. 등호는 $\dfrac{a_1}{x_1} = \dfrac{a_2}{x_2} = \cdots = \dfrac{a_n}{x_n}$일 때 성립한다.

증명1 다음과 같은 이차함수

$$f(t) = (a_1 - x_1 t)^2 + (a_2 - x_2 t)^2 + \cdots + (a_n - x_n t)^2$$

를 생각하자. 자명하게 모든 실수 t에 대하여, $f(t) \geq 0$이다. 따라서 이차함수의 판별식 $D \leq 0$이

어야 한다. 그러므로

$$
\begin{aligned}
D = {}& 4(a_1 x_1 + a_2 x_2 + \cdots + a_n x_n)^2 \\
& - 4(a_1^2 + a_2^2 + \cdots + a_n^2)(x_1^2 + x_2^2 + \cdots + x_n^2) \\
\leq {}& 0
\end{aligned}
$$

이다. 즉, 식 (1)이 된다. 식 (1)의 등호가 성립하면, $D = 0$이고, $f(t) = 0$은 중근 t_0를 갖는다. 그러므로

$$(a_1 - x_1 t_0)^2 + \cdots + (a_n - x_n t_0)^2 = f(t_0) = 0$$

이다. 따라서 $a_1 - x_1 t_0 = \cdots = a_n - x_n t_0 = 0$이고,

$$\frac{a_1}{x_1} = \frac{a_2}{x_2} = \cdots = \frac{a_n}{x_n} = t_0$$

이다. 역으로,

$$\frac{a_1}{x_1} = \frac{a_2}{x_2} = \cdots = \frac{a_n}{x_n}$$

이면, 이차방정식 $f(t) = 0$은 하나의 실근을 가지므로, $D = 0$이다. 즉, 식 (1)의 등호조건이 성립한다.

증명2 정리 2.4.2(T_2의 도움정리의 확장)으로부터

$$
\begin{aligned}
a_1^2 + a_2^2 + \cdots + a_n^2 &= \frac{a_1^2 x_1^2}{x_1^2} + \frac{a_2^2 x_2^2}{x_2^2} + \cdots + \frac{a_n^2 x_n^2}{x_n^2} \\
&\geq \frac{(a_1 x_1 + a_2 x_2 + \cdots + a_n x_n)^2}{x_1^2 + x_2^2 + \cdots + x_n^2}
\end{aligned}
$$

이다. 따라서

$$
\begin{aligned}
&(a_1^2 + a_2^2 + \cdots + a_n^2)(x_1^2 + x_2^2 + \cdots + x_n^2) \\
&\qquad \geq (a_1 x_1 + a_2 x_2 + \cdots + a_n x_n)^2
\end{aligned}
$$

이다. 단, 등호는 $\dfrac{a_1}{x_1} = \dfrac{a_2}{x_2} = \cdots = \dfrac{a_n}{x_n}$일 때, 성립한다.

[정리] **2.4.16 (네스빗 부등식)** ——————————

양의 실수 a, b, c에 대하여

$$\frac{a}{b+c} + \frac{b}{c+a} + \frac{c}{a+b} \geq \frac{3}{2}$$

이다. 단, 등호는 $a = b = c$일 때 성립한다.

[증명1] T_2의 도움정리의 확장과 예제 2.4.3을 이용하자. 그러면,

$$\frac{a}{b+c} + \frac{b}{c+a} + \frac{c}{a+b} = \frac{a^2}{ab+ca} + \frac{b^2}{bc+ab} + \frac{c^2}{ca+bc}$$
$$\geq \frac{(a+b+c)^2}{2(ab+bc+ca)}$$
$$\geq \frac{3}{2}$$

이다.

[증명2] 코시-슈바르츠 부등식에 의하여,

$$\left(\frac{a}{b+c} + \frac{b}{c+a} + \frac{c}{a+b}\right)(a(b+c) + b(c+a) + c(a+b))$$
$$\geq (a+b+c)^2$$

이다. 그런데,

$$(a+b+c)^2 - \frac{3}{2}(a(b+c) + b(c+a) + c(a+b))$$
$$= a^2 + b^2 + c^2 - ab - bc - ca \geq 0$$

이다. 따라서

$$\frac{a}{b+c} + \frac{b}{c+a} + \frac{c}{a+b} \geq \frac{(a+b+c)^2}{a(b+c) + b(c+a) + c(a+b)} \geq \frac{3}{2}$$

이다. 등호는 $a = b = c$일 때 성립한다.

[증명3] $a \leq b \leq c$라고 가정해도 일반성을 잃지 않는다. 그러면, $\frac{1}{b+c} \leq \frac{1}{c+a} \leq \frac{1}{a+b}$이다. 따라서 재배열 부등식에 의하여

$$a\frac{1}{b+c} + b\frac{1}{c+a} + c\frac{1}{a+b} \geq a\frac{1}{c+a} + b\frac{1}{a+b} + c\frac{1}{b+c} \quad (1)$$

과

$$a\frac{1}{b+c} + b\frac{1}{c+a} + c\frac{1}{a+b} \geq a\frac{1}{a+b} + b\frac{1}{b+c} + c\frac{1}{c+a} \quad (2)$$

이 성립한다. 식 (1)과 (2)를 변변 더하면,

$$2\left(\frac{a}{b+c} + \frac{b}{c+a} + \frac{c}{a+b}\right) \geq 3$$

이다. 따라서

$$\frac{a}{b+c} + \frac{b}{c+a} + \frac{c}{a+b} \geq \frac{3}{2}$$

이다.

예제 **2.4.17** _____

양의 실수 a, b, c에 대하여

$$(a+b+c)\left(\frac{1}{a} + \frac{1}{b} + \frac{1}{c}\right) \geq 9$$

가 성립함을 증명하여라.

풀이

풀이 코시-슈바르츠 부등식에 의하여,

$$(a+b+c)\left(\frac{1}{a} + \frac{1}{b} + \frac{1}{c}\right)$$
$$= \left[(\sqrt{a})^2 + (\sqrt{b})^2 + (\sqrt{c})^2\right]$$
$$\times \left[\left(\frac{1}{\sqrt{a}}\right)^2 + \left(\frac{1}{\sqrt{b}}\right)^2 + \left(\frac{1}{\sqrt{c}}\right)^2\right]$$
$$\geq \left(\sqrt{a}\cdot\frac{1}{\sqrt{a}} + \sqrt{b}\cdot\frac{1}{\sqrt{b}} + \sqrt{c}\cdot\frac{1}{\sqrt{c}}\right)^2$$
$$= 9$$

이다. 단, 등호는 $a = b = c$일 때 성립한다.

예제 **2.4.18** ──────────

양의 실수 a, b, c에 대하여, 다음 부등식이 성립함을 보여라.

$$\frac{2a+1}{b+c} + \frac{2b+1}{c+a} + \frac{2c+1}{a+b} \geq 3 + \frac{9}{2(a+b+c)}.$$

풀이

풀이 네스빗 부등식으로부터

$$\frac{2a}{b+c} + \frac{2b}{c+a} + \frac{2c}{a+b} \geq 3$$

임을 알 수 있다. 또, T_2 도움정리로 부터

$$\frac{1}{b+c} + \frac{1}{c+a} + \frac{1}{a+b} \geq \frac{9}{2(a+b+c)}$$

이 성립한다. 이 두 부등식을 변변 더하면,

$$\frac{2a+1}{b+c} + \frac{2b+1}{c+a} + \frac{2c+1}{a+b} \geq 3 + \frac{9}{2(a+b+c)}$$

이다. 단, 등호는 $a = b = c$일 때, 성립한다.

예제 **2.4.19** _____

양의 실수 a, b, c를 계수로 하는 3차 방정식 $x^3 -$ $ax^2 + bx - c = 0$의 근이 모두 실수일 때, $\dfrac{ab}{c}$의 최솟 값을 구하여라.

풀이

풀이 주어진 3차 방정식의 세 근을 α, β, γ라 하면, 근과 계수와의 관계로 부터

$$\alpha + \beta + \gamma = a, \quad \alpha\beta + \beta\gamma + \gamma\alpha = b, \quad \alpha\beta\gamma = c$$

이다. 그러므로 코시-슈바르츠 부등식(예제 2.4.17 참고)에 의하여

$$\frac{ab}{c} = \frac{(\alpha + \beta + \gamma)(\alpha\beta + \beta\gamma + \gamma\alpha)}{\alpha\beta\gamma}$$
$$= (\alpha + \beta + \gamma)\left(\frac{1}{\alpha} + \frac{1}{\beta} + \frac{1}{\gamma}\right)$$
$$\geq 9$$

이다. 따라서 구하는 최솟값은 9이다. 단, 등호 는 $\alpha = \beta = \gamma$일 때, 성립한다.

예제 **2.4.20 (KMO, '2004)** ───────────

$a + b = 1$을 만족시키는 양수 a, b에 대하여 $\dfrac{1}{1+a} + \dfrac{a}{1+b}$의 최솟값은 얼마인가?

풀이

풀이 $x = \dfrac{1}{1+a} + \dfrac{a}{1+b}$ 라고 하면, $x + 1 = \dfrac{1}{1+a} + \dfrac{a}{1+b} + 1 = \dfrac{1}{1+a} + \dfrac{2}{1+b}$ 이다. 코시-슈바르츠 부등식에 의하여,

$$(1+a+1+b)\left(\dfrac{1}{1+a} + \dfrac{2}{1+b}\right) \ge (1+\sqrt{2})^2 = 3 + 2\sqrt{2}$$

가 성립한다. 그러므로 $x \ge \dfrac{2\sqrt{2}}{3}$ 이고, $a = 3\sqrt{2} - 4$, $b = 5 - 3\sqrt{2}$ 일 때, 등호가 성립한다. 따라서 $\dfrac{1}{1+a} + \dfrac{a}{1+b}$ 의 최솟값은 $\dfrac{2\sqrt{2}}{3}$ 이다.

예제 **2.4.21** _____

실수 x, y가 $x\sqrt{1-y^2} + y\sqrt{1-x^2} = 1$을 만족할 때,

$x^2 + y^2 = 1$이 성립함을 증명하여라.

풀이

풀이 코시-슈바르츠 부등식에 의하여,

$$x\sqrt{1-y^2} + y\sqrt{1-x^2}$$

$$\leq \sqrt{\left[x^2 + (\sqrt{1-x^2})^2\right]\left[(\sqrt{1-y^2})^2 + y^2\right]}$$

$$= 1$$

이다. 등호는

$$\frac{x}{\sqrt{1-y^2}} = \frac{\sqrt{1-x^2}}{y}$$

일 때, 즉 $x^2 + y^2 = 1$일 때 성립한다. 따라서 $x^2 + y^2 = 1$이다.

예제 **2.4.22 (KMO, '2008)** _____

실수 x, y에 대하여, $x > 2$, $y > 3$일 때,

$$\frac{(x+y)^2}{\sqrt{x^2-4}+\sqrt{y^2-9}}$$

의 최솟값을 구하여라.

풀이

풀이 주어진 식의 분모의 최댓값을 구하기 위해 코시-슈바르츠 부등식을 이용하면,

$$(\sqrt{x^2-4}+\sqrt{y^2-9})^2$$
$$= (\sqrt{x-2}\sqrt{x+2}+\sqrt{y-3}\sqrt{y+3})^2$$
$$\leq (x-2+y-3)(x+2+y+3)$$
$$= (x+y)^2 - 25$$

이다. 그러므로

$$\left(\frac{(x+y)^2}{\sqrt{x^2-4}+\sqrt{y^2-9}}\right)^2$$
$$\geq \frac{(x+y)^4}{(x+y)^2-25}$$
$$= (x+y)^2 + 25 + \frac{25^2}{(x+y)^2-25}$$
$$= (x+y)^2 - 25 + \frac{25^2}{(x+y)^2-25} + 50$$
$$\geq 2 \times 25 + 50 = 100$$

이다. 마지막 부등식은 산술-기하평균 부등식을 이용했다. 따라서 준식의 최솟값은 10이다. 등호는 코시-슈바르츠 부등식과 산술-기하평균 부등식의 등호성립조건에 의해 $x = 2\sqrt{2}$, $y = 3\sqrt{2}$일 때, 성립한다.

예제 **2.4.23**

양의 실수 a, b, c가 관계식 $a^2 + b^2 + c^2 = 3abc$를 만족할 때,

$$\frac{a}{b^2 c^2} + \frac{b}{c^2 a^2} + \frac{c}{a^2 b^2} \geq \frac{9}{a + b + c}$$

이 성립함을 증명하여라.

풀이

풀이 코시-슈바르츠 부등식과 주어진 관계식에 의하여

$$(a + b + c)\left(\frac{a}{b^2 c^2} + \frac{b}{c^2 a^2} + \frac{c}{a^2 b^2}\right) \geq \left(\frac{a}{bc} + \frac{b}{ca} + \frac{c}{ab}\right)^2$$

$$= \left(\frac{a^2 + b^2 + c^2}{abc}\right)^2$$

$$= \left(\frac{3abc}{abc}\right)^2$$

$$= 9$$

이다. 따라서

$$\frac{a}{b^2 c^2} + \frac{b}{c^2 a^2} + \frac{c}{a^2 b^2} \geq \frac{9}{a + b + c}$$

이다. 단, 등호는 $a = b = c = 1$일 때, 성립한다.

[예제] **2.4.24** _____

양의 실수 a, b, c가 관계식 $a + b + c = 3$을 만족할 때,

$$\frac{a+3}{3a+bc} + \frac{b+3}{3b+ca} + \frac{c+3}{3c+ab} \geq 3$$

이 성립함을 증명하여라.

[풀이]

[풀이] 코시-슈바르츠 부등식에 의하여,

$$\{(a+b) + (b+c) + (c+a)\}\left(\frac{1}{a+b} + \frac{1}{b+c} + \frac{1}{c+a}\right)$$
$$\geq 9$$

이다. 즉,

$$\frac{1}{a+b} + \frac{1}{b+c} + \frac{1}{c+a} \geq \frac{3}{2}$$

이다. 그러므로

$$\frac{a+3}{3a+bc} + \frac{b+3}{3b+ca} + \frac{c+3}{3c+ab}$$
$$= \frac{(a+b)+(a+c)}{(a+b)(a+c)} + \frac{(b+c)+(b+a)}{(b+c)(b+a)} + \frac{(c+a)+(c+b)}{(c+a)(c+b)}$$
$$= 2\left(\frac{1}{a+b} + \frac{1}{b+c} + \frac{1}{c+a}\right)$$
$$\geq 3$$

이다. 따라서

$$\frac{a+3}{3a+bc} + \frac{b+3}{3b+ca} + \frac{c+3}{3c+ab} \geq 3$$

이다. 단, 등호는 $a = b = c = 1$일 때, 성립한다.

예제 **2.4.25 (KMO, '2012)** _____

양의 실수 x, y가 $4x^2 + 9y^2 = 36x^2y^2$을 만족할 때 $\dfrac{1}{ax} + \dfrac{1}{by}$의 최댓값이 1이 되는 양의 실수 a, b에 대하여 ab의 최솟값을 구하여라.

풀이

풀이 $4x^2 + 9y^2 = 36x^2y^2$에서 양변을 $36x^2y^2$으로 나누면

$$\frac{1}{9y^2} + \frac{1}{4x^2} = 1$$

이다. 코시-슈바르츠 부등식에 의하여

$$\left(\frac{9}{b^2} + \frac{4}{a^2}\right)\left(\frac{1}{9y^2} + \frac{1}{4x^2}\right) \geq \left(\frac{1}{ax} + \frac{1}{by}\right)^2$$

이다. 그런데, $\dfrac{1}{9y^2} + \dfrac{1}{4x^2} = 1$이고, $\dfrac{1}{ax} + \dfrac{1}{by}$의 최댓값이 1이므로, 산술-기하평균 부등식에 의하여

$$1 \geq \frac{9}{b^2} + \frac{4}{a^2} \geq \frac{12}{ab}$$

이 성립한다. 따라서 ab의 최솟값은 12이다.

예제 **2.4.26 (KMO, '2015)** ─────────

실수 a, b, c, d가 $a^2 + c^2 = 4$와 $b^2 + d^2 = 5$를 만족할 때 $ab + cd + 2(ad - bc)$의 값 중 가장 큰 것을 구하여라.

풀이

풀이 항등식

$$(a^2 + c^2)(b^2 + d^2) = (ab + cd)^2 + (ad - bc)^2$$

을 이용하자. $ab + cd = x$, $ad - bc = y$라 하면, $x^2 + y^2 = 20$이다.

$$ab + cd + 2(ad - bc) = x + 2y$$

이므로 코시-슈바르츠 부등식에 의하여

$$(1^2 + 2^2)(x^2 + y^2) \geq (x + 2y)^2$$

이 성립한다. 즉, $-10 \leq x + 2y \leq 10$이다. 따라서 구하는 값은 10이다.

[예제] **2.4.27** ────────────────

양의 실수 x, y, z에 대하여

$$\frac{4x}{y+z} + \frac{9y}{z+x} + \frac{16z}{x+y}$$

의 최솟값을 구하여라.

[풀이]

[풀이] 주어진 식을 변형하고, 코시-슈바르츠 부등식을 적용하면,

$$\frac{4x}{y+z} + \frac{9y}{z+x} + \frac{16z}{x+y} + (4+9+16)$$
$$= (x+y+z)\left(\frac{4}{y+z} + \frac{9}{z+x} + \frac{16}{x+y}\right)$$
$$= \frac{1}{2}\{(y+z) + (z+x) + (x+y)\}$$
$$\quad \times \left(\frac{4}{y+z} + \frac{9}{z+x} + \frac{16}{x+y}\right)$$
$$\geq \frac{1}{2}(\sqrt{4} + \sqrt{9} + \sqrt{16})^2 = \frac{81}{2}$$

이다. 그러므로

$$\frac{4x}{y+z} + \frac{9y}{z+x} + \frac{16z}{x+y} \geq \frac{81}{2} - 29 = \frac{23}{2}$$

이다. 따라서 주어진 식의 최솟값은 $\frac{23}{2}$이다. 단, 등호는 $\frac{x+y}{2} = \frac{z+x}{3} = \frac{x+y}{4}$일 때, 성립한다.

예제 **2.4.28** _____

실수 x, y에 대하여 관계식

$$y + 3\sqrt{x+2} = \frac{23}{2} + y^2 - \sqrt{49-16x}$$

를 만족하는 순서쌍 (x, y)를 모두 구하여라.

풀이

풀이 주어진 관계식을 변형하면

$$y^2 - y + \frac{23}{2} = 3\sqrt{x+2} + \sqrt{49-16x} \qquad (1)$$

이다. 그런데, $y^2 - y + \frac{23}{2} = \left(y - \frac{1}{2}\right)^2 + \frac{45}{2}$이므로, 식 (1)의 좌변의 최솟값은 $y = \frac{1}{2}$일 때, $\frac{45}{4}$이다. 또, 코시-슈바르츠 부등식에 의하여

$$3\sqrt{x+2} + \sqrt{49-16x}$$
$$= 3\sqrt{x+2} + 4\sqrt{\frac{49}{16} - x}$$
$$\leq \sqrt{3^2 + 4^2}\sqrt{(x+2) + \left(\frac{49}{16} - x\right)}$$
$$= \frac{45}{4}$$

이다. 단, 등호는 $\dfrac{x+2}{3^2} = \dfrac{\frac{49}{16} - x}{4^2}$일 때, 즉, $x = -\dfrac{71}{400}$일 때, 성립한다. 그러므로 식 (1)의 우변의 최댓값은 $\frac{45}{4}$이다. 따라서 식 (1)을 만족하는 (x, y)의 순서쌍 $\left(-\dfrac{71}{400}, \dfrac{1}{2}\right)$이다.

[예제] **2.4.29** —————————————————

양의 실수 x, y, z에 대하여

$$x^4 + y^4 + z^4 \geq 4xyz - 1$$

이 성립함을 보여라.

[풀이]

[풀이1]

$$x^4 + y^4 + z^4 - 4xyz + 1$$
$$= (x^4 - 2x^2 + 1) + (y^4 - 2y^2 z^2 + z^4)$$
$$+ (2y^2 z^2 - 4xyz + 2x^2)$$
$$= (x^2 - 1)^2 + (y^2 - z^2)^2 + 2(yz - x)^2 \geq 0$$

이므로,
$$x^4 + y^4 + z^4 \geq 4xyz - 1$$

이 성립한다. 단, 등호는 $x^2 = 1$, $y^2 = z^2$, $yz = x$ 일 때, 성립한다.

[풀이2] 산술-기하평균 부등식에 의하여

$$x^4 + y^4 + z^4 + 1 \geq 4\sqrt[4]{x^4 \cdot y^4 \cdot z^4 \cdot 1}$$
$$= 4xyz$$

이다. 단, 등호는 $x^4 = y^4 = z^4 = 1$일 때, 성립한다. 따라서

$$x^4 + y^4 + z^4 \geq 4xyz - 1$$

이다.

예제 **2.4.30** _____

실수 x, y에 대하여

$$3(x+y+1)^2 + 1 \geq 3xy$$

가 성립함을 보여라.

풀이

풀이 임의의 실수 a, b에 대하여

$$a^2 + ab + b^2 = \left(a + \frac{b}{2}\right)^2 + \frac{3b^2}{4} \geq 0$$

이 성립한다. 단, 등호는 $a = b = 0$일 때, 성립한다.

실수 x, y에 대하여 위의 부등식을 이용하면,

$$\left(x + \frac{2}{3}\right)^2 + \left(x + \frac{2}{3}\right)\left(y + \frac{2}{3}\right) + \left(y + \frac{2}{3}\right)^2 \geq 0$$

이다. 이를 전개하면,

$$3x^2 + 3y^2 + 3xy + 6x + 6y + 4 \geq 0$$

이다. 위 부등식을 정리하면

$$3(x+y+1)^2 + 1 \geq 3xy$$

이다. 단, 등호는 $x = y = -\frac{2}{3}$일 때, 성립한다.

도움정리 **2.4.31** ──────────────────

임의의 양의 실수 p, q, α, β에 대하여, 다음이 성립
한다.

$$\frac{pq}{p+q} \le \frac{\alpha^2 p + \beta^2 q}{(\alpha+\beta)^2}.$$

증명

$$(p+q)(\alpha^2 p + \beta^2 q) - pq(\alpha+\beta)^2$$

$$= \alpha^2 p^2 - 2\alpha\beta pq + \beta^2 q^2$$

$$= (\alpha p - \beta q)^2 \ge 0$$

이다. 단, 등호는 $\alpha p = \beta q$일 때, 성립한다.

예제 **2.4.32** ──────────────────

양의 실수 a, b, c, x, y, z에 대하여,

$$\frac{ax}{a+x} + \frac{by}{b+y} + \frac{cz}{c+z} \le \frac{(a+b+c)(x+y+z)}{a+b+c+x+y+z}$$

가 성립함을 보여라.

풀이

풀이 $\alpha = x + y + z,\ \beta = a + b + c$라 생각하고,
도움정리 2.4.31에 대입하면

$$\frac{ax}{a+x} \le \frac{(x+y+z)^2 a + (a+b+c)^2 x}{(x+y+z+a+b+c)^2}$$

$$\frac{by}{b+y} \le \frac{(x+y+z)^2 b + (a+b+c)^2 y}{(x+y+z+a+b+c)^2}$$

$$\frac{cz}{c+z} \le \frac{(x+y+z)^2 c + (a+b+c)^2 z}{(x+y+z+a+b+c)^2}$$

이다. 위 세 식을 변변 더한 후 정리하면,

$$\frac{ax}{a+x} + \frac{by}{b+y} + \frac{cz}{c+z} \le \frac{(a+b+c)(x+y+z)}{a+b+c+x+y+z}$$

이다.

예제 **2.4.33** _____

1이하의 실수 x, y, z가 $x + y + z = 1$을 만족할 때,

$$\frac{1}{1+x^2} + \frac{1}{1+y^2} + \frac{1}{1+z^2} \le \frac{27}{10}$$

이 성립함을 보여라. (힌트 : $t \le 1$인 모든 실수 t에 대하여 $(4-3t)(1-3t)^2 \ge 0$이 성립한다.)

풀이

풀이 $t \le 1$인 모든 실수 t에 대하여

$$(4-3t)(1-3t)^2 \ge 0$$

이 성립함을 이용하자. 이를 정리하면

$$\frac{1}{1+t^2} \le \frac{27}{50}(2-t)$$

이다. 그러므로

$$\begin{aligned}
&\frac{1}{1+x^2} + \frac{1}{1+y^2} + \frac{1}{1+z^2} \\
&\le \frac{27}{50}\{(2-x) + (2-y) + (2-z)\} \\
&= \frac{27}{50}\{6 - (x+y+z)\} = \frac{27}{10}
\end{aligned}$$

이다.

2.5 볼록함수관련 부등식

- 이 절의 주요 내용

- 볼록함수, 오목함수

- 젠센부등식, 가중치 산술-기하평균 부등식, 멱평균 부등식, 홀더 부등식, 민코스키 삼각부등식

정의 2.5.1 _____

I가 폐구간 $[a, b]$를 나타낸다고 하자. 임의의 $x, y \in I, 0 \leq \lambda \leq 1$에 대하여,

$$\lambda f(x) + (1 - \lambda)f(y) \geq f(\lambda x + (1 - \lambda)y)$$

가 성립할 때, 함수 f가 구간 I에서 **볼록함수**라고 한다. 또한, 임의의 $x, y \in I, 0 \leq \lambda \leq 1$에 대하여,

$$\lambda f(x) + (1 - \lambda)f(y) \leq f(\lambda x + (1 - \lambda)y)$$

가 성립할 때, 함수 f가 구간 I에서 **오목함수**라고 한다.

정리 2.5.2 (볼록성 판정법) _____

f가 구간 I에서 2번 미분가능한 함수일 때, 모든 $x \in I$에서 $f''(x) \geq 0$이면 f는 구간 I에서 볼록함수이다.

따름정리 2.5.3 _____

f가 구간 I에서 연속함수일 때, f가 볼록함수일 필요충분조건은 모든 $x_1, x_2 \in I$에 대하여

$$f\left(\frac{x_1 + x_2}{2}\right) \leq \frac{f(x_1) + f(x_2)}{2}$$

을 만족할 때이다.

보기 **2.5.4 (볼록함수의 예)** _____

다음 함수들은 주어진 구간에서 볼록함수이다.

(i) $f(x) = x^{2n}$, $x \in \mathbb{R}$, n은 양의 정수이다.

(ii) $f(x) = x^p$, $x \geq 0$, $p > 1$이다.

(iii) $f(x) = \dfrac{1}{(x+a)^p}$, $x > -a$, $p > 0$이다.

(iv) $f(x) = \tan x$, $x \in \left[0, \dfrac{\pi}{2}\right)$이다.

(v) $f(x) = e^x$, $x \in \mathbb{R}$이다.

보기 **2.5.5 (오목함수의 예)** _____

다음 함수들은 주어진 구간에서 오목함수이다.

(i) $f(x) = \sin x$, $x \in [0, \pi]$이다.

(ii) $f(x) = \cos x$, $x \in \left[-\dfrac{\pi}{2}, \dfrac{\pi}{2}\right]$이다.

(iii) $f(x) = \ln x$, $x > 0$이다.

(iv) $f(x) = x^p$, $x \geq 0$, $0 < p < 1$이다.

정리 **2.5.6 (젠센 부등식)** _____

함수 $f : I \to \mathbb{R}$가 볼록함수라고 하자. 그러면, 임의의 x_1, x_2, $\cdots$, $x_n \in I$와 $\lambda_1 + \lambda_2 + \cdots + \lambda_n = 1$을 만족하는 임의의 음이 아닌 실수 λ_1, λ_2, $\cdots$, λ_n에 대하여

$$\lambda_1 f(x_1) + \lambda_2 f(x_2) + \cdots + \lambda_n f(x_n)$$
$$\geq f(\lambda_1 x_1 + \lambda_2 x_2 + \cdots + \lambda_n x_n)$$

이다. 만약 f가 오목함수이면, 위 부등식의 부호가 반대이다.

정리 **2.5.7 (젠센 부등식의 일반화)** _____

함수 $f : I \to \mathbb{R}$가 볼록함수라고 하자. 그러면, 임의의 x_1, x_2, $\cdots$, $x_n \in I$와 임의의 음이 아닌 실수 λ_1, λ_2, $\cdots$, λ_n에 대하여

$$\lambda_1 f(x_1) + \lambda_2 f(x_2) + \cdots + \lambda_n f(x_n)$$
$$\geq (\lambda_1 + \lambda_2 + \cdots + \lambda_n) f\left(\frac{\lambda_1 x_1 + \lambda_2 x_2 + \cdots + \lambda_n x_n}{\lambda_1 + \lambda_2 + \cdots + \lambda_n}\right)$$

이다. 만약 f가 오목함수이면, 위 부등식의 부호가 반대이다.

예제 **2.5.8** _____

양의 실수 a, b, c에 대하여,

$$a^a \cdot b^b \cdot c^c \ge \left(\frac{a+b+c}{3}\right)^{a+b+c}$$

가 성립함을 보여라.

풀이

풀이 주어진 부등식은

$$\ln(a^a \cdot b^b \cdot c^c) \ge \ln\left(\frac{a+b+c}{3}\right)^{a+b+c}$$

또는

$$a\ln a + b\ln b + c\ln c \ge (a+b+c)\ln\left(\frac{a+b+c}{3}\right)$$

와 동치이다. $f(x) = x\ln x$, $x > 0$라고 놓으면 $f''(x) = \frac{1}{x} > 0$이므로 f는 $x > 0$에서 볼록함수이다. 따라서 젠센 부등식에 의하여,

$$\frac{f(a)+f(b)+f(c)}{3} \ge f\left(\frac{a+b+c}{3}\right)$$

이다. 이를 정리하면,

$$\frac{a\ln a + b\ln b + c\ln c}{3} \ge \frac{a+b+c}{3}\ln\left(\frac{a+b+c}{3}\right)$$

이다. 양변에 3을 곱하면 우리가 원하는 부등식

$$a\ln a + b\ln b + c\ln c \ge (a+b+c)\ln\left(\frac{a+b+c}{3}\right)$$

이 된다.

[예제] **2.5.9** _____

양의 실수 a, b, c가 $a + b + c = 1$을 만족할 때,

$$\left(a + \frac{1}{a}\right)^2 + \left(b + \frac{1}{b}\right)^2 + \left(c + \frac{1}{c}\right)^2 \geq \frac{100}{3}$$

이 성립함을 보여라.

[풀이]

[풀이] 함수 $f(x) = x^2$는 양의 실수 전체에서 아래로 볼록이다. 젠센부등식에 의하여

$$\frac{1}{3}\left\{\left(a + \frac{1}{a}\right)^2 + \left(b + \frac{1}{b}\right)^2 + \left(c + \frac{1}{c}\right)^2\right\}$$
$$\geq \left\{\frac{1}{3}\left(a + \frac{1}{a} + b + \frac{1}{b} + c + \frac{1}{c}\right)\right\}^2$$

이 성립한다. 즉,

$$\left(a + \frac{1}{a}\right)^2 + \left(b + \frac{1}{b}\right)^2 + \left(c + \frac{1}{c}\right)^2$$
$$\geq \frac{1}{3}\left(a + b + c + \frac{1}{a} + \frac{1}{b} + \frac{1}{c}\right)^2$$
$$\geq \frac{1}{3}(1 + 9)^2 = \frac{100}{3}$$

이다.

[예제] **2.5.10** _____

$a+b=2$를 만족하는 음이 아닌 실수 a, b에 대하여

$$(1 + \sqrt[5]{a})^5 + (1 + \sqrt[5]{b})^5 \leq 2^6$$

이 성립함을 보여라.

[풀이]

[풀이] $f(x) = (1 + \sqrt[5]{x})^5$는 $x \geq 0$에서 오목함수이다. 따라서 젠센 부등식에 의하여,

$$2\left(1 + \sqrt[5]{\frac{a+b}{2}}\right)^5 \geq (1 + \sqrt[5]{a})^5 + (1 + \sqrt[5]{b})^5$$

이다. $a + b = 2$를 위 부등식에 대입하면

$$(1 + \sqrt[5]{a})^5 + (1 + \sqrt[5]{b})^5 \leq 2^6$$

이다. 등호는 $a = b = 1$일 때 성립한다.

예제 **2.5.11** ──────────────

α, β, γ가 삼각형의 세 각을 이룰 때, 다음이 성립함을 보여라.

(1) $\sin\alpha + \sin\beta + \sin\gamma \leq \dfrac{3\sqrt{3}}{2}$.

(2) $\sqrt{\sin\alpha} + \sqrt{\sin\beta} + \sqrt{\sin\gamma} \leq 3\sqrt[4]{\dfrac{3}{4}}$.

(3) $\sin\alpha \cdot \sin\beta \cdot \sin\gamma \leq \dfrac{3\sqrt{3}}{8}$.

(4) $\cos\alpha \cdot \cos\beta \cdot \cos\gamma \leq \dfrac{1}{8}$.

(5) $\sec\dfrac{\alpha}{2} + \sec\dfrac{\beta}{2} + \sec\dfrac{\gamma}{2} \geq 2\sqrt{3}$.

풀이

풀이 $\sin x$, $\sqrt{\sin x}$, $\ln\sin x$, $\ln\cos x$는 $x \in (0, \pi)$에서 오목함수이고, $\sec\dfrac{x}{2}$는 $x \in (0, \pi)$에서 볼록함수이므로 젠센 부등식에 의해서 성립한다. 자세한 증명은 독자에게 맡긴다.

예제 **2.5.12 (USAMO, '1981)** ─────────

a, b, c가 삼각형의 세 각을 이룰 때,

$$-2 \leq \sin 3a + \sin 3b + \sin 3c \leq \frac{3\sqrt{3}}{2}$$

임을 증명하여라.

풀이

풀이 $a \leq b \leq c$라고 가정해도 일반성을 잃지 않는다. 먼저 왼쪽 부등식을 증명하자. $a \leq \frac{\pi}{3}$이 므로 $\sin 3a \geq 0$이다. 따라서

$$S = \sin 3a + \sin 3b + \sin 3c \geq -2$$

이다.
이제 오른쪽 부등식을 증명하자. 만약에 $\sin 3a$, $\sin 3b$, $\sin 3c$ 중 양이 아닌 것이 있다면,

$$S \leq 2 < \frac{3\sqrt{3}}{2}$$

이다. 모두 양인 경우는 $a + b + c = \pi$이므로

$$b < \frac{\pi}{3}, \quad \frac{2\pi}{3} < c < \pi$$

이어야 한다. 따라서 $f(x) = \sin x$는 구간 $(0, \pi)$에서 오목이므로 젠센부등식에 의하여,

$$S = \sin 3a + \sin 3b + \sin(3c - 2\pi) \leq 3 \sin \frac{\pi}{3} = \frac{3\sqrt{3}}{2}$$

이다. 단, 등호는 $a = b = \frac{\pi}{9}$, $c = \frac{7\pi}{9}$일 때만 성립 한다.

정리 **2.5.13 (가중치 산술-기하평균 부등식)** ─────

음이 아닌 실수 $x_1, x_2, \cdots, x_n$와 $\lambda_1 + \lambda_2 + \cdots + \lambda_n = 1$ 을 만족하는 임의의 양의 실수 $\lambda_1, \lambda_2, \cdots, \lambda_n$에 대하여

$$\lambda_1 x_1 + \lambda_2 x_2 + \cdots + \lambda_n x_n \geq x_1^{\lambda_1} x_2^{\lambda_2} \cdots x_n^{\lambda_n}$$

이 성립한다. 등호는 $x_1 = x_2 = \cdots = x_n$일 때 성립한다.

예제 **2.5.14** ─────

양의 실수 x, y에 대하여

$$x^y y^x \leq \left(\frac{x+y}{2}\right)^{x+y}$$

이 성립함을 증명하여라.

풀이

풀이 가중치 산술-기하평균 부등식으로부터

$$x^{\frac{y}{x+y}} y^{\frac{x}{x+y}} \leq \frac{y}{x+y} \cdot x + \frac{x}{x+y} \cdot y$$

이다. 즉,

$$x^y y^x \leq \left(\frac{xy + yx}{x+y}\right)^{x+y} = \left(\frac{2xy}{x+y}\right)^{x+y}$$

이다. 산술-조화평균 부등식으로부터

$$\frac{2xy}{x+y} \leq \frac{x+y}{2}$$

이다. 따라서

$$x^y y^x \leq \left(\frac{xy + yx}{x+y}\right)^{x+y} = \left(\frac{2xy}{x+y}\right)^{x+y} \leq \left(\frac{x+y}{2}\right)^{x+y}$$

이다. 단, 등호는 $x = y$일 때, 성립한다.

예제 **2.5.15** ─────────────────────

$a_1, a_2, \cdots, a_n, \lambda_1, \lambda_2, \cdots, \lambda_n > 0$이고, $\lambda_1 + \lambda_2 + \cdots + \lambda_n = 1$을 만족한다고 하자. 만약 $a_1^{\lambda_1} a_2^{\lambda_2} \cdots a_n^{\lambda_n} = 1$ 이면,

$$a_1 + a_2 + \cdots + a_n \geq \frac{1}{\lambda_1^{\lambda_1} \lambda_2^{\lambda_2} \cdots \lambda_n^{\lambda_n}}$$

이 성립함을 증명하여라.

풀이

풀이 가중치 산술-기하평균 부등식에 의하여,

$$a_1 + a_2 + \cdots + a_n = \lambda_1 \left(\frac{a_1}{\lambda_1}\right) + \cdots + \lambda_n \left(\frac{a_n}{\lambda_n}\right)$$
$$\geq \left(\frac{a_1}{\lambda_1}\right)^{\lambda_1} \left(\frac{a_2}{\lambda_2}\right)^{\lambda_2} \cdots \left(\frac{a_n}{\lambda_n}\right)^{\lambda_n}$$
$$= \frac{1}{\lambda_1^{\lambda_1} \lambda_2^{\lambda_2} \cdots \lambda_n^{\lambda_n}}$$

이다. 등호는

$$\frac{a_1}{\lambda_1} = \frac{a_2}{\lambda_2} = \cdots = \frac{a_n}{\lambda_n}$$

일 때 성립한다.

정리 **2.5.16 (멱 평균 부등식)** ────────────

양의 실수 $x_1, x_2, \cdots, x_n$와 임의의 양의 실수 $\lambda_1, \lambda_2,$ $\cdots, \lambda_n$이 $\lambda_1 + \lambda_2 + \cdots + \lambda_n = 1$을 만족한다고 하자. 음이 아닌 실수 s, t가 $s < t$를 만족하면,

$$\left(\frac{\lambda_1 x_1^s + \lambda_2 x_2^s + \cdots + \lambda_n x_n^s}{n} \right)^{\frac{1}{s}} \leq \left(\frac{\lambda_1 x_1^t + \lambda_2 x_2^t + \cdots + \lambda_n x_n^t}{n} \right)^{\frac{1}{t}}$$

이 성립한다.

예제 **2.5.17** ────────────────────

$a_1, a_2, \cdots, a_n > 0$이고, $k > p > 0$이면

$$\frac{a_1^k + \cdots + a_n^k}{a_1^p + \cdots + a_n^p} \geq \left(\frac{a_1 + \cdots + a_n}{n} \right)^{k-p}$$

가 성립함을 보여라.

풀이

풀이 $M_t = \left(\dfrac{a_1^t + a_2^t + \cdots + a_n^t}{n} \right)^{\frac{1}{t}}$ 라고 놓자. 그러면 멱 평균 부등식에 의하여

$$a_1^k + a_2^k + \cdots + a_n^k$$
$$= n M_k^k$$
$$= n M_k^p M_k^{k-p}$$
$$\geq n M_p^p M_1^{k-p}$$
$$= (a_1^p + a_2^p + \cdots + a_n^p) \left(\frac{a_1 + a_2 + \cdots + a_n}{n} \right)^{k-p}$$

이다.

정리 **2.5.18 (홀더 부등식)** ─────────

$\frac{1}{p} + \frac{1}{q} = 1(p, q > 1)$일 때, 양의 실수 $x_1, x_2, \cdots, x_n$

과 $y_1, y_2, \cdots, y_n$에 대하여

$$\sum_{i=1}^{n} x_i y_i \le \left(\sum_{i=1}^{n} x_i^p \right)^{\frac{1}{p}} \left(\sum_{i=1}^{n} y_i^q \right)^{\frac{1}{q}}$$

이다. 단, 등호는 $\frac{x_1^p}{y_1^q} = \cdots = \frac{x_n^p}{y_n^q}$일 때 성립한다.

정리 **2.5.19 (홀더 부등식의 확장)** ─────────

$\frac{1}{p} + \frac{1}{q} + \frac{1}{r} = 1(p, q, r > 1)$일 때, 양의 실수 $x_1, x_2, \cdots,$

x_n과 $y_1, y_2, \cdots, y_n$ 그리고, $z_1, z_2, \cdots, z_n$에 대하여

$$\sum_{i=1}^{n} x_i y_i z_i \le \left(\sum_{i=1}^{n} x_i^p \right)^{\frac{1}{p}} \left(\sum_{i=1}^{n} y_i^q \right)^{\frac{1}{q}} \left(\sum_{i=1}^{n} z_i^r \right)^{\frac{1}{r}}$$

이다.

예제 **2.5.20 (MathRef J17, '2006)** ─────────

양의 실수 a, b, c에 대하여, 다음을 증명하여라.

$$(ab+bc+ca)^3 \le 3(a^2 b+b^2 c+c^2 a)(ab^2+bc^2+ca^2).$$

풀이

풀이 홀더 부등식으로 부터

$$(a_1 b_1 c_1 + a_2 b_2 c_2 + a_3 b_3 c_3)^3$$
$$\le (a_1^3 + a_2^3 + a_3^3)(b_1^3 + b_2^3 + b_3^3)(c_1^3 + c_2^3 + c_3^3)$$

이 성립한다.

$$(a_1, a_2, a_3) = (1, 1, 1),$$
$$(b_1, b_2, b_3) = (\sqrt[3]{a^2 b}, \sqrt[3]{b^2 c}, \sqrt[3]{c^2 a}),$$
$$(c_1, c_2, c_3) = (\sqrt[3]{ab^2}, \sqrt[3]{bc^2}, \sqrt[3]{ca^2})$$

을 대입하면

$$(ab + bc + ca)^3$$
$$\le 3(a^2 b + b^2 c + c^2 a)(ab^2 + bc^2 + ca^2)$$

을 얻는다.

예제 **2.5.21**

$p \geq 2$인 실수 p와 음의 아닌 실수 a, b, c에 대하여

$$\sqrt[3]{\frac{a^3 + pabc}{1+p}} + \sqrt[3]{\frac{b^3 + pabc}{1+p}} + \sqrt[3]{\frac{c^3 + pabc}{1+p}} \leq a + b + c$$

이 성립함을 증명하여라.

풀이

풀이 홀더 부등식으로 부터

$$\left(\sqrt[3]{\frac{a^3 + pabc}{1+p}} + \sqrt[3]{\frac{b^3 + pabc}{1+p}} + \sqrt[3]{\frac{c^3 + pabc}{1+p}} \right)^3$$

$$\leq \left(\frac{1}{1+p} + \frac{1}{1+p} + \frac{1}{1+p} \right)(a + b + c)$$
$$\times \left((a^2 + pbc) + (b^2 + pca) + (c^2 + pab) \right)$$

이다. 또한,

$$\left(\frac{a^2 + pbc}{p+1} + \frac{b^2 + pca}{p+1} + \frac{c^2 + pab}{p+1} \right)$$
$$- \left(\frac{a^2 + 2bc}{3} + \frac{b^2 + 2ca}{3} + \frac{c^2 + 2ab}{3} \right)$$
$$= -\frac{(p-2)(a^2 + b^2 + c^2 - ab - bc - ca)}{3(p+1)} \leq 0$$

이다. 그러므로

$$(a^2 + pbc) + (b^2 + pca) + (c^2 + pab)$$
$$\leq (p+1)\left(\frac{a^2 + 2bc}{3} + \frac{b^2 + 2ca}{3} + \frac{c^2 + 2ab}{3} \right)$$
$$= \frac{p+1}{3}(a^2 + b^2 + c^2 + 2ab + 2bc + 2ca)$$
$$= \frac{p+1}{3}(a + b + c)^2$$

이다. 따라서

$$\left(\sqrt[3]{\frac{a^3 + pabc}{1+p}} + \sqrt[3]{\frac{b^3 + pabc}{1+p}} + \sqrt[3]{\frac{c^3 + pabc}{1+p}} \right)^3$$
$$\leq (a + b + c)^3$$

이다. 등호는 $a = b = c$일 때 성립한다.

예제 **2.5.22** ────────────────

양의 실수 a, b, c가 관계식 $\sqrt{a} + \sqrt{b} + \sqrt{c} = 3$을 만족할 때,

$$8(a^2 + b^2 + c^2) \geq 3(a+b)(b+c)(c+a)$$

가 성립함을 증명하여라.

풀이

풀이 산술-기하평균 부등식으로부터

$$3(a+b)(b+c)(c+a) \leq 3\left(\frac{2a+2b+2c}{3}\right)^3$$
$$= \frac{8}{9}(a+b+c)^3 \qquad (1)$$

이다. 홀더 부등식을 이용하기 위해서

$$x_1 = a^{\frac{1}{3}}, \ x_2 = b^{\frac{1}{3}}, \ x_3 = c^{\frac{1}{3}},$$

$$y_1 = a^{\frac{2}{3}}, \ y_2 = b^{\frac{2}{3}}, \ y_3 = c^{\frac{2}{3}}, \ p = \frac{3}{2}, \ q = 3$$

라고 놓으면,

$$a+b+c = a^{\frac{1}{3}}a^{\frac{2}{3}} + b^{\frac{1}{3}}b^{\frac{2}{3}} + c^{\frac{1}{3}}c^{\frac{2}{3}}$$

$$\leq (\sqrt{a} + \sqrt{b} + \sqrt{c})^{\frac{2}{3}}(a^2 + b^2 + c^2)^{\frac{1}{3}}$$

이다. 즉,

$$(a+b+c)^3 \leq (\sqrt{a} + \sqrt{b} + \sqrt{c})^2(a^2 + b^2 + c^2) \quad (2)$$

이다. 조건 $\sqrt{a} + \sqrt{b} + \sqrt{c} = 3$을 식 (2)에 대입하면,

$$(a+b+c)^3 \leq 9(a^2 + b^2 + c^2) \qquad (3)$$

이다. 따라서 식 (1)과 (3)으로부터

$$8(a^2 + b^2 + c^2) \geq 3(a+b)(b+c)(c+a)$$

이다. 단, 등호는 $a = b = c = 1$일 때, 성립한다.

[정리] **2.5.23 (민코스키 삼각부등식)** ─────────

$p > 1$이고, $a_1, a_2, \cdots, a_n, b_1, b_2, \cdots, b_n \geq 0$이면

$$\left(\sum_{k=1}^{n} (a_k + b_k)^p \right)^{\frac{1}{p}} \leq \left(\sum_{k=1}^{n} a_k^p \right)^{\frac{1}{p}} + \left(\sum_{k=1}^{n} b_k^p \right)^{\frac{1}{p}}$$

가 성립한다. 등호는 $\dfrac{b_1}{a_1} = \dfrac{b_2}{a_2} = \cdots = \dfrac{b_n}{a_n}$일 때 성립한다.

[따름정리] **2.5.24** 민코스키 삼각부등식에서 $p = 2$일 때, 삼각 부등식

$$\sqrt{\sum_{k=1}^{n} (a_k + b_k)^2} \leq \sqrt{\sum_{k=1}^{n} a_k^2} + \sqrt{\sum_{k=1}^{n} b_k^2}$$

를 얻는다.

[예제] **2.5.25** ─────────

임의의 실수 a, b, c에 대하여,

$$\sqrt{a^2 + (1-b)^2} + \sqrt{b^2 + (1-c)^2} + \sqrt{c^2 + (1-a)^2} \geq \frac{3\sqrt{2}}{2}$$

임을 증명하여라.

[풀이]

[풀이] 민코스키 삼각부등식을 두 번 사용하면,

$$\sqrt{a^2 + (1-b)^2} + \sqrt{b^2 + (1-c)^2} + \sqrt{c^2 + (1-a)^2}$$
$$\geq \sqrt{(a+b)^2 + (2-b-c)^2} + \sqrt{c^2 + (1-a)^2}$$
$$\geq \sqrt{(a+b+c)^2 + (3-a-b-c)^2}$$

이다. $x = a + b + c$라고 하면,

$$\begin{aligned}(a+b+c)^2 + (3-a-b-c)^2 &= x^2 + (3-x)^2 \\ &= 2x^2 - 6x + 9 \\ &= 2\left(x - \frac{3}{2}\right)^2 + \frac{9}{2} \\ &\geq \frac{9}{2}\end{aligned}$$

이다. 따라서

$$\sqrt{a^2 + (1-b)^2} + \sqrt{b^2 + (1-c)^2} + \sqrt{c^2 + (1-a)^2}$$
$$\geq \frac{3\sqrt{2}}{2}$$

이다. 등호는 $a = b = c = \dfrac{1}{2}$일 때 성립한다.

2.6 여러가지 부등식

- 이 절의 주요 내용

- 슈르 부등식, 뮤어헤드 부등식

- 기본대칭함수, 뉴턴 부등식, 맥클라우린 부등식

[정리] **2.6.1 (슈르 부등식)** ————————

음이 아닌 실수 a, b, c와 $r > 0$에 대하여,

$$a^r(a-b)(a-c)+b^r(b-c)(b-a)+c^r(c-a)(c-b) \geq 0$$

이다. 등호는 $a = b = c$ 또는 a, b, c 중 두 개는 같고 나머지 하나는 0일 때 성립한다.

'음이 아닌 실수 a, b, c'를 좀더 제한을 두어 '양의 실수 a, b, c'에 대한 따름정리를 보통 슈르 부등식이라고 하기도 한다.

[따름정리] **2.6.2** ————————————

양의 실수 a, b, c와 $r > 0$에 대하여,

$$a^r(a-b)(a-c)+b^r(b-c)(b-a)+c^r(c-a)(c-b) \geq 0$$

이다. 등호는 $a = b = c$일 때 성립한다.

[예제] **2.6.3** _____

음이 아닌 실수 a, b, c가 $a + b + c = 1$을 만족할 때,

$$a^3 + b^3 + c^3 + 6abc \geq \frac{1}{4}$$

가 성립함을 증명하여라.

[풀이]

[풀이] 양변에 4를 곱하고, $a + b + c = 1$이므로 주어진 부등식과

$$4a^3 + 4b^3 + 4c^3 + 24abc$$
$$\geq (a + b + c)^3$$
$$= a^3 + b^3 + c^3 + 3[a^2(b + c) + b^2(c + a)$$
$$+ c^2(a + b)] + 6abc$$

는 동치이다. 그러므로 주어진 부등식을 증명하는 것은

$$a^3 + b^3 + c^3 + 6abc \geq a^2(b+c) + b^2(c+a) + c^2(a+b)$$

를 증명하는 것과 같다. 위 부등식은 슈르 부등식에 의하여 성립한다. 등호는 $\{a, b, c\} = \{0, \frac{1}{2}, \frac{1}{2}\}$일 때 성립한다.

[예제] **2.6.4** _____

양의 실수 a, b, c가

$$a + b \geq c, \quad b + c \geq a \quad c + a \geq b$$

를 만족할 때,

$$2a^2(b+c) + 2b^2(c+a) + 2c^2(a+b)$$

$$\geq a^3 + b^3 + c^3 + 9abc$$

가 성립함을 증명하여라.

[풀이]

[풀이] 등호는 $(a,b,c) = (k,k,k)$, $(2k,k,k)$, $(k,2k,k)$, $(k,k,2k)$일 때 성립함을 알 수 있다. 단, k는 양의 실수이다. 주어진 조건으로 부터 $a = y+z$, $b = z+x$, $c = x+y$라고 놓자. 단, x, y, $z \geq 0$이다. 이를 주어진 부등식에 대입하면

$$4x^3 + 4y^3 + 4z^3 + 10x^2(y+z)$$
$$+ 10y^2(z+x) + 10z^2(x+y) + 24xyz$$
$$\geq 2x^3 + 2y^3 + 2z^3 + 12x^2(y+z)$$
$$+ 12y^2(z+x) + 12z^2(x+y) + 18xyz$$

이다. 이를 정리하면,

$$x^3 + y^3 + z^3 + 3xyz \geq x^2(y+z) + y^2(z+x) + z^2(x+y)$$

이 된다. 즉, 슈르 부등식이 되므로 성립한다.

부등식에서 자주 사용하는 $\displaystyle\sum_{sym}$ 과 $\displaystyle\sum_{cyc}$ 의 기호에 대해서 알아보자. $\displaystyle\sum_{sym}$ 이란, $(1, 2, \cdots, n)$의 모든 치환 $(p_1, p_2, \cdots, p_n)$에 대해, $n!$개의 합을 합한 것이다. 특히, 3변수의 식의 경우는

$$\sum_{sym} f(x, y, z) = f(x, y, z) + f(x, z, y) + f(y, x, z)$$
$$+ f(y, z, x) + f(z, x, y) + f(z, y, x)$$

이다. 예를 들어,

$$\sum_{sym} x = x + x + y + y + z + z = 2(x + y + z)$$

이다. 여기서 첫번째 x는 치환 (x, y, z)에 대해서 x를 계산한 것이고, 두번째 x는 (x, z, y)에 대해서 x를 계산한 것이다. 셋번째 y는 (y, x, z)에 대해서 y를 계산한 것이다.

$\displaystyle\sum_{cyc}$ 이란 $(1, 2, \cdots, n)$의 치환 중 n개의 윤환들을 합한 것이다. 여기서 윤환이란 $(1, 2, \cdots, n)$, $(2, 3, \cdots, n, 1)$, $\cdots$, $(n, 1, \cdots, n-1)$의 치환을 말한다. 특히, 3변수의 식의 경우는

$$\sum_{cyc} f(x, y, z) = f(x, y, z) + f(y, z, x) + f(z, x, y)$$

이다. 예를 들어,

$$\sum_{cyc} x = x + y + z$$

이다.

정리 **2.6.5 (뮤어헤드 부등식)** _____

실수 $a_1 \geq a_2 \geq \cdots \geq a_n$, $b_1 \geq b_2 \geq \cdots \geq b_n$에 대해 다음이 성립한다고 한다.

(i) $\displaystyle\sum_{i=1}^{k} a_i \geq \sum_{i=1}^{k} b_i$이다. 단, $k = 1, 2, \cdots, n-1$이다.

(ii) $\displaystyle\sum_{i=1}^{n} a_i = \sum_{i=1}^{n} b_i$이다.

이 때, 양의 실수 $x_1, x_2, \cdots, x_n$에 대해

$$\sum_{sym} x_1^{a_1} x_2^{a_2} \cdots x_n^{a_n} \geq \sum_{sym} x_1^{b_1} x_2^{b_2} \cdots x_n^{b_n}$$

이 성립한다.

예제 **2.6.6** _____

양의 실수 x, y에 대하여

$$2(x^5 + y^5) \geq (x^2 + y^2)(x^3 + y^3)$$

이 성립함을 증명하여라.

풀이

예제 **2.6.7** _____

양의 실수 x, y에 대하여,

$$4(x^3 + y^3) \geq (x + y)^3$$

이 성립함을 증명하여라.

풀이

풀이 $a_1 = 5$, $a_2 = 0$, $b_1 = 3$, $b_2 = 2$라고 놓으면, 뮤어헤드 부등식에 의하여,

$$x^5 + y^5 \geq x^3 y^2 + x^2 y^3$$

이다. 따라서

$$2(x^5 + y^5) \geq x^5 + x^3 y^2 + x^2 y^3 + y^5$$
$$= (x^2 + y^2)(x^3 + y^3)$$

이다. 등호는 $x = y$일 때 성립한다.

풀이 $a_1 = 3$, $a_2 = 0$, $b_1 = 2$, $b_2 = 1$라고 놓으면, 뮤어헤드 부등식에 의하여,

$$x^3 + y^3 \geq x^2 y + x y^2$$

이다. 따라서

$$4(x^3 + y^3) \geq x^3 + 3x^2 y + 3x y^2 + y^3 = (x + y)^3$$

이다. 등호는 $x = y$일 때 성립한다.

예제 **2.6.8**

양의 실수 x, y, z에 대하여,

$$9(x^3 + y^3 + z^3) \geq (x + y + z)^3$$

이 성립함을 증명하여라.

풀이

풀이 $a_1 = 3$, $a_2 = 0$, $a_3 = 0$, $b_1 = 2$, $b_2 = 1$, $b_3 = 0$라고 놓으면, 뮤어헤드 부등식에 의하여

$$x^3 + x^3 + y^3 + y^3 + z^3 + z^3$$
$$\geq x^2 y + x^2 z + x y^2 + y^2 z + x z^2 + y z^2$$

이다. 또한, $a_1 = 3$, $a_2 = 0$, $a_3 = 0$, $b_1 = 1$, $b_2 = 1$, $b_3 = 1$라고 놓으면, 뮤어헤드 부등식에 의하여

$$x^3 + x^3 + y^3 + y^3 + z^3 + z^3$$
$$\geq xyz + xyz + xyz + xyz + xyz + xyz$$

이다. 따라서

$$9(x^3 + y^3 + z^3) \geq x^3 + y^3 + z^3 + 3(x^2 y + x^2 z + x y^2$$
$$+ y^2 z + x z^2 + y z^2) + 6xyz$$
$$= (x + y + z)^3$$

이다. 등호는 $x = y = z$일 때 성립한다.

[예제] **2.6.9** _____

양의 실수 x, y, z가 $x^2 + y^2 + z^2 = 1$을 만족할 때,

$$x^2yz + xy^2z + xyz^2 \geq \frac{1}{3}$$

이 성립함을 증명하여라.

[풀이]

[풀이] $a_1 = 4$, $a_2 = 0$, $a_3 = 0$, $b_1 = 2$, $b_2 = 1$, $b_3 = 1$이라고 놓으면, 뮤어헤드 부등식에 의하여,

$$x^4 + y^4 + z^4 \geq x^2yz + xy^2z + xyz^2 \qquad (1)$$

이다. 또한, $a_1 = 2$, $a_2 = 2$, $a_3 = 0$, $b_1 = 2$, $b_2 = 1$, $b_3 = 1$이라 놓으면, 뮤어헤드 부등식에 의하여,

$$x^2y^2 + y^2z^2 + z^2x^2 \geq x^2yz + xy^2z + xyz^2 \qquad (2)$$

이다. 식 $(1) + 2 \times (2)$를 하여 변변 더하면,

$$x^4 + y^4 + z^4 + 2(x^2y^2 + y^2z^2 + z^2x^2)$$
$$\geq 3(x^2yz + xy^2z + xyz^2)$$

이다. 다시 정리하면

$$(x^2 + y^2 + z^2)^2 \geq 3(x^2yz + xy^2z + xyz^2)$$

이다. $x^2 + y^2 + z^2 = 1$이므로

$$x^2yz + xy^2z + xyz^2 \leq \frac{1}{3}$$

이다. 등호는 $x = y = z = \frac{1}{\sqrt{3}}$일 때 성립한다.

예제 **2.6.10**

양의 실수 a, b, c에 대하여,

$$\frac{a^3}{b^2+c^2} + \frac{b^3}{c^2+a^2} + \frac{c^3}{a^2+b^2} \geq \frac{a+b+c}{2}$$

이 성립함을 증명하여라.

풀이

풀이 T_2의 도움정리의 확장으로부터

$$\frac{a^3}{b^2+c^2} + \frac{b^3}{c^2+a^2} + \frac{c^3}{a^2+b^2}$$
$$= \frac{a^4}{a(b^2+c^2)} + \frac{b^4}{b(c^2+a^2)} + \frac{c^4}{c(a^2+b^2)}$$
$$\geq \frac{(a+b+c)^2}{a(b^2+c^2) + b(c^2+a^2) + c(a^2+b^2)}$$

이다. 이제, 우리가 보일 것은

$$\frac{(a+b+c)^2}{a(b^2+c^2) + b(c^2+a^2) + c(a^2+b^2)} \geq \frac{a+b+c}{2}$$

이다. 즉,

$$2(a^4+b^4+c^4) + 2(a^2b^2 + b^2c^2 + c^2a^2)$$
$$\geq (a^3b + a^3c + b^3c + b^3a + c^3a + c^3b)$$
$$+ 2(abc^2 + bca^2 + cab^2) \tag{1}$$

이다. 뮤어헤드 부등식에 의하여, 식 (1)가 성립함을 쉽게 알 수 있다. 따라서

$$\frac{a^3}{b^2+c^2} + \frac{b^3}{c^2+a^2} + \frac{c^3}{a^2+b^2} \geq \frac{a+b+c}{2}$$

이다. 단, 등호는 $a = b = c$일 때, 성립한다.

정의 **2.6.11**

실수 $a_1, a_2, \cdots, a_n$에 대하여, $(x+a_1)(x+a_2)\cdots(x+a_n)$에서 x^{n-i}의 계수를 i-번째 기본대칭함수 σ_i라고 한다. 단, $i = 0, 1, \cdots, n$이다. i-번째 기본대칭평균 S_i를 $S_i = \dfrac{\sigma_i}{\binom{n}{i}}$로 정의한다. 예를 들어, $n = 3$일 때,

$$\sigma_0 = 1$$

$$\sigma_1 = a_1 + a_2 + a_3$$

$$\sigma_2 = a_1 a_2 + a_2 a_3 + a_3 a_1$$

$$\sigma_3 = a_1 a_2 a_3$$

이고,

$$S_0 = 1$$

$$S_1 = \frac{a_1 + a_2 + a_3}{3}$$

$$S_2 = \frac{a_1 a_2 + a_2 a_3 + a_3 a_1}{3}$$

$$S_3 = a_1 a_2 a_3$$

이다.

정리 **2.6.12 (뉴턴 부등식)**

임의의 실수 $a_1, a_2, \cdots, a_n$에 대하여

$$S_{i-1} S_{i+1} \leq S_i^2$$

이 성립한다.

정리 **2.6.13 (맥클라우린 부등식)**

임의의 음이 아닌 실수 $a_1, a_2, \cdots, a_n$에 대하여

$$S_1 \geq \sqrt{S_2} \geq \sqrt[3]{S_3} \geq \cdots \geq \sqrt[n]{S_n}$$

이 성립한다.

2.7 삼각부등식

- 이 절의 주요 내용

- 삼각형의 세 변과 관련된 부등식의 풀이

- 삼각형의 세 각과 관련된 부등식의 풀이

정리 **2.7.1 (삼각형의 세 변과 관련된 부등식)** ——
삼각형 ABC에서 변 BC, CA, AB의 길이를 각각 a, b, c라고 할 때, 다음이 성립한다.

(1) $a + b > c$, $b + c > a$, $c + a > b$이다.

(2) $a > |b - c|$, $b > |a - c|$, $c > |a - b|$이다.

(3) $(a + b - c)(b + c - a)(c + a - b) > 0$이다.

(4) 임의이 양의 실수 x, y, z에 대하여 $a = y + z$, $b = z + x$, $c = x + y$로 나타낼 수 있다.

위 네 가지 성질들을 바탕으로 삼각부등식을 직접 풀거나, 변형하여 산술-기하-조화평균 부등식, 코시-슈바르츠 부등식 등을 이용하여 푼다.

정리 **2.7.2 (삼각형의 세 각과 관련된 부등식)** ——
삼각형의 세 각과 관련된 부등식은 사인법칙, 코사인법칙과 삼각형의 넓이를 구하는 공식 등을 활용하여 푼다.

예제 **2.7.3** _____

a, b, c가 삼각형의 세 변의 길이일 때,

$$a^2 b(a-b) + b^2 c(b-c) + c^2 a(c-a) \geq 0$$

이 성립함을 증명하여라.

풀이

풀이 $s = \dfrac{a+b+c}{2}$라고 하고, $x = s-a$, $y = s-b$, $z = s-c$라고 하면, $x, y, z > 0$이고, $a = y+z$, $b = z+x$, $c = x+y$이다. 그러면, $3s = a+b+c+(x+y+z) = 2s+x+y+z$이므로 $s = x+y+z$이다. 따라서 주어진 부등식은

$$xy^3 + yz^3 + zx^3 \geq xyz(x+y+z)$$

와 동치이다. 그러므로 코시-슈바르츠 부등식에 의하여

$$(xy^3 + yz^3 + zx^3)(x+y+z)$$
$$\geq (\sqrt{xy^3}\sqrt{z} + \sqrt{yz^3}\sqrt{x} + \sqrt{zx^3}\sqrt{y})^2$$
$$= xyz(x+y+z)^2$$

이다. 따라서 주어진 부등식이 성립한다. 등호는 $a = b = c$일 때 성립한다.

예제 **2.7.4** _____

a, b, c가 삼각형의 세 변의 길이이고, 삼각형의 넓이가 S일 때,

$$a^2 + b^2 + c^2 \geq 4\sqrt{3}S$$

가 성립함을 증명하여라.

풀이

풀이　귀류법을 사용하여 증명하자. $4\sqrt{3}S > a^2 + b^2 + c^2$이라고 가정하자. a에 대응하는 각을 A라고 하면, $S = \frac{1}{2}bc\sin A$이다. 그러면 위 부등식은

$$2bc\sin A > \frac{1}{\sqrt{3}}(a^2 + b^2 + c^2) \qquad (1)$$

이다. 코사인 제 2법칙에 의하여

$$2bc\cos A = b^2 + c^2 - a^2 \qquad (2)$$

이다. 식 (1)와 (2)를 각각 제곱하여 변변 더하면

$$4b^2c^2(\sin^2 A + \cos^2 A) = 4b^2c^2$$
$$> \frac{4a^4 + 4b^4 + 4c^4 - 4a^2b^2 + 8b^2c^2 - 4c^2a^2}{3}$$

이다. 이를 정리하면

$$(a^2 - b^2)^2 + (b^2 - c^2)^2 + (c^2 - a^2)^2 < 0$$

이다. 좌변은 0보다 같거나 크므로 모순이다. 따라서 주어진 부등식이 성립한다. 등호는 $a = b = c$일 때 성립한다.

예제 **2.7.5** _____

a, b, c가 삼각형의 세 변의 길이이면, $\dfrac{1}{a+b}$, $\dfrac{1}{b+c}$, $\dfrac{1}{c+a}$도 삼각형의 세 변의 길이임을 증명하여라.

풀이

풀이 $a \geq b \geq c$라고 가정해도 일반성을 잃지 않는다. 따라서

$$\frac{1}{a+b} \leq \frac{1}{c+a} \leq \frac{1}{b+c}$$

이고, $a < b+c$로 부터

$$\frac{1}{a} > \frac{1}{b+c}$$

이다. 따라서

$$\frac{1}{b+c} < \frac{1}{2a} + \frac{1}{2a} < \frac{1}{a+b} + \frac{1}{a+c}$$

이다. 그러므로 $\dfrac{1}{a+b}$, $\dfrac{1}{b+c}$, $\dfrac{1}{c+a}$도 삼각형의 세 변의 길이이다.

예제 **2.7.6**

a, b, c가 삼각형의 세 변의 길이일 때,

$$\left| \frac{a}{b} + \frac{b}{c} + \frac{c}{a} - \frac{b}{a} - \frac{c}{b} - \frac{a}{c} \right| < 1$$

이 성립함을 증명하여라.

풀이

풀이

$$\frac{a}{b} + \frac{b}{c} + \frac{c}{a} - \frac{b}{a} - \frac{c}{b} - \frac{a}{c}$$
$$= \frac{a^2 c + ab^2 + bc^2 - b^2 c - ac^2 - a^2 b}{abc}$$
$$= \frac{(a-b)(b-c)(c-a)}{abc}$$

이므로, 삼각부등식에 의하여,

$$\left| \frac{a}{b} + \frac{b}{c} + \frac{c}{a} - \frac{b}{a} - \frac{c}{b} - \frac{a}{c} \right| = \left| \frac{b-c}{a} \right| \cdot \left| \frac{c-a}{b} \right| \cdot \left| \frac{a-b}{c} \right|$$
$$< 1 \cdot 1 \cdot 1 = 1$$

이다.

[예제] **2.7.7** _____

a, b, c가 삼각형의 세 변의 길이일 때,

$$\left| \frac{a-b}{a+b} + \frac{b-c}{b+c} + \frac{c-a}{c+a} \right| < \frac{1}{8}$$

임을 증명하여라.

[풀이]

[풀이] 삼각부등식에 의하여, $|a-b| < c$, $|b-c| < a$, $|c-a| < b$이다.

$$\frac{a-b}{a+b} + \frac{b-c}{b+c} + \frac{c-a}{c+a} = -\frac{(a-b)(b-c)(c-a)}{(a+b)(b+c)(c+a)}$$

이고, 산술-기하평균 부등식에 의하여

$$(a+b)(b+c)(c+a) \geq 8abc$$

이 성립한다. 따라서

$$\left| \frac{a-b}{a+b} + \frac{b-c}{b+c} + \frac{c-a}{c+a} \right| = \left| \frac{(a-b)(b-c)(c-a)}{(a+b)(b+c)(c+a)} \right|$$
$$< \frac{abc}{(a+b)(b+c)(c+a)}$$
$$\leq \frac{1}{8}$$

이다. 즉,

$$\left| \frac{a-b}{a+b} + \frac{b-c}{b+c} + \frac{c-a}{c+a} \right| < \frac{1}{8}$$

이다.

예제 **2.7.8** _____

a, b, c가 한 삼각형의 세 변의 길이일 때,

$$a^2(b+c-a) + b^2(c+a-b) + c^2(a+b-c) \leq 3abc$$

가 성립함을 증명하여라.

풀이

풀이 $b+c-a = x$, $c+a-b = y$, $a+b-c = z$
라고 놓으면, 주어진 부등식은

$$\left(\frac{y+z}{2}\right)^2 x + \left(\frac{z+x}{2}\right)^2 y + \left(\frac{x+y}{2}\right)^2 z$$
$$\leq 3 \cdot \frac{x+y}{2} \cdot \frac{y+z}{2} \cdot \frac{z+x}{2}$$

이다. 위 부등식을 정리하면

$$6xyz \leq xy^2 + x^2y + yz^2 + y^2z + zx^2 + z^2x \quad (1)$$

이다. 위 부등식이 성립함을 보이면 된다. 산술-기하평균 부등식에 의하여,

$$xy^2 + x^2y + yz^2 + y^2z + zx^2 + z^2x \geq 6\sqrt[6]{x^6 y^6 z^6}$$
$$= 6xyz$$

이다. 등호는 $x = y = z$일 때 성립한다.

다음 정리는 삼각부등식과 관련해서 수학계에서 가장 경이롭게 생각하는 7가지를 정리해 놓은 것이다. 증명은 예제를 통해서 살펴본다.

정리 **2.7.9 (Seven Wonders of the World)** ——

α, β, γ가 삼각형의 세 내각일 때(즉, $\alpha + \beta + \gamma = \pi$), 다음이 성립한다.

(1) $\sin\alpha + \sin\beta + \sin\gamma \leq \dfrac{3\sqrt{3}}{2}$.

(2) $\csc\alpha + \csc\beta + \csc\gamma \geq 2\sqrt{3}$.

(3) $1 < \cos\alpha + \cos\beta + \cos\gamma \leq \dfrac{3}{2}$.

(4) $\cot\alpha\cot\beta\cot\gamma \leq \dfrac{\sqrt{3}}{9}$.

(5) $\cot\alpha + \cot\beta + \cot\gamma \geq \sqrt{3}$.

(6) $\sin^2\alpha + \sin^2\beta + \sin^2\gamma \leq \dfrac{9}{4}$.

(7) $\cot^2\alpha + \cot^2\beta + \cot^2\gamma \geq 1$.

예제 **2.7.10** ——

α, β, γ가 삼각형의 세 내각일 때(즉, $\alpha + \beta + \gamma = \pi$),

$$\sin\alpha + \sin\beta + \sin\gamma \leq \frac{3\sqrt{3}}{2}$$

이 성립함을 증명하여라.

풀이

풀이 $f(x) = \sin x$는 $0 < x < \pi$에서 오목이므로, 젠센 부등식에 의하여,

$$\frac{\sin\alpha + \sin\beta + \sin\gamma}{3} \leq \sin\left(\frac{\alpha+\beta+\gamma}{3}\right) = \sin\frac{\pi}{3} = \frac{\sqrt{3}}{2}$$

이다.

예제 **2.7.11** ───────────────

α, β, γ가 삼각형의 세 내각일 때(즉, $\alpha + \beta + \gamma = \pi$),

$$\csc \alpha + \csc \beta + \csc \gamma \geq 2\sqrt{3}$$

이 성립함을 증명하여라.

풀이

풀이 $f(x) = \csc x$는 $0 < x < \pi$에서 볼록이므로, 젠센 부등식에 의하여,

$$\csc \alpha + \csc \beta + \csc \gamma \geq 3 \csc \left(\frac{\alpha + \beta + \gamma}{3} \right)$$
$$= 3 \csc \frac{\pi}{3}$$
$$= 2\sqrt{3}$$

이다.

[예제] **2.7.12** _____

α, β, γ가 예각삼각형의 세 내각일 때(즉, $\alpha+\beta+\gamma = \pi$),

$$1 < \cos\alpha + \cos\beta + \cos\gamma \le \frac{3}{2}$$

이 성립함을 증명하여라.

[풀이]

[풀이] (좌변 증명) $1 < \cos\alpha + \cos\beta + \cos\gamma$ 임을 보이기 위해 $\cos\alpha + \cos\beta + \cos\gamma = 1 + 4\sin\frac{\alpha}{2}\sin\frac{\beta}{2}\sin\frac{\gamma}{2}$ 임을 보이면 충분한다.

$$\cos\alpha + \cos\beta = 2\cos\frac{\alpha+\beta}{2}\cos\frac{\alpha-\beta}{2}$$
$$= 2\sin\frac{\gamma}{2}\cos\frac{\alpha-\beta}{2}$$
$$1 - \cos\gamma = 2\sin^2\frac{\gamma}{2}$$
$$= 2\sin\frac{\gamma}{2}\cos\frac{\alpha+\beta}{2}$$

이므로

$$\cos\alpha + \cos\beta + \cos\gamma$$
$$= 1 + 2\sin\frac{\gamma}{2}\left(\cos\frac{\alpha-\beta}{2} - \cos\frac{\alpha+\beta}{2}\right)$$
$$= 1 + 4\sin\frac{\alpha}{2}\sin\frac{\beta}{2}\sin\frac{\gamma}{2}$$

이다. 따라서 $1 < \cos\alpha + \cos\beta + \cos\gamma$이다.
(우변 증명) $0 < \alpha, \beta, \gamma < \frac{\pi}{2}$이고, $f(x) = \cos x$는 $0 < x < \frac{\pi}{2}$에서 오목이므로 젠센부등식에 의하여

$$\cos\alpha + \cos\beta + \cos\gamma \le 3\cos\left(\frac{\alpha+\beta+\gamma}{3}\right) = \frac{3}{2}$$

이다.

[예제] **2.7.13** _____

α, β, γ가 삼각형의 세 내각일 때(즉, $\alpha + \beta + \gamma = \pi$),

$$\cot\alpha\cot\beta\cot\gamma \leq \frac{\sqrt{3}}{9}$$

이 성립함을 증명하여라.

[풀이]

[풀이] 세 내각 중 한 각(그 각을 α라고 하자)이 예각이 아니면, 즉, $\alpha \geq \frac{\pi}{2}$이면, $\cot\alpha < 0$이므로 주어진 부등식은 자명하다. 그러므로 세 각이 모두 예각이라고 하자. $f(x) = \tan x$는 $0 < x < \frac{\pi}{2}$에서 볼록함수이고, $\gamma = \pi - (\alpha + \beta)$이므로 젠센 부등식에 의하여

$$\tan\alpha + \tan\beta + \tan\gamma \geq 3\tan\left(\frac{\alpha + \beta + \gamma}{3}\right) = 3\sqrt{3}$$

이다. 그런데, 예제 1.6.8에서,

$$\tan\alpha + \tan\beta + \tan\gamma = \tan\alpha\tan\beta\tan\gamma$$

이므로

$$\tan\alpha\tan\beta\tan\gamma \geq 3\sqrt{3}$$

이다. 따라서

$$\cot\alpha\cot\beta\cot\gamma \leq \frac{1}{3\sqrt{3}} = \frac{\sqrt{3}}{9}$$

이다.

[예제] **2.7.14** _____

α, β, γ가 삼각형의 세 내각일 때(즉, $\alpha + \beta + \gamma = \pi$),

$$\cot^2 \alpha + \cot^2 \beta + \cot^2 \gamma \geq 1$$

이 성립함을 보여라.

[풀이]

[풀이] 산술-기하평균 부등식에 의하여

$$\cot^2 \alpha + \cot^2 \beta \geq 2\cot \alpha \cot \beta$$
$$\cot^2 \beta + \cot^2 \gamma \geq 2\cot \beta \cot \gamma$$
$$\cot^2 \gamma + \cot^2 \alpha \geq 2\cot \gamma \cot \alpha$$

이다. 위 식의 변변을 더한 후 2로 나눈 후 정리하면,

$$\cot^2 \alpha + \cot^2 \beta + \cot^2 \gamma$$
$$\geq \cot \alpha \cot \beta + \cot \beta \cot \gamma + \cot \gamma \cot \alpha$$
$$= \cot \alpha \cot \beta - \cot \beta \cot(\alpha + \beta) - \cot(\alpha + \beta) \cot \alpha$$
$$= \cot \alpha \cot \beta - \cot(\alpha + \beta)(\cot \beta + \cot \alpha)$$
$$= \cot \alpha \cot \beta - \frac{\cot \alpha \cot \beta - 1}{\cot \alpha + \cot \beta}(\cot \beta + \cot \alpha)$$
$$= \cot \alpha \cot \beta - \cot \alpha \cot \beta + 1$$
$$= 1$$

이다.

예제 **2.7.15** ―――――――――――

α, β, γ가 삼각형의 세 내각일 때(즉, $\alpha + \beta + \gamma = \pi$),

$$\cot \alpha + \cot \beta + \cot \gamma \geq \sqrt{3}$$

이 성립함을 증명하여라.

풀이

풀이

$$\cot \alpha + \cot \beta = \frac{\cos \alpha}{\sin \alpha} + \frac{\cos \beta}{\sin \beta}$$
$$= \frac{\sin \beta \cos \alpha + \cos \beta \sin \alpha}{\sin \alpha \sin \beta} = \frac{\sin(\alpha + \beta)}{\sin \alpha \sin \beta}$$

이다. 또한,

$$\cos(\alpha - \beta) = \cos \alpha \cos \beta + \sin \alpha \sin \beta \leq 1$$
$$-\cos(\alpha + \beta) = -\cos \alpha \cos \beta + \sin \alpha \sin \beta = \cos \gamma$$

이다. 위 두 식을 변변 더하면

$$2 \sin \alpha \sin \beta \leq 1 + \cos \gamma$$

이다. 위 식의 양변에 $\sin(\alpha + \beta)$를 곱하면

$$2 \sin \alpha \sin \beta \sin(\alpha + \beta) \leq (1 + \cos \gamma) \sin(\alpha + \beta)$$

이다. $\sin(\alpha + \beta) = \sin(\pi - \gamma) = \sin \gamma$이므로

$$2 \sin \alpha \sin \beta \sin \gamma \leq (1 + \cos \gamma) \sin(\alpha + \beta)$$

이다. 양변을 $\sin \alpha \sin \beta (1 + \cos \gamma)$로 나누면

$$\frac{2 \sin \gamma}{1 + \cos \gamma} \leq \frac{\sin(\alpha + \beta)}{\sin \alpha \sin \beta}$$

이다. 따라서

$$\cot \alpha + \cot \beta + \cot \gamma = \frac{\sin(\alpha + \beta)}{\sin \alpha \sin \beta} + \cot \gamma$$
$$\geq \frac{2 \sin \gamma}{1 + \cos \gamma} + \frac{\cos \gamma}{\sin \gamma}$$
$$= \frac{1}{2} \left(\frac{4 \sin^2 \gamma + 2 \cos^2 \gamma + 2 \cos \gamma}{(1 + \cos \gamma) \sin \gamma} \right)$$
$$= \frac{1}{2} \left(\frac{3 \sin^2 \gamma + \cos^2 \gamma + 2 \cos \gamma + 1}{(1 + cos \gamma) \sin \gamma} \right)$$
$$= \frac{1}{2} \left(\frac{3 \sin^2 \gamma + (\cos \gamma + 1)^2}{(\cos \gamma + 1) \sin \gamma} \right)$$
$$= \frac{1}{2} \left(\frac{3 \sin \gamma}{\cos \gamma + 1} + \frac{\cos \gamma + 1}{\sin \gamma} \right)$$
$$\geq \sqrt{\frac{3 \sin \gamma}{\cos \gamma + 1} \cdot \frac{\cos \gamma + 1}{\sin \gamma}} = \sqrt{3}$$

이다.

예제 **2.7.16** ─────────────────────

α, β, γ가 삼각형의 세 내각일 때(즉, $\alpha + \beta + \gamma = \pi$),

$$\sin^2\alpha + \sin^2\beta + \sin^2\gamma \le \frac{9}{4}$$

이 성립함을 보여라.

풀이

풀이 $\sin\gamma = \sin(\pi - (\alpha + \beta)) = \sin(\alpha + \beta)$이므로,

$$\sin^2\alpha + \sin^2\beta + \sin^2\gamma$$
$$= \sin^2\alpha + \sin^2\beta + \sin^2(\alpha + \beta)$$
$$= \sin^2\alpha + \sin^2\beta + \sin^2\alpha\cos^2\beta$$
$$\quad + 2\sin\alpha\sin\beta\cos\alpha\cos\beta + \cos^2\alpha\sin^2\beta$$
$$= \sin^2\alpha + \sin^2\beta + (1 - \cos^2\alpha)\cos^2\beta$$
$$\quad + 2\sin\alpha\sin\beta\cos\alpha\cos\beta + \cos^2\alpha(1 - \cos^2\beta)$$
$$= \sin^2\alpha + \sin^2\beta + \cos^2\beta - \cos^2\alpha\cos^2\beta$$
$$\quad + 2\sin\alpha\sin\beta\cos\alpha\cos\beta + \cos^2\alpha$$
$$\qquad - \cos^2\alpha\cos^2\beta$$
$$= 2 - 2\cos^2\alpha\cos^2\beta + 2\sin\alpha\sin\beta\cos\alpha\cos\beta$$
$$= 2 - 2\cos\alpha\cos\beta(\cos\alpha\cos\beta - \sin\alpha\sin\beta)$$
$$= 2 - 2\cos\alpha\cos\beta\cos(\alpha + \beta)$$
$$= 2 + 2\cos\alpha\cos\beta\cos\gamma$$

이다. 정리 2.7.9 (예제 2.7.12)으로 부터
$$\frac{\cos\alpha + \cos\beta + \cos\gamma}{3} \le \frac{1}{2}, \left(\frac{\cos\alpha + \cos\beta + \cos\gamma}{3}\right)^3 \le \frac{1}{8}$$

이다. 산술-기하평균 부등식에 의하여,
$$\cos\alpha\cos\beta\cos\gamma \le \left(\frac{\cos\alpha + \cos\beta + \cos\gamma}{3}\right)^3 \le \frac{1}{8}$$

이다. 따라서
$$\sin^2\alpha + \sin^2\beta + \sin^2\gamma = 2 + 2\cos\alpha\cos\beta\cos\gamma$$
$$\le 2 + 2 \cdot \frac{1}{8} = \frac{9}{4}$$

이다.

정리 **2.7.17**

a, b, c가 삼각형 ABC의 세 변의 길이일 때,

$$abc \geq 8(s-a)(s-b)(s-c)$$

또는

$$abc \geq (b+c-a)(c+a-b)(a+b-c)$$

이고, 등호는 $a = b = c$일 때 성립한다. 단, $s = \frac{a+b+c}{2}$이다.

증명 a, b, c가 삼각형 ABC의 세 변의 길이이므로, $a = y+z, b = z+x, c = x+y$을 만족하는 양의 실수 x, y, z가 존재한다. 그러면, 주어진 부등식은 $(y+z)(z+x)(x+y) \geq 8xyz$가 된다. 이는 산술-기하 평균 부등식에 의하여,

$$(y+z)(z+x)(x+y) \geq 2\sqrt{yz} \cdot 2\sqrt{zx} \cdot 2\sqrt{xy} = 8xyz$$

이다. 단, 등호는 $x = y = z$일 때 성립한다. 따라서 주어진 부등식이 성립하고, $a = b = c$일 때, 등호가 성립한다.

정리 **2.7.18 (오일러의 정리)**

삼각형 ABC에서 R과 r을 각각 외접원과 내접원의 반지름의 길이라고 하자. 그러면 $R \geq 2r$이고, 등호는 삼각형 ABC가 정삼각형일 때이다.

증명 $BC = a, CA = b, AB = c, s = \frac{a+b+c}{2}$, 삼각형 ABC의 넓이를 S라 하자. 그러면

$$S = \frac{abc}{4R}, \quad S = rs, \quad S^2 = s(s-a)(s-b)(s-c)$$

가 성립한다. 그러므로 $R \geq 2r$임을 보이는 것은

$$\frac{abc}{4S} \geq 2\frac{S}{s}$$

또는

$$abc \geq 8\frac{S^2}{s}$$

또는

$$abc \geq 8(s-a)(s-b)(s-c)$$

를 보이는 것과 같다. 정리 2.7.17으로 부터 성립함을 알 수 있다. 등호는 $a = b = c$일 때, 즉 삼각형 ABC가 정삼각형일 때 성립한다.

예제 **2.7.19 (IMO, '1983)** ─────────

a, b, c가 한 삼각형의 세 변의 길이일 때,

$$a^2 b(a-b) + b^2 c(b-c) + c^2 a(c-a) \geq 0$$

이 성립함을 증명하여라.

풀이

풀이 a, b, c가 한 삼각형의 세 변의 길이이므로, $a = y+z$, $b = z+x$, $c = x+y$를 만족하는 양의 실수 x, y, z가 존재한다. 이를 주어진 식에 대입하면

$$x^3 z + y^3 x + z^3 y \geq x^2 yz + xy^2 z + xyz^2$$

이다. 양변을 xyz로 나누면

$$\frac{x^2}{y} + \frac{y^2}{z} + \frac{z^2}{x} \geq x + y + z \qquad (1)$$

이다. 코시-슈바르츠 부등식에 의하여,

$$(y+z+x)\left(\frac{x^2}{y} + \frac{y^2}{z} + \frac{z^2}{x}\right) \geq (x+y+z)^2$$

이 성립한다. 따라서 식 (1)이 성립한다. 등호는 $x = y = z$일 때, 즉 $a = b = c$일 때 성립한다.

2.8 연습문제

연습문제 **2.1** ★★——————————

양수 a, b, c에 대하여

$$\left(\frac{a}{b} + \frac{b}{c}\right)\left(\frac{b}{c} + \frac{c}{a}\right)\left(\frac{c}{a} + \frac{a}{b}\right) \geq 8$$

을 증명하여라.

연습문제 **2.2** ★★——————————

산술-기하평균 부등식을 이용하여, 양의 실수 a, b, c에 대하여 $a^2 + b^2 + c^2 \geq ab + bc + ca$를 증명하여라.

연습문제 **2.3** ★★★★————————

$abc = 1$을 만족하는 양의 실수 a, b, c에 대하여

$$\frac{1}{a^3(b+c)} + \frac{1}{b^3(c+a)} + \frac{1}{c^3(a+b)} \geq \frac{3}{2}$$

임을 증명하여라.

연습문제 **2.4** ★★★★————————

$abc = 1$을 만족하는 양의 실수 a, b, c에 대하여

$$\left(a - 1 + \frac{1}{b}\right)\left(b - 1 + \frac{1}{c}\right)\left(c - 1 + \frac{1}{a}\right) \leq 1$$

임을 증명하여라.

연습문제 **2.5** ★★★——————————

양의 실수 a, b, c에 대하여,

$$(a+b)^2 + (a+b+4c)^2 \geq \frac{100abc}{a+b+c}$$

임을 증명하여라.

연습문제 **2.6** ★★——————————

양의 실수 a, b, c에 대하여

$$(a^2 b + b^2 c + c^2 a)(ab^2 + bc^2 + ca^2) \geq 9a^2 b^2 c^2$$

이 성립함을 증명하여라.

연습문제 **2.7** ★★★———————————

$p(x)$를 양의 계수를 갖는 다항식이라고 하자. $x = 1$ 일 때, $p\left(\frac{1}{x}\right) \geq \frac{1}{p(x)}$이 성립한다면 모든 $x > 0$에 대하여 $p\left(\frac{1}{x}\right) \geq \frac{1}{p(x)}$이 성립함을 증명하여라.

연습문제 **2.8** ★★———————————

양의 실수 a, b, c, d에 대하여

$$\frac{1}{a} + \frac{1}{b} + \frac{4}{c} + \frac{16}{d} \geq \frac{64}{a+b+c+d}$$

이 성립함을 증명하여라.

연습문제 **2.9** ★★★★＿＿＿＿＿＿＿＿＿＿

$abc = 1$을 만족하는 양의 실수 a, b, c에 대하여

$$\frac{2}{(a+1)^2 + b^2 + 1} + \frac{2}{(b+1)^2 + c^2 + 1} + \frac{2}{(c+1)^2 + a^2 + 1} \leq 1$$

가 성립함을 증명하여라.

연습문제 **2.10** ★★★＿＿＿＿＿＿＿＿＿＿

양의 실수 a, b, c에 대하여

$$\frac{1}{a(b+1)} + \frac{1}{b(c+1)} + \frac{1}{c(a+1)} \geq \frac{3}{abc+1}$$

이 성립함을 증명하여라.

연습문제 **2.11** ★★★

양의 실수 a, b, x, y, z에 대하여

$$\frac{x}{ay+bz} + \frac{y}{az+bx} + \frac{z}{ax+by} \geq \frac{3}{a+b}$$

가 성립함을 증명하여라.

연습문제 **2.12** ★★★

정수 x, y, z가 관계식 $x+y-3z=3$, $x-y+z=5$를 만족할 때, $x^2+y^2+z^2$의 최솟값을 구하여라.

연습문제 **2.13** ★★★★——————

양의 실수 a, b, c, d에 대하여

$$a^4b + b^4c + c^4d + d^4a \geq abcd(a+b+c+d)$$

가 성립함을 증명하여라.

연습문제 **2.14** ★★★★★——————

음이 아닌 실수 a, b, c가 $a^2 + b^2 + c^2 + abc = 4$를 만족할 때,

$$0 \leq ab + bc + ca - abc \leq 2$$

임을 증명하여라.

연습문제 **2.15** ★★★★————————————————

양의 실수 a, b, c에 대하여,

$$\frac{\sqrt{b+c}}{a} + \frac{\sqrt{c+a}}{b} + \frac{\sqrt{a+b}}{c} \geq \frac{4(a+b+c)}{\sqrt{(a+b)(b+c)(c+a)}}$$

이 성립함을 증명하여라.

연습문제 **2.16** ★★★★————————————————

양의 실수 x_1, x_2, $\cdots$, x_n에 대하여

$$\frac{x_1^3}{x_1^2 + x_1 x_2 + x_2^2} + \frac{x_2^3}{x_2^2 + x_2 x_3 + x_3^2} + \cdots + \frac{x_n^3}{x_n^2 + x_n x_1 + x_1^2}$$
$$\geq \frac{x_1 + x_2 + \cdots + x_n}{3}$$

이 성립함을 증명하여라.

연습문제 **2.17** ★★★★

음이 아닌 실수 a, b, c에 대하여,

$$2a^6 + 2b^6 + 2c^6 + 16a^3b^3 + 16b^3c^3 + 16c^3a^3$$
$$\geq 9a^4(b^2 + c^2) + 9b^4(c^2 + a^2) + 9c^4(a^2 + b^2)$$

임을 증명하여라.

연습문제 **2.18** ★★★★

양의 실수 x, y, z에 대하여

$$\left(\frac{x}{y} + \frac{z}{\sqrt[3]{xyz}}\right)^2 + \left(\frac{y}{z} + \frac{x}{\sqrt[3]{xyz}}\right)^2 + \left(\frac{z}{x} + \frac{y}{\sqrt[3]{xyz}}\right)^2 \geq 12$$

임을 증명하여라.

연습문제 **2.19** ★★★★★————————

음이 아닌 실수 $x_1, x_2, \cdots, x_n$가 $x_1 + x_2 + \cdots + x_n = n$ 을 만족한다고 하자. 만약 $n = 1, 2, 3, 4$이면

$$x_1 x_2 + x_2 x_3 + \cdots + x_n x_1 \leq n$$

가 성립하고, $n \geq 5$이면

$$x_1 x_2 + x_2 x_3 + \cdots + x_n x_1 \leq n$$

가 성립하지 않음을 증명하여라.

연습문제 **2.20** ★★★★————————

양의 실수 a, b, c에 대하여

$$\frac{1}{a+b} + \frac{1}{b+c} + \frac{1}{c+a} \leq \frac{(a+b+c)^2}{6abc}$$

가 성립함을 증명하여라.

연습문제 **2.21** ★★★

함수 $f(x)$가

$$f(x) = \frac{c}{x+r}$$

로 정의되어 있다고 하자. 단, $c > 0$, r은 상수이다. 그러면, f는 $x > -r$에서 볼록함수임을 증명하여라.

연습문제 **2.22** ★★★

실수 x, y, z에 대하여

$$x^4 + y^4 + z^4 \geq x^3 y + y^3 z + z^3 x$$

가 성립함을 증명하여라.

연습문제 **2.23** ★★★————————

양의 실수 x, y가 관계식 $x^4 + y^4 = 1$을 만족시킬 때, $3x^2 + 2\sqrt{2}xy$의 최댓값을 구하여라.

연습문제 **2.24** ★★★★————————

n개의 정수 $x_1, x_2, \cdots, x_n$이 다음 세 조건을 만족한다.

   (i) $i = 1, 2, \cdots, n$에 대하여 $-1 \le x_i \le 2$이다.

   (ii) $x_1 + x_2 + \cdots + x_n = 27$이다.

   (iii) $x_1^2 + x_2^2 + \cdots + x_n^2 = 91$이다.

이때, $x_1^3 + x_2^3 + \cdots + x_n^3$의 최댓값과 최솟값을 구하여라.

연습문제 **2.25** ★★★

양의 실수 x, y, z에 대하여

$$\frac{2}{x+y} + \frac{2}{y+z} + \frac{2}{z+x} \geq \frac{9}{x+y+z}$$

이 성립함을 증명하여라.

연습문제 **2.26** ★★★

양의 실수 x, y에 대하여 다음 식의 최솟값을 구하여라.

$$\frac{x^2 + 2y^2 + 2x - 6y + 5}{xy}$$

연습문제 **2.27** ★★_____

실수 x에 대하여 $\dfrac{x^2+2}{\sqrt{x^2+1}} \geq 2$가 성립함을 증명하여라.

연습문제 **2.28** ★_____

n개의 양의 실수 $a_1, a_2, \cdots, a_n$이 $a_1 a_2 \cdots a_n = 1$을 만족할 때,

$$(1+a_1)(1+a_2)\cdots(1+a_n) \geq 2^n$$

이 성립함을 증명하여라.

양의 실수 x, y, z가 $xyz = 1$를 만족할 때, 다음 부등식을 증명하여라.

$$\frac{1}{(x+1)^2 + y^2 + 1} + \frac{1}{(y+1)^2 + z^2 + 1} + \frac{1}{(z+1)^2 + x^2 + 1} \le \frac{1}{2}.$$

양의 실수 a, b, c가 $abc = 1$을 만족할 때, 다음이 성립함을 보여라.

$$a(b^2 - \sqrt{b}) + b(c^2 - \sqrt{c}) + c(a^2 - \sqrt{a}) \ge 0$$

연습문제 **2.31** ★★★★★────────────

양의 실수 a, b, c가 $a+b+c = 3$을 만족할 때, 다음을
증명하여라.

(1) $a \leq b \leq 1 \leq c$이면,

$$\frac{1}{a+b} + \frac{1}{b+c} + \frac{1}{c+a} \geq \frac{1}{a+1} + \frac{1}{b+1} + \frac{1}{c+1}$$

이 성립함을 보여라.

(2) $a \leq 1 \leq b \leq c$이면,

$$\frac{1}{a+b} + \frac{1}{b+c} + \frac{1}{c+a} \leq \frac{1}{a+1} + \frac{1}{b+1} + \frac{1}{c+1}$$

이 성립함을 보여라.

연습문제 **2.32** ★★★★★────────────

$x_n = \sqrt[2]{2 + \sqrt[3]{3 + \sqrt{\cdots \sqrt[n]{n}}}}$ 이라 하자.

$$x_{n+1} - x_n < \frac{1}{n!}, \ n = 2, 3, \cdots$$

임을 증명하여라.

연습문제 **2.33** ★★★★————————

임의의 실수 x, y에 대하여

$$ax + by + 2 \leq \sqrt{(x+1)^2 + (y+\sqrt{3})^2}$$

일 때, 상수 a, b의 값을 구하여라.

연습문제 **2.34** ★★★————————

실수 x, y가 관계식 $x^4 - 2x^2y + 2y^2 - 10 = 0$을 만족시킬 때,

   (1) x의 최댓값과 최솟값을 구하여라.

   (2) y의 최댓값과 최솟값을 구하여라.

연습문제 **2.35** ★★★★

양의 실수 x, y가 관계식 $(x+y-xy)(x+y+xy) = xy$ 를 만족시킬 때, $x+y-xy$의 최솟값을 구하여라.

연습문제 **2.36** ★★★

양의 실수 a, b, c에 대하여

$$\frac{a}{b(b+c)^2} + \frac{b}{c(c+a)^2} + \frac{c}{a(a+b)^2} \geq \frac{9}{4(ab+bc+ca)}$$

가 성립함을 보여라.

연습문제 **2.37** ★★★★★

양의 실수 a, b에 대하여,

$$x + y = \sqrt[3]{a+b}$$

$$x^4 - y^4 = ax - by$$

를 만족하는 실수해의 순서쌍 (x, y)를 모두 구하여라.

연습문제 **2.38** ★★

양의 실수 x, y, z에 대하여, 다음을 증명하여라.

$$\frac{x^2}{(x+y)(x+z)} + \frac{y^2}{(y+z)(y+x)} + \frac{z^2}{(z+x)(z+y)} \geq \frac{3}{4}.$$

연습문제 **2.39** ★★————————————————

양의 실수 a, b, c, d, e에 대하여, 다음을 증명하여라.

$$\frac{a}{b+c} + \frac{b}{c+d} + \frac{c}{d+e} + \frac{d}{e+a} + \frac{e}{a+b} \geq \frac{5}{2}.$$

연습문제 **2.40** ★★————————————————

양의 실수 a, b, c가 $ab + bc + ca = \frac{1}{3}$을 만족할 때, 다음을 증명하여라.

$$\frac{a}{a^2 - bc + 1} + \frac{b}{b^2 - ca + 1} + \frac{c}{c^2 - ab + 1} \geq \frac{1}{a+b+c}.$$

연습문제 **2.41** ★★★

실수 x, y, z는 $x + y + z = \dfrac{1}{x} + \dfrac{1}{y} + \dfrac{1}{z} = xy + yz + zx$ 를 만족할 때, 다음 물음에 답하여라.

(1) x, y, z 중 적어도 하나는 1임을 보여라.

(2) $x > 0$, $y > 0$, $z > 0$의 범위에서 $xy + 2z$의 최솟값을 구하여라.

연습문제 **2.42** ★★★

실수 x, y, z가 $x^2 - yz - 8x + 7 = 0$, $y^2 + z^2 + yz - 6x + 6 = 0$을 만족할 때, 다음 물음에 답하여라.

(1) $y + z$를 x로 나타내고, x가 취할 수 있는 값의 범위를 구하여라.

(2) $xy + yz + zx$의 최댓값과 최솟값을 구하여라.

연습문제 풀이

연습문제풀이 **2.1** _____

양수 a, b, c에 대하여

$$\left(\frac{a}{b} + \frac{b}{c}\right)\left(\frac{b}{c} + \frac{c}{a}\right)\left(\frac{c}{a} + \frac{a}{b}\right) \geq 8$$

을 증명하여라.

풀이 산술-기하평균 부등식에 의하여,

$$\left(\frac{a}{b} + \frac{b}{c}\right)\left(\frac{b}{c} + \frac{c}{a}\right)\left(\frac{c}{a} + \frac{a}{b}\right) \geq 2\sqrt{\frac{a}{c}} \cdot 2\sqrt{\frac{b}{a}} \cdot 2\sqrt{\frac{c}{b}} = 8$$

이다. 등호는 $a = b = c$일 때 성립한다.

연습문제풀이 **2.2** _____

산술-기하평균 부등식을 이용하여, 양의 실수 $a, b,$ c에 대하여 $a^2 + b^2 + c^2 \geq ab + bc + ca$를 증명하여라.

풀이

$$a^2 + b^2 + c^2 = \frac{1}{2}(a^2 + b^2) + \frac{1}{2}(b^2 + c^2) + \frac{1}{2}(c^2 + a^2)$$
$$\geq \sqrt{a^2 b^2} + \sqrt{b^2 c^2} + \sqrt{c^2 a^2}$$
$$= ab + bc + ca$$

이다. 등호는 $a = b = c$일 때 성립한다.

연습문제풀이 **2.3 (IMO, '1995)** _____

$abc = 1$을 만족하는 양의 실수 a, b, c에 대하여

$$\frac{1}{a^3(b+c)} + \frac{1}{b^3(c+a)} + \frac{1}{c^3(a+b)} \geq \frac{3}{2}$$

임을 증명하여라.

풀이 $x = ab$, $y = bc$, $z = ca$라고 놓자. 그러면, $xyz = (abc)^2 = 1$이다. 주어진 부등식의 좌변은

$$\frac{1}{a^3(b+c)} + \frac{1}{b^3(c+a)} + \frac{1}{c^3(a+b)}$$
$$= \frac{y}{xz(x+z)} + \frac{z}{xy(x+y)} + \frac{x}{yz(y+z)}$$
$$= \frac{x^2}{y+z} + \frac{y^2}{x+z} + \frac{z^2}{x+y}$$

이 된다. 코시-슈바르츠 부등식에 의하여

$$\left(\frac{x^2}{y+z} + \frac{y^2}{z+x} + \frac{z^2}{x+y} \right) \left[(y+z) + (x+z) + (x+y) \right]$$
$$\geq (x+y+z)^2$$

이다. 그러므로

$$\frac{x^2}{y+z} + \frac{y^2}{x+z} + \frac{z^2}{x+y} \geq \frac{(x+y+z)^2}{2(x+y+z)}$$
$$= \frac{x+y+z}{2}$$
$$= \frac{3}{2} \left(\frac{x+y+z}{3} \right)$$
$$\geq \frac{3}{2} \sqrt[3]{xyz}$$
$$= \frac{3}{2}$$

이다. 등호는 $a = b = c = 1$일 때 성립한다.

연습문제풀이 **2.4 (IMO, '2000)** _____

$abc = 1$을 만족하는 양의 실수 a, b, c에 대하여

$$\left(a - 1 + \frac{1}{b} \right) \left(b - 1 + \frac{1}{c} \right) \left(c - 1 + \frac{1}{a} \right) \leq 1$$

임을 증명하여라.

풀이 $abc = 1$이므로 $a = \frac{y}{x}$, $b = \frac{z}{y}$, $c = \frac{x}{z}$로 두자. 그러면 주어진 식은

$$\left(\frac{y}{x} - 1 + \frac{y}{z} \right) \left(\frac{z}{y} - 1 + \frac{z}{x} \right) \left(\frac{x}{z} - 1 + \frac{x}{y} \right) \leq 1$$

이다. 위 식은 다시 다음과 같이 표현할 수 있다.

$$xyz \left(\frac{1}{x} - \frac{1}{y} + \frac{1}{z} \right) \left(\frac{1}{y} - \frac{1}{z} + \frac{1}{x} \right) \left(\frac{1}{z} - \frac{1}{x} + \frac{1}{y} \right) \leq 1.$$

즉,

$$\left(\frac{1}{x} - \frac{1}{y} + \frac{1}{z} \right) \left(\frac{1}{y} - \frac{1}{z} + \frac{1}{x} \right) \left(\frac{1}{z} - \frac{1}{x} + \frac{1}{y} \right) \leq \frac{1}{xyz}$$

이다. $p = \frac{1}{x}$, $q = \frac{1}{y}$, $r = \frac{1}{z}$으로 놓으면 위 부등식은

$$(p - q + r)(q - r + p)(r - p + q) \leq pqr$$

이다. 이를 전개하여 다시 정리하면,

$$p(p-q)(p-r) + q(q-r)(q-p) + r(r-q)(r-p) \geq 0$$

이 된다. 즉, 슈르부등식이 된다. 등호는 $p = q = r$일 때, 즉 $a = b = c$일 때 성립한다.

연습문제풀이 **2.5**

양의 실수 a, b, c에 대하여,

$$(a+b)^2 + (a+b+4c)^2 \geq \frac{100abc}{a+b+c}$$

임을 증명하여라.

풀이 산술-기하평균 부등식에 의하여,

$$a+b+c = \frac{a}{2} + \frac{a}{2} + \frac{b}{2} + \frac{b}{2} + c \geq 5\sqrt[5]{\frac{a^2 b^2 c}{16}} \qquad (1)$$

이고,

$$(a+b)^2 + (a+b+4c)^2$$
$$= 2(a^2 + b^2 + 8c^2 + 2ab + 4ac + 4bc)$$
$$= 2(a^2 + b^2 + 4c^2 + 4c^2 + ab + ab + 2ac + 2ac + 2bc + 2bc)$$
$$\geq 2 \cdot 10 \sqrt[10]{a^2 \cdot b^2 \cdot 4c^2 \cdot 4c^2 \cdot ab \cdot ab \cdot 2ac \cdot 2ac \cdot 2bc \cdot 2bc}$$
$$= 20\sqrt[5]{2^4 a^3 b^3 c^4} \qquad (2)$$

식 (1)과 (2)를 변변 곱하면

$$(a+b+c)\left[(a+b)^2 + (a+b+4c)^2\right]$$
$$\geq 20\sqrt[5]{2^4 a^3 b^3 c^4} \cdot 5\sqrt[5]{\frac{a^2 b^2 c}{16}}$$
$$= 100abc$$

이다. 따라서 주어진 부등식이 성립한다. 등호는 $a = b = 2c$일 때 성립한다.

연습문제풀이 **2.6**

양의 실수 a, b, c에 대하여

$$(a^2 b + b^2 c + c^2 a)(ab^2 + bc^2 + ca^2) \geq 9a^2 b^2 c^2$$

이 성립함을 증명하여라.

풀이1 산술-기하평균 부등식에 의하여,

$$(a^2 b + b^2 c + c^2 a)(ab^2 + bc^2 + ca^2)$$
$$\geq (3\sqrt[3]{a^3 b^3 c^3})(3\sqrt[3]{a^3 b^3 c^3})$$
$$= 9a^2 b^2 c^2$$

이다. 등호는 $a = b = c$일 때 성립한다.

풀이2 코시-슈바르츠 부등식에 의하여,

$$(a^2 b + b^2 c + c^2 a)(ab^2 + bc^2 + ca^2)$$
$$= (a^2 b + b^2 c + c^2 a)(bc^2 + ca^2 + ab^2)$$
$$\geq (\sqrt{a^2 b^2 c^2} + \sqrt{a^2 b^2 c^2} + \sqrt{a^2 b^2 c^2})^2$$
$$= 9a^2 b^2 c^2$$

이다. 등호는 $a = b = c$일 때 성립한다.

풀이3 좌변을 전개한 후, 산술-기하평균 부등식을 사용하자.

$$(a^2 b + b^2 c + c^2 a)(ab^2 + bc^2 + ca^2)$$
$$= a^3 b^3 + a^2 b^2 c^2 + a^4 bc + ab^4 c + b^3 c^3$$
$$\quad + a^2 b^2 c^2 + a^2 b^2 c^2 + abc^4 + a^3 c^3$$
$$= 9\sqrt[9]{a^{18} b^{18} c^{18}}$$
$$= 9a^2 b^2 c^2$$

이다. 등호는 $a = b = c$일 때 성립한다.

연습문제풀이 **2.7** _____

$p(x)$를 양의 계수를 갖는 다항식이라고 하자. $x = 1$ 일 때, $p\left(\dfrac{1}{x}\right) \geq \dfrac{1}{p(x)}$이 성립한다면 모든 $x > 0$에 대하여 $p\left(\dfrac{1}{x}\right) \geq \dfrac{1}{p(x)}$이 성립함을 증명하여라.

풀이 $p(x) = a_n x^n + a_{n-1} x^{n-1} + \cdots + a_1 x + a_0$라고 하자. 주어진 조건으로 부터 $p(1) \geq \dfrac{1}{p(1)}$이다. 즉 $(p(1))^2 \geq 1$이다. 코시-슈바르츠 부등식에 의하여,

$$p(x)p\left(\dfrac{1}{x}\right)$$
$$= (a_n x^n + \cdots + a_1 x + a_0)\left(a_n \dfrac{1}{x^n} + \cdots + a_1 \dfrac{1}{x} + a_0\right)$$
$$\geq (a_n + \cdots + a_1 + a_0)^2$$
$$= (p(1))^2 \geq 1$$

이다. 따라서 모든 $x > 0$에 대하여 $p\left(\dfrac{1}{x}\right) \geq \dfrac{1}{p(x)}$이 성립한다.

연습문제풀이 **2.8** _____

양의 실수 a, b, c, d에 대하여

$$\dfrac{1}{a} + \dfrac{1}{b} + \dfrac{4}{c} + \dfrac{16}{d} \geq \dfrac{64}{a+b+c+d}$$

이 성립함을 증명하여라.

풀이 주어진 부등식을 증명하는 것은

$$(a+b+c+d)\left(\dfrac{1}{a} + \dfrac{1}{b} + \dfrac{4}{c} + \dfrac{16}{d}\right) \geq 64$$

를 증명하는 것과 같다. 코시-슈바르츠 부등식에 의하여,

$$(a+b+c+d)\left(\dfrac{1}{a} + \dfrac{1}{b} + \dfrac{4}{c} + \dfrac{16}{d}\right) \geq (1+1+2+4)^2 = 64$$

이다. 등호는 $4a = 4b = 2c = d$일 때 성립한다.

연습문제풀이 **2.9** _____

$abc = 1$을 만족하는 양의 실수 a, b, c에 대하여

$$\frac{2}{(a+1)^2 + b^2 + 1} + \frac{2}{(b+1)^2 + c^2 + 1} + \frac{2}{(c+1)^2 + a^2 + 1} \leq 1$$

가 성립함을 증명하여라.

풀이 산술-기하평균 부등식에 의하여,

$$\frac{2}{(a+1)^2 + b^2 + 1} = \frac{2}{a^2 + b^2 + 2a + 2} \leq \frac{1}{ab + a + 1}$$

$$\frac{2}{(b+1)^2 + c^2 + 1} = \frac{2}{b^2 + c^2 + 2b + 2} \leq \frac{1}{bc + b + 1}$$

$$\frac{2}{(c+1)^2 + a^2 + 1} = \frac{2}{c^2 + a^2 + 2c + 2} \leq \frac{1}{ca + c + 1}$$

이다. $a = \frac{x}{y}$, $b = \frac{y}{z}$, $c = \frac{z}{x}$로 두면

$$\frac{1}{ab + a + 1} = \frac{1}{\frac{x}{z} + \frac{x}{y} + 1} = \frac{yz}{xy + yz + zx}$$

$$\frac{1}{bc + b + 1} = \frac{1}{\frac{y}{x} + \frac{y}{z} + 1} = \frac{zx}{xy + yz + zx}$$

$$\frac{1}{ca + c + 1} = \frac{1}{\frac{z}{y} + \frac{z}{x} + 1} = \frac{xy}{xy + yz + zx}$$

이다. 따라서

$$\frac{2}{(a+1)^2 + b^2 + 1} + \frac{2}{(b+1)^2 + c^2 + 1} + \frac{2}{(c+1)^2 + a^2 + 1}$$

$$\leq \frac{yz}{xy + yz + zx} + \frac{zx}{xy + yz + zx} + \frac{xy}{xy + yz + zx}$$

$$= 1$$

이다. 등호는 $a = b = c = 1$일 때 성립한다.

연습문제풀이 **2.10** _____

양의 실수 a, b, c에 대하여

$$\frac{1}{a(b+1)} + \frac{1}{b(c+1)} + \frac{1}{c(a+1)} \geq \frac{3}{abc + 1}$$

이 성립함을 증명하여라.

풀이 산술-기하평균 부등식에 의하여,

$$(abc + 1)\left(\frac{1}{a(b+1)} + \frac{1}{b(c+1)} + \frac{1}{c(a+1)}\right) + 3$$

$$= \frac{abc + ab + a + 1}{a(b+1)} + \frac{abc + bc + b + 1}{b(c+1)} + \frac{abc + ca + c + 1}{c(a+1)}$$

$$= \frac{a+1}{a(b+1)} + \frac{ab(c+1)}{a(b+1)} + \frac{b+1}{b(c+1)} + \frac{bc(a+1)}{b(c+1)} + \frac{c+1}{c(a+1)} + \frac{ca(b+1)}{c(a+1)}$$

$$\geq 6\sqrt[6]{\frac{a+1}{a(b+1)} \cdot \frac{ab(c+1)}{a(b+1)} \cdot \frac{b+1}{b(c+1)} \cdot \frac{bc(a+1)}{b(c+1)} \cdot \frac{c+1}{c(a+1)} \cdot \frac{ca(b+1)}{c(a+1)}}$$

$$= 6$$

이다. 따라서

$$(abc + 1)\left(\frac{1}{a(b+1)} + \frac{1}{b(c+1)} + \frac{1}{c(a+1)}\right) + 3 \geq 6$$

이다. 즉,

$$\frac{1}{a(b+1)} + \frac{1}{b(c+1)} + \frac{1}{c(a+1)} \geq \frac{3}{abc + 1}$$

이다. 등호는 $a = b = c = 1$일 때, 성립한다.

연습문제풀이 **2.11**

양의 실수 a, b, x, y, z에 대하여

$$\frac{x}{ay+bz} + \frac{y}{az+bx} + \frac{z}{ax+by} \geq \frac{3}{a+b}$$

가 성립함을 증명하여라.

풀이 항등식 $(a+b)(xy+yz+zx) = x(ay+bz) + y(az+bx) + z(ax+by)$을 이용하자. 그러면, 코시-슈바르츠 부등식에 의하여,

$$\begin{aligned}
&\left(x(ay+bz) + y(az+bx) + z(ax+by)\right) \\
&\quad \times \left(\frac{x}{ay+bz} + \frac{y}{az+bx} + \frac{z}{ax+by}\right) \\
&\geq (x+y+z)^2
\end{aligned}$$

이다. 또한,

$$(x+y+z)^2 \geq 3(xy+yz+zx)$$

이다. 위 두 부등식으로

$$\frac{x}{ay+bz} + \frac{y}{az+bx} + \frac{z}{ax+by} \geq \frac{3}{a+b}$$

이다. 등호는 $x = y = z$일 때 성립한다.

연습문제풀이 **2.12**

정수 x, y, z가 관계식 $x+y-3z=3$, $x-y+z=5$를 만족할 때, $x^2+y^2+z^2$의 최솟값을 구하여라.

풀이 주어진 관계식을 연립하여 x, y를 z에 관한 식으로 나타내면

$$x = z+4, \quad y = 2z-1$$

이다. 그러므로

$$\begin{aligned}
x^2+y^2+z^2 &= (z+4)^2 + (2z-1)^2 + z^2 \\
&= 6z^2 + 4z + 17 \\
&= 6\left(z+\frac{1}{3}\right)^2 + \frac{49}{3}
\end{aligned}$$

이다. $\left|z+\frac{1}{3}\right|$을 최소로 하는 정수 z의 값은 0이고, 이 때, $x = 4$, $y = -1$이다. 따라서 $x^2+y^2+z^2$의 최솟값은 17이다.

연습문제풀이 **2.13**

양의 실수 a, b, c, d에 대하여

$$a^4b + b^4c + c^4d + d^4a \geq abcd(a+b+c+d)$$

가 성립함을 증명하여라.

풀이 산술-기하평균 부등식에 의하여,

$$\frac{23a^4b + 7b^4c + 11c^4d + 10d^4a}{51} \geq \sqrt[51]{a^{102}b^{51}c^{51}d^{51}}$$

$$= a^2bcd$$

$$\frac{23b^4c + 7c^4d + 11d^4a + 10a^4b}{51} \geq \sqrt[51]{a^{51}b^{102}c^{51}d^{51}}$$

$$= ab^2cd$$

$$\frac{23c^4d + 7d^4a + 11a^4b + 10b^4c}{51} \geq \sqrt[51]{a^{51}b^{51}c^{102}d^{51}}$$

$$= abc^2d$$

$$\frac{23d^4a + 7a^4b + 11b^4c + 10c^4d}{51} \geq \sqrt[51]{a^{51}b^{51}c^{51}d^{102}}$$

$$= abcd^2$$

이다. 변변 더하면

$$a^4b + b^4c + c^4d + d^4a \geq abcd(a+b+c+d)$$

이다. 등호는 $a = b = c = d$일 때 성립한다.

연습문제풀이 **2.14 (USAMO, '2001)**

음이 아닌 실수 a, b, c가 $a^2 + b^2 + c^2 + abc = 4$를 만족할 때,

$$0 \leq ab + bc + ca - abc \leq 2$$

임을 증명하여라.

풀이 만약 a, b, c가 모두 1보다 크면, $a^2 + b^2 + c^2 + abc > 4$가 되어 주어진 조건을 만족하지 않는다. 대칭성의 원리에 의해서, $c \leq 1$이라고 가정해도 일반성을 잃지 않는다. 그러면,

$$ab + bc + ca - abc \geq ab + bc + ca - ab = c(a+b) \geq 0 \tag{1}$$

이다. 또한, 산술-기하평균 부등식에 의하여,

$$4 = a^2 + b^2 + c^2 + abc \geq 4\sqrt[4]{a^3b^3c^3}$$

이다. 그러므로 $abc \leq 1$, $3 \leq a^2 + b^2 + c^2$이다. 따라서 a, b, c 중 두 수는 1보다 크거나 같다 또는 두 수는 1보다 같거나 작다. 그러므로 $(a-1)(b-1) \geq 0$이라고 두어도 일반성을 잃지 않는다. 그래서,

$$(a-1)(b-1) \geq 0 \iff ab + 1 \geq a + b$$

$$\iff abc + c \geq ac + bc$$

$$\iff c \geq ac + bc - abc$$

이다. 따라서

$$ab + bc + ca - abc \leq ab + c$$

이다. 만약 $ab + c > 2$라고 가정하자. 그러면

$$4 = (a^2 + b^2) + c(c + ab) > 2ab + 2c = 2(ab + c) > 4$$

가 되어 모순이다. 그러므로

$$ab + bc + ca - abc \leq ab + c \leq 2 \qquad (2)$$

이다. 따라서 (1)과 (2)에 의하여

$$0 \leq ab + bc + ca - abc \leq 2$$

이다.

연습문제풀이 **2.15**

양의 실수 a, b, c에 대하여,

$$\frac{\sqrt{b+c}}{a} + \frac{\sqrt{c+a}}{b} + \frac{\sqrt{a+b}}{c} \geq \frac{4(a+b+c)}{\sqrt{(a+b)(b+c)(c+a)}}$$

이 성립함을 증명하여라.

풀이 주어진 부등식

$$\frac{\sqrt{b+c}}{a} + \frac{\sqrt{c+a}}{b} + \frac{\sqrt{a+b}}{c} \geq \frac{4(a+b+c)}{\sqrt{(a+b)(b+c)(c+a)}}$$

은

$$\frac{b+c}{a}\sqrt{(a+b)(a+c)} + \frac{c+a}{b}\sqrt{(b+a)(b+c)}$$
$$+ \frac{a+b}{c}\sqrt{(c+a)(c+b)}$$
$$\geq 4(a+b+c) \qquad (1)$$

와 동치이다. 코시-슈바르츠 부등식에 의하여,

$$\sqrt{(a+b)(a+c)} \geq a + \sqrt{bc}$$
$$\sqrt{(b+a)(b+c)} \geq b + \sqrt{ac} \qquad (2)$$
$$\sqrt{(c+a)(c+b)} \geq c + \sqrt{ab}$$

이다. 식 (2)를 식 (1)에 대입하면

$$(b+c)\frac{\sqrt{bc}}{a} + (c+a)\frac{\sqrt{ca}}{b} + (a+b)\frac{\sqrt{ab}}{c} \geq 2(a+b+c)$$

이 된다. 즉, 위 부등식을 보임으로써 주어진 부등식이 성립함을 보이면 충분하다. 이제, $a \geq b \geq c$라고 가정해도 일반성을 잃지 않는다. 그러면,

$$b+c \leq c+a \leq a+b \quad \text{이고,} \quad \frac{\sqrt{bc}}{a} \leq \frac{\sqrt{ca}}{b} \leq \frac{\sqrt{ab}}{c}$$

이다. 따라서 체비세프 부등식과 산술-기하평균 부
등식에 의하여,

$$(b+c)\frac{\sqrt{bc}}{a} + (c+a)\frac{\sqrt{ca}}{b} + (a+b)\frac{\sqrt{ab}}{c}$$

$$\geq \frac{(2(a+b+c))\left(\frac{\sqrt{bc}}{a} + \frac{\sqrt{ca}}{b} + \frac{\sqrt{ab}}{c}\right)}{3}$$

$$\geq 2(a+b+c)$$

이다. 등호는 $a = b = c$일 때, 성립한다.

연습문제풀이 **2.16** _____

양의 실수 $x_1, x_2, \cdots, x_n$에 대하여

$$\frac{x_1^3}{x_1^2 + x_1 x_2 + x_2^2} + \frac{x_2^3}{x_2^2 + x_2 x_3 + x_3^2} + \cdots + \frac{x_n^3}{x_n^2 + x_n x_1 + x_1^2}$$

$$\geq \frac{x_1 + x_2 + \cdots + x_n}{3}$$

이 성립함을 증명하여라.

풀이

$$(x_1 - x_2) + (x_2 - x_3) + \cdots (x_{n-1} - x_n) + (x_n - x_1) = 0$$

이므로

$$\frac{x_1^3 - x_2^3}{x_1^2 + x_1 x_2 + x_2^2} + \frac{x_2^3 - x_3^3}{x_2^2 + x_2 x_3 + x_3^2} + \cdots + \frac{x_n^3 - x_1^3}{x_n^2 + x_n x_1 + x_1^2}$$

$$= \sum_{i=1}^{n} \frac{x_i^3 - x_{i+1}^3}{x_i^2 + x_i x_{i+1} + x_{i+1}^2} = 0$$

이다. 단, $x_{n+1} = x_1$이다. 그러므로

$$\sum_{i=1}^{n} \frac{x_i^3}{x_i^2 + x_i x_{i+1} + x_{i+1}^2} = \frac{1}{2} \sum_{i=1}^{n} \frac{x_i^3 + x_{i+1}^3}{x_i^2 + x_i x_{i+1} + x_{i+1}^2}$$

이다. 그런데,

$$a^3 + b^3 \geq \frac{1}{3}a^3 + \frac{2}{3}a^2 b + \frac{2}{3}ab^2 + \frac{1}{3}b^3$$

$$= \frac{1}{3}(a+b)(a^2 + ab + b^2)$$

이므로,

$$\frac{1}{2} \sum_{i=1}^{n} \frac{x_i^3 + x_{i+1}^3}{x_i^2 + x_i x_{i+1} + x_{i+1}^2} \geq \frac{1}{2} \sum_{i=1}^{n} \frac{x_i + x_{i+1}}{3} = \frac{1}{3} \sum_{i=1}^{n} x_i$$

이다. 등호는 $x_1 = x_2 = \cdots = x_n$일 때 성립한다.

연습문제풀이 **2.17** _____

음이 아닌 실수 a, b, c에 대하여,

임을 증명하여라.

풀이 항등식

$$(a-b)^6 = a^6 - 6a^5b + 15a^4b^2 - 20a^3b^3$$
$$+ 15a^2b^4 - 6ab^5 + b^6 \geq 0$$

$$(b-c)^6 = b^6 - 6b^5c + 15b^4c^2 - 20b^3c^3$$
$$+ 15b^2c^4 - 6bc^5 + c^6 \geq 0 \tag{1}$$

$$(c-a)^6 = c^6 - 6c^5a + 15c^4a^2 - 20c^3a^3$$
$$+ 15c^2a^4 - 6ca^5 + a^6 \geq 0$$

과

$$ab(a-b)^4 = a^5b - 4a^4b^2 + 6a^3b^3$$
$$- 4a^2b^4 + ab^5 \geq 0$$

$$bc(b-c)^4 = b^5c - 4b^4c^2 + 6b^3c^3$$
$$- 4b^2c^4 + bc^5 \geq 0 \tag{2}$$

$$ca(c-a)^4 = c^5a - 4c^4a^2 + 6c^3a^3$$
$$- 4c^2a^4 + ca^5 \geq 0$$

에서 식 (1) 변변과 식 (2)을 6배하여 변변 모두 더
하면

$$2a^6 + 2b^6 + 2c^6 + 16a^3b^3 + 16b^3c^3 + 16c^3a^3$$
$$\geq 9a^4(b^2+c^2) + 9b^4(c^2+a^2) + 9c^4(a^2+b^2)$$

이다. 등호는 $a = b = c$일 때 성립한다.

연습문제풀이 **2.18 (CRUX, M252)** _____

양의 실수 x, y, z에 대하여

$$\left(\frac{x}{y} + \frac{z}{\sqrt[3]{xyz}}\right)^2 + \left(\frac{y}{z} + \frac{x}{\sqrt[3]{xyz}}\right)^2 + \left(\frac{z}{x} + \frac{y}{\sqrt[3]{xyz}}\right)^2 \geq 12$$

임을 증명하여라.

풀이 산술-기하평균 부등식에 의하여,

$$\frac{x}{y} + \frac{z}{\sqrt[3]{xyz}} \geq 2\sqrt{\frac{xz}{y\sqrt[3]{xyz}}}$$

$$\frac{y}{z} + \frac{x}{\sqrt[3]{xyz}} \geq 2\sqrt{\frac{yx}{z\sqrt[3]{xyz}}}$$

$$\frac{z}{x} + \frac{y}{\sqrt[3]{xyz}} \geq 2\sqrt{\frac{zy}{x\sqrt[3]{xyz}}}$$

이다. 따라서

$$\left(\frac{x}{y} + \frac{z}{\sqrt[3]{xyz}}\right)^2 + \left(\frac{y}{z} + \frac{x}{\sqrt[3]{xyz}}\right)^2 + \left(\frac{z}{x} + \frac{y}{\sqrt[3]{xyz}}\right)^2$$
$$\geq 4\left(\frac{xz}{y\sqrt[3]{xyz}} + \frac{yx}{z\sqrt[3]{xyz}} + \frac{zy}{x\sqrt[3]{xyz}}\right)$$

이다. 또 산술-기하평균 부등식에 의하여,

$$4\left(\frac{xz}{y\sqrt[3]{xyz}} + \frac{yx}{z\sqrt[3]{xyz}} + \frac{zy}{x\sqrt[3]{xyz}}\right)$$
$$\geq 4 \cdot 3\sqrt[3]{\frac{xz}{y\sqrt[3]{xyz}} \cdot \frac{yx}{z\sqrt[3]{xyz}} \cdot \frac{zy}{x\sqrt[3]{xyz}}}$$
$$= 12$$

이다. 따라서

$$\left(\frac{x}{y} + \frac{z}{\sqrt[3]{xyz}}\right)^2 + \left(\frac{y}{z} + \frac{x}{\sqrt[3]{xyz}}\right)^2 + \left(\frac{z}{x} + \frac{y}{\sqrt[3]{xyz}}\right)^2 \geq 12$$

이다. 등호는 $x = y = z$일 때 성립한다.

연습문제풀이 **2.19** _____

음이 아닌 실수 $x_1, x_2, \cdots, x_n$가 $x_1 + x_2 + \cdots + x_n = n$ 을 만족한다고 하자. 만약 $n = 1, 2, 3, 4$이면

$$x_1 x_2 + x_2 x_3 + \cdots + x_n x_1 \leq n$$

가 성립하고, $n \geq 5$이면

$$x_1 x_2 + x_2 x_3 + \cdots + x_n x_1 \leq n$$

가 성립하지 않음을 증명하여라.

풀이 $n = 1$이면 $x_1 = 1$이고, $x_1^2 \leq 1$이므로 성립한다.

$n = 2$라고 하자. $x_1 + x_2 = 2$이고, 산술-기하평균 부등식에 의하여, $\sqrt{x_1 x_2} \leq \frac{x_1 + x_2}{2} = 1$이다. 그러므로

$$x_1 x_2 + x_2 x_1 \leq 2$$

이다. 등호는 $x_1 = x_2 = 1$일 때 성립한다.

$n = 3$이라고 하자. $x_1 + x_2 + x_3 = 3$이고, 절대부등식

$$3(x_1 x_2 + x_2 x_3 + x_3 x_1) \leq (x_1 + x_2 + x_3)^2$$

으로 부터

$$x_1 x_2 + x_2 x_3 + x_3 x_1 \leq \frac{(x_1 + x_2 + x_3)^2}{3} = 3$$

이다. 등호는 $x_1 = x_2 = x_3 = 1$일 때 성립한다.

$n = 4$일 때, $x_1 + x_2 + x_3 + x_4 = 4$이고, 산술-기하평균 부등식에 의하여

$$\sqrt{x_1 x_2 + x_2 x_3 + x_3 x_4 + x_4 x_1} = \sqrt{(x_1 + x_3)(x_2 + x_4)}$$
$$\leq \frac{(x_1 + x_3) + (x_2 + x_4)}{2}$$
$$= 2$$

이다. 그러므로

$$x_1 x_2 + x_2 x_3 + x_3 x_4 + x_4 x_1 \leq 2^2 = 4$$

이다. 등호는 $x_1 = x_2 = x_3 = x_4 = 1$일 때 성립한다.

$n \geq 5$일 때, $x_1 = x_2 = \frac{1}{2}n$, $x_3 = \cdots = x_n = 0$이라고 두자. 그러면 $x_1 + x_2 + \cdots + x_n = n$이다. $n > 4$이므로

$$x_1 x_2 + x_2 x_3 + \cdots + x_n x_1 = \frac{n}{2} \cdot \frac{n}{2} = \frac{n}{4} \cdot n > \frac{4}{4} \cdot n = n$$

이다.

연습문제풀이 **2.20 (CRUX, M239)** _____

양의 실수 a, b, c에 대하여

$$\frac{1}{a+b} + \frac{1}{b+c} + \frac{1}{c+a} \le \frac{(a+b+c)^2}{6abc}$$

가 성립함을 증명하여라.

풀이 $(a+b)^2 - 4ab = (a-b)^2 \ge 0$이므로 $4ab \le (a+b)^2$이다. 마찬가지로, $4bc \le (b+c)^2$, $4ca \le (c+a)^2$이다. 그러므로

$$\begin{aligned}
4abc&\left(\frac{1}{a+b} + \frac{1}{b+c} + \frac{1}{c+a}\right) \\
&= \frac{4ab}{a+b}c + \frac{4bc}{b+c}a + \frac{4ca}{c+a}b \\
&\le (a+b)c + (b+c)a + (c+a)b \\
&= 2(ab + bc + ca) \tag{1}
\end{aligned}$$

이고, 절대부등식 $3(ab+bc+ca) \le (a+b+c)^2$으로 부터

$$ab + bc + ca \le \frac{(a+b+c)^2}{3} \tag{2}$$

이다. 식 (1)과 (2)로 부터

$$4abc\left(\frac{1}{a+b} + \frac{1}{b+c} + \frac{1}{c+a}\right) \le \frac{2}{3}(a+b+c)^2$$

이다. 양변을 $4abc$로 나누면 우리가 원하는 부등식이 나온다. 등호는 $a = b = c$일 때 성립한다.

연습문제풀이 **2.21** _____

함수 $f(x)$가

$$f(x) = \frac{c}{x+r}$$

로 정의되어 있다고 하자. 단, $c > 0$, r은 상수이다. 그러면, f는 $x > -r$에서 볼록함수임을 증명하여라.

풀이 산술-기하-조화평균 부등식에 의하여

$$\frac{1}{2}\big[f(x) + f(y)\big] = \frac{1}{2}\left[\frac{c}{x+r} + \frac{c}{y+r}\right] \ge \frac{c}{\sqrt{(x+r)(y+r)}}$$

이고,

$$\frac{(x+r) + (y+r)}{2} \ge \sqrt{(x+r)(y+r)}$$

이다. 따라서 위 부등식으로 부터 부터

$$\begin{aligned}
\frac{1}{2}\left[\frac{c}{x+r} + \frac{c}{y+r}\right] &\ge \frac{c}{\sqrt{(x+r)(y+r)}} \\
&\ge \frac{c}{\frac{x+y}{2} + r} \\
&= f\left(\frac{x+y}{2}\right)
\end{aligned}$$

이다. 따라서 $f(x)$는 볼록함수이다.

연습문제풀이 **2.22** _____

실수 x, y, z에 대하여

$$x^4 + y^4 + z^4 \geq x^3 y + y^3 z + z^3 x$$

가 성립함을 증명하여라.

풀이 산술-기하평균 부등식에 의하여,

$$\begin{aligned}
\frac{3x^4 + y^4}{4} &= \frac{x^4 + x^4 + x^4 + y^4}{4} \\
&\geq \sqrt[4]{x^4 \cdot x^4 \cdot x^4 \cdot y^4} \\
&\geq |x^3 y| \\
&\geq x^3 y
\end{aligned}$$

이다. 마찬가지로

$$\frac{3y^4 + z^4}{4} \geq y^3 z, \quad \frac{3z^4 + x^4}{4} \geq z^3 x$$

이다. 따라서

$$x^4 + y^4 + z^4 \geq x^3 y + y^3 z + z^3 x$$

가 성립한다. 등호는 $x = y = z$일 때 성립한다.

연습문제풀이 **2.23** _____

양의 실수 x, y가 관계식 $x^4 + y^4 = 1$을 만족시킬 때, $3x^2 + 2\sqrt{2}xy$의 최댓값을 구하여라.

풀이 $2\sqrt{2}xy \leq x^2 + 2y^2$이므로 $3x^2 + 2\sqrt{2}xy \leq 4x^2 + 2y^2$이다. 또한, 코시-슈바르츠 부등식에 의하여,

$$(4x^2 + 2y^2)^2 \leq (4^2 + 2^2)(x^4 + y^4)$$

이 성립한다. 즉, $4x^2 + 2y^2 \leq \sqrt{4^2 + 2^2}\sqrt{x^4 + y^4}$이다. 따라서

$$3x^2 + 2\sqrt{2}xy \leq 2\sqrt{5}$$

이다. 등호는 $x^2 = 2y^2 = \frac{2\sqrt{5}}{5}$일 때 성립한다. 구하는 최댓값은 $2\sqrt{5}$이다.

2.24 (경기도 수학경시, '2006) ____

n개의 정수 $x_1, x_2, \cdots, x_n$이 다음 세 조건을 만족한다.

(i) $i = 1, 2, \cdots, n$에 대하여 $-1 \le x_i \le 2$이다.

(ii) $x_1 + x_2 + \cdots + x_n = 27$이다.

(iii) $x_1^2 + x_2^2 + \cdots + x_n^2 = 91$이다.

이때, $x_1^3 + x_2^3 + \cdots + x_n^3$의 최댓값과 최솟값을 구하여라.

풀이 a, b, c를 $x_1, x_2, \cdots, x_n$에서 $-1, 1, 2$의 개수라고 하자.(0의 개수는 고려할 필요가 없기 때문에 생각하지 않는다.) 그러면, a, b, c는

$$-a + b + 2c = 27, \qquad a + b + 4c = 91$$

을 만족하는 음의 아닌 정수이다. 위 부정방정식에서 a, b를 c에 대한 변수로 표현하면, $a = 32 - c$, $b = 59 - 3c$가 된다. 여기서, $b \ge 0$이므로, $0 \le c \le 19$이다. 그러므로

$$x_1^3 + x_2^3 + \cdots + x_n^3 = -a + b + 8c = 27 + 6c$$

이다. 따라서 $c = 0(a = 32, b = 59)$일 때, 최솟값 27을 갖고, $c = 19(a = 13, b = 2)$일 때, 최댓값을 141를 갖는다.

2.25 ____

양의 실수 x, y, z에 대하여

$$\frac{2}{x+y} + \frac{2}{y+z} + \frac{2}{z+x} \ge \frac{9}{x+y+z}$$

이 성립함을 증명하여라.

풀이

$$
\begin{aligned}
\frac{2}{x+y} + \frac{2}{y+z} + \frac{2}{z+x} &= \frac{(\sqrt{2})^2}{x+y} + \frac{(\sqrt{2})^2}{y+z} + \frac{(\sqrt{2})^2}{z+x} \\
&\ge \frac{(\sqrt{2} + \sqrt{2} + \sqrt{2})^2}{x+y+y+z+z+x} \\
&= \frac{(3\sqrt{2})^2}{2(x+y+z)} \\
&= \frac{9}{x+y+z}
\end{aligned}
$$

이다. 등호는 $x = y = z$일 때 성립한다.

연습문제풀이 **2.26 (KMO, '2007)** _____

양의 실수 x, y에 대하여 다음 식의 최솟값을 구하
여라.

$$\frac{x^2 + 2y^2 + 2x - 6y + 5}{xy}$$

풀이

$$\frac{x^2 + 2y^2 + 2x - 6y + 5}{xy} = \frac{(x - y + 1)^2 + (y - 2)^2 + 2xy}{xy}$$

$$= \frac{(x - y + 1)^2 + (y - 2)^2}{xy} + 2$$

이므로 $y = 2$, $x = 1$일 때, 최솟값 2를 갖는다.

연습문제풀이 **2.27** _____

실수 x에 대하여 $\dfrac{x^2 + 2}{\sqrt{x^2 + 1}} \geq 2$가 성립함을 증명하여
라.

풀이 산술-기하평균 부등식에 의하여

$$\frac{x^2 + 2}{\sqrt{x^2 + 1}} = \frac{x^2 + 1}{\sqrt{x^2 + 1}} + \frac{1}{\sqrt{x^2 + 1}} = \sqrt{x^2 + 1} + \frac{1}{\sqrt{x^2 + 1}} \geq 2$$

이다. 등호는 $x = 0$일 때 성립한다.

n개의 양의 실수 $a_1, a_2, \cdots, a_n$이 $a_1 a_2 \cdots a_n = 1$을 만족할 때,

$$(1 + a_1)(1 + a_2) \cdots (1 + a_n) \geq 2^n$$

이 성립함을 증명하여라.

풀이 산술-기하평균 부등식에 의하여

$$s \frac{1 + a_1}{2} \cdot \frac{1 + a_2}{2} \cdots \frac{1 + a_n}{2} \geq \sqrt{a_1} \sqrt{a_2} \cdots \sqrt{a_n}$$

$$= \sqrt{a_1 a_2 \cdots a_n} = 1$$

이다. 등호는 따라서 $a_1 = a_2 = \cdots = a_n = 1$일 때 성립한다. 따라서 $(1 + a_1)(1 + a_2) \cdots (1 + a_n) \geq 2^n$이다.

양의 실수 x, y, z가 $xyz = 1$를 만족할 때, 다음 부등식을 증명하여라.

$$\frac{1}{(x+1)^2 + y^2 + 1} + \frac{1}{(y+1)^2 + z^2 + 1} + \frac{1}{(z+1)^2 + x^2 + 1} \leq \frac{1}{2}.$$

풀이 양의 실수 a, b에 대하여, $a^2 + b^2 \geq 2ab$이므로 $\frac{1}{a^2 + b^2} \leq \frac{1}{2ab}$이다. 이 사실로 부터

$$\frac{1}{(x+1)^2 + y^2 + 1} = \frac{1}{2 + x^2 + y^2 + 2x} \leq \frac{1}{2(1 + x + xy)}$$

$$\frac{1}{(y+1)^2 + z^2 + 1} = \frac{1}{2 + y^2 + z^2 + 2y} \leq \frac{1}{2(1 + y + yz)}$$

$$\frac{1}{(z+1)^2 + x^2 + 1} = \frac{1}{2 + z^2 + x^2 + 2z} \leq \frac{1}{2(1 + z + zx)}$$

이 성립한다. $xyz = 1$이므로

$$x = \frac{b}{a}, y = \frac{c}{b}, z = \frac{a}{c}$$

를 대입하면

$$\frac{1}{2(1 + x + xy)} = \frac{a}{2(a + b + c)}$$

$$\frac{1}{2(1 + y + yz)} = \frac{b}{2(a + b + c)}$$

$$\frac{1}{2(1 + z + zx)} = \frac{c}{2(a + b + c)}$$

이다. 변변 더하면,

$$\frac{1}{2(1 + x + xy)} + \frac{1}{2(1 + y + yz)} + \frac{1}{2(1 + z + zx)} = \frac{1}{2}$$

이다. 따라서

$$\frac{1}{(x+1)^2 + y^2 + 1} + \frac{1}{(y+1)^2 + z^2 + 1} + \frac{1}{(z+1)^2 + x^2 + 1} \leq \frac{1}{2}$$

이다.

연습문제풀이 **2.30 (MathRef J14, '2006)**

양의 실수 a, b, c가 $abc = 1$을 만족할 때, 다음이 성립함을 보여라.

$$a(b^2 - \sqrt{b}) + b(c^2 - \sqrt{c}) + c(a^2 - \sqrt{a}) \geq 0$$

풀이 $abc = 1$이므로

$$a = \frac{x^2}{y^2}, b = \frac{y^2}{z^2}, c = \frac{z^2}{x^2}$$

을 부등식에 대입하면

$$\frac{x^2 y^2}{z^4} + \frac{y^2 z^2}{x^4} + \frac{z^2 x^2}{y^4} \geq \frac{x^2}{yz} + \frac{y^2}{zx} + \frac{z^2}{xy}$$

이 된다. 양변을 $x^2 y^2 z^2$으로 나누면

$$\frac{1}{z^6} + \frac{1}{x^6} + \frac{1}{y^6} \geq \frac{1}{y^3 z^3} + \frac{1}{z^3 x^3} + \frac{1}{x^3 y^3}$$

이 된다. 이제 $p = \frac{1}{x^3}, q = \frac{1}{y^3}, r = \frac{1}{z^3}$로 놓으면, 위 식은 절대부등식

$$p^2 + q^2 + r^2 \geq pq + qr + rp$$

가 된다. 따라서 주어진 부등식은 성립한다.

연습문제풀이 **2.31 (MathRef S5, '2006)**

양의 실수 a, b, c가 $a+b+c = 3$을 만족할 때, 다음을 증명하여라.

(1) $a \leq b \leq 1 \leq c$이면,

$$\frac{1}{a+b} + \frac{1}{b+c} + \frac{1}{c+a} \geq \frac{1}{a+1} + \frac{1}{b+1} + \frac{1}{c+1}$$

이 성립함을 보여라.

(2) $a \leq 1 \leq b \leq c$이면,

$$\frac{1}{a+b} + \frac{1}{b+c} + \frac{1}{c+a} \leq \frac{1}{a+1} + \frac{1}{b+1} + \frac{1}{c+1}$$

이 성립함을 보여라.

풀이 $a + b + c = 3$이므로

$$\left(\frac{1}{a+b} - \frac{1}{c+1} \right) + \left(\frac{1}{b+c} - \frac{1}{a+1} \right) + \left(\frac{1}{c+a} - \frac{1}{b+1} \right)$$
$$= \frac{c+1-(a+b)}{(a+b)(c+1)} + \frac{a+1-(b+c)}{(b+c)(a+1)} + \frac{b+1-(c+a)}{(c+a)(b+1)}$$
$$= 2 \left(\frac{c-1}{(a+b)(c+1)} + \frac{a-1}{(b+c)(a+1)} + \frac{b-1}{(c+a)(b+1)} \right)$$

이다. 그런데,

$$\frac{a-1}{(b+c)(a+1)} + \frac{b-1}{(c+a)(b+1)} + \frac{c-1}{(a+b)(c+1)}$$
$$= \frac{a-1}{(b+c)(a+1)} + \frac{b-1}{(c+a)(b+1)} - \frac{a+b-2}{(a+b)(c+1)}$$
$$= \frac{a-1}{(b+c)(a+1)} - \frac{a-1}{(a+b)(c+1)} + \frac{b-1}{(a+c)(b+1)} - \frac{b-1}{(a+b)(c+1)}$$
$$= \frac{(a-1)(b-1)(c-a)}{(b+c)(a+1)(a+b)(c+1)} + \frac{(a-1)(b-1)(c-b)}{(a+c)(b+1)(c+a)(c+1)}$$

이다. 문제 (1)과 (2)에서 주어진 조건 모두 $c - a \geq 0$, $c - b \geq 0$이다.

(1) 만약 $a \leq b \leq 1$이면, $(a-1)(b-1) \geq 0$이 된다. 따라서

$$\frac{1}{a+b} + \frac{1}{b+c} + \frac{1}{c+a} \geq \frac{1}{a+1} + \frac{1}{b+1} + \frac{1}{c+1}$$

이다.

(2) 만약 $a \le 1 \le b$이면, $(a-1)(b-1) \le 0$이 된다. 따라서

$$\frac{1}{a+b} + \frac{1}{b+c} + \frac{1}{c+a} \le \frac{1}{a+1} + \frac{1}{b+1} + \frac{1}{c+1}$$

이다.

연습문제풀이 **2.32** _____

$x_n = \sqrt[2]{2 + \sqrt[3]{3 + \sqrt{\cdots \sqrt[n]{n}}}}$ 이라 하자.

$$x_{n+1} - x_n < \frac{1}{n!}, \ n = 2, 3, \cdots$$

임을 증명하여라.

풀이 $n > 2$에 대해 고정시키자.

$$a_k = \sqrt[k]{k + \sqrt[k+1]{k+1 + \cdots + \sqrt[n]{n + \sqrt[n+1]{n+1}}}}$$

$$b_k = \sqrt[k]{k + \sqrt[k+1]{k+1 + \cdots + \sqrt[n]{n}}}$$

$$c_k = a_k^{k-1} + a_k^{k-2} b_k + \cdots + a_k b_k^{k-2} + b_k^{k-1} \quad (1)$$

그러면 $a_k^k - b_k^k = a_{k+1} - b_{k+1} = \frac{a_{k+1}^{k+1} - b_{k+1}^{k+1}}{c_{k+1}}$ 이다.

$$a_2^2 - b_2^2 = \frac{a_3^3 - b_3^3}{c_3}$$

$$a_3^3 - b_3^3 = \frac{a_4^4 - b_4^4}{c_4}$$

$$\vdots$$

$$a_{n-1}^{n-1} - b_{n-1}^{n-1} = \frac{a_n^n - b_n^n}{c_n}$$

위 식을 다 곱하면

$$a_2^2 - b_2^2 = \frac{a_n^n - b_n^n}{c_3 c_4 \cdots c_n} = \frac{(n+1)^{\frac{1}{n+1}}}{c_3 c_4 \cdots c_n}$$

$$x_{n+1} - x_n = a_2 - b_2 = \frac{a_2^2 - b_2^2}{c_2} = \frac{(n+1)^{\frac{1}{n+1}}}{c_2 c_3 \cdots c_n}$$

$k^{\frac{1}{n+1}} < k^{\frac{1}{k}} \le b_k < a_k$이므로, 식 (1)에서 $c_k > k^{1 + \frac{k-1}{n+1}}$ 이다. 그러므로 $c_2 c_3 \cdots c_n > n! \cdot n^{\frac{n-1}{n+1}}$ 이다. 그래서

$$x_{n+1} - x_n < \frac{1}{n!} \cdot \left(\frac{n+1}{n^{n-1}} \right)^{\frac{1}{n+1}} < \frac{1}{n!}$$

이다. $n = 2$일 때는 직접 계산하여 알 수 있다.

연습문제풀이 **2.33 (고려대 경시, '1988)** ————

임의의 실수 x, y에 대하여

$$ax + by + 2 \le \sqrt{(x+1)^2 + (y+\sqrt{3})^2}$$

일 때, 상수 a, b의 값을 구하여라.

풀이 먼저 $x = -1$, $y = -\sqrt{3}$을 대입하여 정리하면, $a + \sqrt{3}b \ge 2$이다. 또, $x = 1$, $y = \sqrt{3}$을 대입하여 정리하면, $a + \sqrt{3}b \le 2$이다. 그러므로

$$a + \sqrt{3}b = 2 \tag{1}$$

한편,

$$4(a^2 + b^2) - (a + \sqrt{3}b)^2 = 3a^2 + b^2 - 2\sqrt{3}ab$$
$$= (\sqrt{3}a - b)^2 \ge 0 \tag{2}$$

이다. 따라서 식 (1)에 의하여

$$4(a^2 + b^2) \ge (a + \sqrt{3}b)^2 = 4$$

이다. 즉, $a^2 + b^2 \ge 1$이다. 이제 $x = a-1$, $y = b-\sqrt{3}$을 대입하여 정리하면

$$a^2 + b^2 \le \sqrt{a^2 + b^2}$$

이다. 즉, $a^2 + b^2 \le 1$이다. 따라서 $a^2 + b^2 = 1$이다. 그러므로

$$b = \sqrt{3}a$$

이고, 위 식과 식 (1)로 부터

$$a = \frac{1}{2}, \quad b = \frac{\sqrt{3}}{2}$$

이다.

연습문제풀이 **2.34 (충남대 경시, '2006)** ————

실수 x, y가 관계식 $x^4 - 2x^2y + 2y^2 - 10 = 0$을 만족시킬 때,

(1) x의 최댓값과 최솟값을 구하여라.

(2) y의 최댓값과 최솟값을 구하여라.

풀이

(1) $2y^2 - 2x^2y + x^4 - 10 = 0$이고, y가 실수이므로, 판별식 $\frac{D}{4} = x^4 - 2(x^4 - 10) \ge 0$이고 이를 풀면 $-\sqrt[4]{20} \le x \le \sqrt[4]{20}$이다. 따라서 최댓값은 $\sqrt[4]{20}$이고, 최솟값은 $-\sqrt[4]{20}$이다.

(2) $X = x^2 \ge 0$라 두면,

$$X^2 - 2yX + 2y^2 - 10 = (X - y)^2 + y^2 - 10 = 0$$

이다. $y \ge 0$일 때, $y^2 - 10 \le 0$이므로 $0 \le y \le \sqrt{10}$이다. $y < 0$일 때, $2y^2 - 10 \le 0$이므로 $-\sqrt{5} \le y < 0$이다. 따라서 최댓값은 $\sqrt{10}$이고, 최솟값은 $-\sqrt{5}$이다.

2.35 (충남대 경시, '2006) _____

양의 실수 x, y가 관계식 $(x+y-xy)(x+y+xy) = xy$ 를 만족시킬 때, $x+y-xy$의 최솟값을 구하여라.

풀이 주어진 식에서

$$xy = (x+y-xy)(x+y+xy) = (x+y)^2 - (xy)^2$$

이다. 그러므로

$$(x+y)^2 = xy(xy+1)$$

이다. 따라서

$$x+y-xy = \sqrt{xy(xy+1)} - xy$$
$$= \frac{xy}{\sqrt{xy(xy+1)} + xy}$$
$$= \frac{1}{\sqrt{1+\frac{1}{xy}}+1}$$

이다. 그런데, $xy(xy+1) = (x+y)^2 \geq 4xy$이므로 $xy \geq 3$이다. 따라서

$$x+y-xy \geq \frac{1}{\frac{2}{\sqrt{3}}+1} = 2\sqrt{3}-3$$

이다. 등호는 $x = y = \sqrt{3}$일 때 성립한다. 따라서 $x+y-xy$의 최솟값은 $2\sqrt{3}-3$이다.

2.36 (MathRef J48, '2007) _____

양의 실수 a, b, c에 대하여

$$\frac{a}{b(b+c)^2} + \frac{b}{c(c+a)^2} + \frac{c}{a(a+b)^2} \geq \frac{9}{4(ab+bc+ca)}$$

가 성립함을 보여라.

풀이 코시-슈바르츠 부등식에 의하여,

$$(ab+bc+ca)\left(\frac{a}{b(b+c)^2} + \frac{b}{c(c+a)^2} + \frac{c}{a(a+b)^2}\right)$$
$$\geq \left(\frac{a}{b+c} + \frac{b}{c+a} + \frac{c}{a+b}\right)^2$$

이다. 또한, 네스빗 부등식에 의하여,

$$\frac{a}{b+c} + \frac{b}{c+a} + \frac{c}{a+b} \geq \frac{3}{2}$$

이다. 따라서 위 두 부등식으로 부터

$$\frac{a}{b(b+c)^2} + \frac{b}{c(c+a)^2} + \frac{c}{a(a+b)^2} \geq \frac{9}{4(ab+bc+ca)}$$

이다. 등호는 $a = b = c$일 때 성립한다.

연습문제풀이 **2.37 (MathRef J45, '2007)** _____

양의 실수 a, b에 대하여,

$$x + y = \sqrt[3]{a + b}$$

$$x^4 - y^4 = ax - by$$

를 만족하는 실수해의 순서쌍 (x, y)를 모두 구하여라.

풀이

$$x^4 - y^4 = (x - y)(x^3 + x^2 y + x y^2 + y^3)$$
$$= (x - y)\left[(x + y)^3 - 2xy(x + y)\right]$$

이므로 주어진 조건을 대입하면,

$$(x - y)(a + b - 2xy(x + y)) = ax - by$$

이다. 이를 정리하면

$$bx - ay = 2xy(x + y)(x - y) = 2xy(x^2 - y^2)$$

이다. 따라서

$$
\begin{aligned}
(a - b)(x + y) &= (ax - by) - (bx - ay) \\
&= (x^4 - y^4) - 2xy(x^2 - y^2) \\
&= (x^2 - y^2)(x - y)^2 \\
&= (x + y)(x - y)^3
\end{aligned}
$$

이다. 만약 $a + b \neq 0$이면 $x + y \neq 0$이 되어

$$x - y = \sqrt[3]{a - b}$$

이다. 이를 만족하는 해는

$$(x, y) = \left(\frac{\sqrt[3]{a+b} + \sqrt[3]{a-b}}{2}, \frac{\sqrt[3]{a+b} - \sqrt[3]{a-b}}{2} \right)$$

이다. 만약 $a + b = 0$이면 $x + y = 0$이 되어 $x^4 - y^4 = 0 = a(x + y) = ax - by$이다. 그러면 $(x, y) = (k, -k)$가 해가 된다. 이것은 $a + b \neq 0$일 때, 구한 해의 특별한 경우이므로 새로운 해는 아니다. 따라서 주어진 연립방정식의 해의 순서쌍은

$$(x, y) = \left(\frac{\sqrt[3]{a+b} + \sqrt[3]{a-b}}{2}, \frac{\sqrt[3]{a+b} - \sqrt[3]{a-b}}{2} \right)$$

이다.

연습문제풀이 **2.38**

양의 실수 x, y, z에 대하여, 다음을 증명하여라.

$$\frac{x^2}{(x+y)(x+z)} + \frac{y^2}{(y+z)(y+x)} + \frac{z^2}{(z+x)(z+y)} \geq \frac{3}{4}.$$

풀이 T_2의 도움정리의 확장으로부터

$$\frac{x^2}{(x+y)(x+z)} + \frac{y^2}{(y+z)(y+x)} + \frac{z^2}{(z+x)(z+y)}$$
$$\geq \frac{(x+y+z)^2}{x^2+y^2+z^2+3(xy+yz+zx)} \tag{1}$$

이다. 절대부등식 $x^2 + y^2 + z^2 \geq xy + yz + zx$을 이용하면, 식 (1)은

$$\frac{(x+y+z)^2}{x^2+y^2+z^2+3(xy+yz+zx)} \geq \frac{3}{4}$$

이다. 따라서

$$\frac{x^2}{(x+y)(x+z)} + \frac{y^2}{(y+z)(y+x)} + \frac{z^2}{(z+x)(z+y)} \geq \frac{3}{4}$$

이다. 단, 등호는 $x = y = z$일 때, 성립한다.

연습문제풀이 **2.39**

양의 실수 a, b, c, d, e에 대하여, 다음을 증명하여라.

$$\frac{a}{b+c} + \frac{b}{c+d} + \frac{c}{d+e} + \frac{d}{e+a} + \frac{e}{a+b} \geq \frac{5}{2}.$$

풀이 T_2의 도움정리의 확장으로부터

$$\frac{a}{b+c} + \frac{b}{c+d} + \frac{c}{d+e} + \frac{d}{e+a} + \frac{e}{a+b}$$
$$= \frac{a^2}{ab+ac} + \frac{b^2}{bc+bd} + \frac{c^2}{cd+ce} + \frac{d^2}{de+ad} + \frac{e^2}{ae+be}$$
$$\geq \frac{(a+b+c+d+e)^2}{ab+ac+ad+ae+bc+bd+be+cd+ce+de}$$

이다. 이제 우리가 보일 것은

$$\frac{(a+b+c+d+e)^2}{ab+ac+ad+ae+bc+bd+be+cd+ce+de} \geq \frac{5}{2}$$

이다. 즉,

$$2(a+b+c+d+e)^2 - 5(ab+ac+ad+ae+bc$$
$$+ bd + be + cd + ce + de) \geq 0$$

이다. 그런데,

$$2(a+b+c+d+e)^2 - 5(ab+ac+ad+ae+bc$$
$$+ bd + be + cd + ce + de)$$
$$= \frac{1}{2}\Big\{(a-b)^2 + (a-c)^2 + (a-d)^2$$
$$+ (a-e)^2 + (b-c)^2 + (b-d)^2 + (b-e)^2$$
$$+ (c-d)^2 + (c-e)^2 + (d-e)^2\Big\}$$
$$\geq 0$$

이다. 따라서

$$\frac{a}{b+c} + \frac{b}{c+d} + \frac{c}{d+e} + \frac{d}{e+a} + \frac{e}{a+b} \geq \frac{5}{2}$$

이다. 단, 등호는 $a = b = c = d = e$일 때, 성립한다.

양의 실수 a, b, c가 $ab + bc + ca = \dfrac{1}{3}$을 만족할 때, 다음을 증명하여라.

$$\frac{a}{a^2 - bc + 1} + \frac{b}{b^2 - ca + 1} + \frac{c}{c^2 - ab + 1} \geq \frac{1}{a + b + c}.$$

풀이 T_2의 도움정리의 확장으로부터

$$\frac{a}{a^2 - bc + 1} + \frac{b}{b^2 - ca + 1} + \frac{c}{c^2 - ab + 1}$$

$$= \frac{a^2}{a^3 - abc + a} + \frac{b^2}{b^3 - abc + b} + \frac{c^2}{c^3 - abc + c}$$

$$\geq \frac{(a + b + c)^2}{a^3 + b^3 + c^3 - 3abc + (a + b + c)}$$

$$= \frac{(a + b + c)^2}{(a + b + c)(a^2 + b^2 + c^2 - ab - bc - ca) + (a + b + c)}$$

$$= \frac{(a + b + c)^2}{(a + b + c)(a^2 + b^2 + c^2 - ab - bc - ca + 1)}$$

$$= \frac{a^2 + b^2 + c^2 + 2(ab + bc + ca)}{(a + b + c)(a^2 + b^2 + c^2 - ab - bc - ca + 1)}$$

$$= \frac{a^2 + b^2 + c^2 + \frac{2}{3}}{(a + b + c)(a^2 + b^2 + c^2 + \frac{2}{3})}$$

$$= \frac{1}{a + b + c}$$

이다. 단, 등호는 $a = b = c = \dfrac{1}{3}$일 때, 성립한다.

연습문제풀이 **2.41** _____

실수 x, y, z는 $x + y + z = \dfrac{1}{x} + \dfrac{1}{y} + \dfrac{1}{z} = xy + yz + zx$ 를 만족할 때, 다음 물음에 답하여라.

(1) x, y, z 중 적어도 하나는 1임을 보여라.

(2) $x > 0, y > 0, z > 0$의 범위에서 $xy + 2z$의 최솟값을 구하여라.

풀이

(1) 주어진 관계식 $x + y + z = \dfrac{xy + yz + zx}{xyz} = xy + yz + zx\,(xyz \neq 0)$이 성립하려면, (i) $x + y + z = xy + yz + zx = 0$일 때와 (ii) $xyz = 1,\ x + y + z = xy + yz + zx$일 때로 나누어진다.

(i) $x + y + z = xy + yz + zx = 0$일 때, $y + z = -x$, $yz = -x(y + z) = x^2$에서 y, z는 $t^2 + xt + x^2 = 0$의 해이고, 실수조건으로부터

$$D = x^2 - 4x^2 = -3x^2 \geq 0$$

이다. 즉, $x = 0$이다. 그런데, 이는 $xyz \neq 0$에 모순된다.

(ii) $xyz = 1,\ x + y + z = xy + yz + zx$일 때,

$$(x - 1)(y - 1)(z - 1)$$
$$= xyz - (xy + yz + zx) + (x + y + z) - 1$$
$$= 0$$

이다. 따라서 x, y, z 중 적어도 하나는 1이다.

(2) $x > 0, y > 0, z > 0$과 (1)에서 $xyz = 1$을 이용하면, 산술-기하평균 부등식으로부터

$$xy + 2z \geq 2\sqrt{xy \cdot 2z} = 2\sqrt{2}$$

임을 알 수 있다. 따라서 $xy + 2z$의 최솟값은 $2\sqrt{2}$이다. 단, 등호는 $x = 1, y = \sqrt{2}, z = \dfrac{1}{\sqrt{2}}$일 때, 또는 $x = 1, y = \dfrac{1}{\sqrt{2}}, z = \sqrt{2}$일 때, 성립한다.

연습문제풀이 **2.42** _____

실수 x, y, z가 $x^2 - yz - 8x + 7 = 0$, $y^2 + z^2 + yz - 6x + 6 = 0$을 만족할 때, 다음 물음에 답하여라.

(1) $y + z$를 x로 나타내고, x가 취할 수 있는 값의 범위를 구하여라.

(2) $xy + yz + zx$의 최댓값과 최솟값을 구하여라.

풀이

(1) $x^2 - yz - 8x + 7 = 0$와 $y^2 + z^2 + yz - 6x + 6 = 0$를 변형하면,

$$yz = x^2 - 8x + 7, \quad (y + z)^2 - yz = 6x - 6$$

이다. 위 두 식으로부터

$$(y + z)^2 = x^2 - 2x + 1 = (x - 1)^2$$

을 얻는다. 즉, $y + z = \pm(x - 1)$이다. 이제, y, z를 두 근으로 하는 이차방정식

$$t^2 \mp (x - 1)t + (x^2 - 8x + 7) = 0$$

을 생각하자. 이 이차방정식의 해가 실수이므로, 판별식

$$D = (x - 1)^2 - 4(x^2 - 8x + 7) \geq 0$$

이다. 이를 풀면 $1 \leq x \leq 9$이다.

(2) $xy + yz + zx = k$라 두면,

$$k = xy + yz + zx = x(y + z) + yz$$

$$= \pm x(x - 1) + x^2 - 8x + 7$$

이다. 그러면,

$$k_1 = x(x - 1) + x^2 - 8x + 7$$

$$= 2x^2 - 9x + 7$$

$$= 2\left(x - \frac{9}{4}\right)^2 - \frac{25}{8}$$

$$k_2 = -x(x - 1) + x^2 - 8x + 7$$

$$= -7x + 7$$

이다. 이제, (1)에서 구한 x의 범위 즉, $1 \leq x \leq 9$에서 k_1과 k_2의 최댓값과 최솟값을 구하면 된다. k_1의 최솟값은 $x = \frac{9}{4}$일 때, $-\frac{25}{8}$이고, 최댓값은 $x = 9$일 때, 88이다. k_2의 최솟값은 $x = 9$일 때, -56이고, 최댓값은 $x = 1$일 때, 0이다. 따라서 구하는 $xy + yz + zx$의 최댓값은 $x = 9$, $y = z = 4$일 때, 88이고, 최솟값은 $x = 9$, $y = z = -4$일 때, -56이다.

제 3 장

종합문제

종합문제 **3.1** ★—————————————

모든 실수 x, y에 대하여 $xf(y) + yf(x) = (x + y)f(x)f(y)$을 만족하는 함수 $f(x)$를 구하여라.

종합문제 **3.2** ★★★—————————————

실수 α, β를 각각 $\alpha = 3 + 2\sqrt{2}$, $\beta = 3 - 2\sqrt{2}$라고 하자. 음이 아닌 정수 n에 대하여 $x_n = \dfrac{\alpha^n + \beta^n}{2}$라고 놓자. x_{2024}의 일의 자리 숫자를 구하여라.

종합문제 **3.3** ★★★——————————

양의 정수의 순서쌍 (x, y)에 대하여 정의된 함수 f 가 다음 조건을 만족한다고 하자.

(i) $f(x, x) = x + 2$.

(ii) $f(x, y) = f(y, x)$.

(iii) $(x + y) \cdot f(x, y) = y \cdot f(x, x + y)$.

이 때, $f(9, 7)$를 구하여라.

종합문제 **3.4** ★★★★——————————

α, β, γ를 $x^3 - 2x^2 - 3x - 4 = 0$의 서로 다른 세 근이라고 할 때,

$$\frac{\alpha^6 - \beta^6}{\alpha - \beta} + \frac{\beta^6 - \gamma^6}{\beta - \gamma} + \frac{\gamma^6 - \alpha^6}{\gamma - \alpha}$$

을 구하여라.

종합문제 **3.5** ★★★★───────

$x \neq 0$인 x의 다항식 $p(x)$가

$$p(x)p(-x) = x^4 p\left(\frac{1}{x^2}\right)$$

을 만족할 때, $p(x)$를 모두 구하여라.

종합문제 **3.6** ★★★───────

함수 f는 양의 정수 n에 대하여

$$f(1) + f(2) + \cdots + f(n) = n^2 f(n)$$

을 만족한다. $f(1) = 2024$일 때, $f(n)$을 구하여라.

종합문제 **3.7** ★★————————————————

모든 실수 x에 대하여 함수 $f(x)$가

$$2f(x) + 3f(1-x) = 5x$$

를 만족할 때, $f(x)$를 구하여라.

종합문제 **3.8** ★★★————————————————

실수 x에 대하여 함수 f를

$$f(x) = \frac{4^x}{4^x + 2}$$

라고 정의할 때,

$$f\left(\frac{1}{2025}\right) + f\left(\frac{2}{2025}\right) + \cdots + f\left(\frac{2024}{2025}\right)$$

의 값을 구하여라.

종합문제 **3.9** ★★

모든 실수 x에 대하여 함수 $f(x)$가 $f(31+x) = f(31-x)$를 만족한다고 한다. $f(x)=0$을 만족하는 실근이 정확하게 세 개일 때, 이 세 실근의 합을 구하여라.

종합문제 **3.10** ★★

양의 정수 n에 대하여

$$f(n) = \frac{1}{\sqrt[3]{n^2+2n+1}+\sqrt[3]{n^2-1}+\sqrt[3]{n^2-2n+1}}$$

로 정의할 때, $f(1)+f(3)+f(5)+\cdots+f(999997)+f(999999)$의 값을 구하여라.

종합문제 **3.11** ★★

임의의 실수 x, y에 대하여 정의된 함수 f가 관계식

$$f(x + y^2) = 3\{f(y)\}^2 + f(x), \quad f(1) \neq 0$$

을 만족할 때, $f(627)$을 구하여라.

종합문제 **3.12** ★★★

$a + b + c \neq 0$인 0이 아닌 실수 a, b, c가

$$\frac{1}{a} + \frac{1}{b} + \frac{1}{c} = \frac{1}{a + b + c}$$

을 만족할 때, 임의의 홀수 n에 대하여

$$\frac{1}{a^n} + \frac{1}{b^n} + \frac{1}{c^n} = \frac{1}{a^n + b^n + c^n}$$

이 성립함을 증명하여라.

종합문제 **3.13** ★★

실수 x, y, z가 $x + y + z = 10$, $xy + yz + zx = 33$을 만족할 때, z의 최댓값을 구하여라.

종합문제 **3.14** ★★★

실수 a, b, c, d, e가

$$a + b + c + d + e = 30, \quad a^2 + b^2 + c^2 + d^2 + e^2 = 225$$

을 만족할 때, e의 최댓값을 구하여라.

종합문제 **3.15** ★★★

$x + y + z = 9$를 만족하는 음이 아닌 실수 x, y, z에 대하여 $xyz + xy + yz + zx$의 최댓값을 구하여라.

종합문제 **3.16** ★★★★

$x + y = 2$를 만족하는 음이 아닌 실수 x, y에 대하여

$$x^2 y^2 (x^2 + y^2)$$

의 최댓값을 구하여라.

종합문제 **3.17** ★★★

x, y가 $x - y = 1$을 만족할 때, $x^3 - y^3$의 최솟값을 구하여라.

종합문제 **3.18** ★★★★

음이 아닌 실수 x_1, x_2, $\cdots$, x_{100}이 다음 세 조건

  (i) $x_1 \geq x_2 \geq \cdots \geq x_{100}$

  (ii) $x_1^2 + x_2^2 \geq 200$

  (iii) $x_3^2 + x_4^2 + \cdots + x_{100}^2 \geq 200$

을 만족할 때, $x_1 + x_2 + \cdots + x_{100}$의 최솟값을 구하여라.

종합문제 **3.19** ★★★★

서로 다른 두 정수 x, y가

$$x^3 + y^3 + (3 - x - y)^3 = 3$$

을 만족할 때, $10x + y$의 최댓값과 최솟값을 구하여라.

종합문제 **3.20** ★★

음이 아닌 실수 x, y, z가

$$x + y + z = 8, \quad 2x + 3y + 4z = 18$$

을 만족할 때, $10x + 8y + 5z$의 최댓값과 최솟값을 구하여라.

종합문제 **3.21** ★★★ _____

$1 \le x \le y \le z \le 4$를 만족하는 임의의 실수 x, y, z에 대하여

$$(x-1)^2 + \left(\frac{y}{x}-1\right)^2 + \left(\frac{z}{y}-1\right)^2 + \left(\frac{4}{z}-1\right)^2$$

의 최솟값을 구하여라.

종합문제 **3.22** ★★★★ _____

실수 x, y에 대하여 $2x^2 + 3xy + 2y^2 = 1$인 관계가 성립할 때, $x + y + xy$의 최솟값을 구하여라.

종합문제 **3.23** ★★——————————————

$x + y = 1$를 만족하는 양의 실수 x, y에 대하여,

$$\left(1 + \frac{1}{x^2}\right)\left(1 + \frac{1}{y^2}\right)$$

의 최솟값을 구하여라.

종합문제 **3.24** ★★★——————————————

양의 정수 a, b, c에 대하여 $abc + ab + bc + ca + a + b + c = 29$일 때, $a + b + c$의 값을 구하여라.

종합문제 **3.25** ★★★_____

다음을 계산하여라.

$$\frac{3}{1!+2!+3!} + \frac{4}{2!+3!+4!} + \cdots + \frac{2025}{2023!+2024!+2025!}$$

종합문제 **3.26** ★★_____

다음 등식을 만족하는 실수 x, y, z를 구하여라.

$$x^4 + y^4 + z^4 - 4xyz = -1$$

종합문제 **3.27** ★★★★

다음 연립방정식의 모든 양의 실수해를 구하여라.

$$\begin{cases} a+b+c+d = 12, \\ abcd = 27 + ab + ac + ad + bc + bd + cd \end{cases}$$

종합문제 **3.28** ★★★★★

함수 $f : \mathbb{R} \to \mathbb{R}$이 임의의 두 실수 x, y에 대하여

$$f(x+y)f(x-y) \le \{f(x)\}^2 - \{f(y)\}^2$$

을 만족시킬 때, 다음을 증명하여라.

(1) $f(-x) = -f(x)$

(2) $f(x+y)f(x-y) = \{f(x)\}^2 - \{f(y)\}^2$

종합문제 **3.29** ★★★★——————

임의의 양의 실수 a, b, c에 대하여

$$(a-1)^2 + \left(\frac{2b}{a} - 1\right)^2 + \left(\frac{3c}{b} - 1\right)^2 + \left(\frac{6}{c} - 1\right)^2$$

의 최솟값을 구하여라.

종합문제 **3.30** ★★★——————

$a + b + c = abc$를 만족시키는 양의 실수 a, b, c에 대하여

$$\frac{1}{\sqrt{1+a^2}} + \frac{1}{\sqrt{1+b^2}} + \frac{1}{\sqrt{1+c^2}} \le \frac{3}{2}$$

임을 증명하여라.

다음 부등식이 성립함을 증명하여라.

$$\frac{1}{\sqrt{1}+\sqrt{2}} + \frac{1}{\sqrt{3}+\sqrt{4}} + \cdots + \frac{1}{\sqrt{9999}+\sqrt{10000}} > 49$$

양의 실수 a, b, c에 대하여,

$$\frac{4ab}{a+b+2c} + \frac{4bc}{b+c+2a} + \frac{4ca}{c+a+2b} \le a+b+c$$

임을 증명하여라.

종합문제 **3.33** ★★★★

양의 실수 x, y, z에 대하여,

$$\frac{x}{y+z} + \frac{y}{z+x} + \frac{z}{x+y}$$
$$\geq \frac{x^2+yz}{(x+y)(z+x)} + \frac{y^2+zx}{(x+y)(y+z)} + \frac{z^2+xy}{(z+x)(y+z)}$$

임을 증명하여라.

종합문제 **3.34** ★★★

양의 실수 x, y, z가 $\dfrac{1}{x+1} + \dfrac{1}{y+1} + \dfrac{1}{z+1} = 2$을 만족할 때,

$$\frac{1}{4x+1} + \frac{1}{4y+1} + \frac{1}{4z+1} \geq 1$$

임을 증명하여라.

종합문제 **3.35** ★★★

$xyz = 1$을 만족하는 양의 실수 x, y, z에 대하여

$$x(y^2 - \sqrt{y}) + y(z^2 - \sqrt{z}) + z(x^2 - \sqrt{x}) \ge 0$$

가 성립함을 증명하여라.

종합문제 **3.36** ★★★★

1보다 작은 양의 실수 x, y, z에 대하여

$$\frac{x}{1-x} + \frac{y}{1-y} + \frac{z}{1-z} \ge \frac{3\sqrt[3]{xyz}}{1 - \sqrt[3]{xyz}}$$

가 성립함을 보여라.

종합문제 **3.37** ★★★──────────────

$x^3 + 2x - 1 = 0$의 근을 α라고 할 때, $(\alpha^2 + \alpha + 1)P(\alpha) = 1$을 만족시키는 차수가 최소인 다항식 $P(x)$를 구하여라.

종합문제 **3.38** ★★★──────────────

양의 실수 x, y, z에 대하여

$$\frac{1}{x+y} + \frac{1}{y+z} + \frac{1}{z+x} \leq \frac{(x+y+z)^2}{6xyz}$$

이 성립함을 증명하여라.

종합문제 **3.39** ★★★★

$x^2 + y^2 + z^2 = 1$을 만족하는 양의 실수 x, y, z에 대하여

$$x^2 yz + xy^2 z + xyz^2 \le \frac{1}{3}$$

임을 증명하여라.

종합문제 **3.40** ★★★★

a, b, c가 넓이가 S인 한 삼각형의 세 변의 길이라고 할 때,

$$a^2 + b^2 + c^2 \ge 4\sqrt{3}S$$

가 성립함을 증명하여라.

종합문제 **3.41** ★★★★

a, b, c가 넓이가 S인 한 삼각형의 세 변의 길이라고 할 때,

$$2ab + 2bc + 2ca - (a^2 + b^2 + c^2) \geq 4\sqrt{3}S$$

가 성립함을 증명하여라.

종합문제 **3.42** ★★★

방정식 $(x^2 - 3x + 1)^{x+1} = 1$의 정수해를 구하여라.

종합문제 **3.43** ★★★──────────

$x_1 + x_2 + x_3 + x_4 + x_5 = 1$을 만족하는 음이 아닌 실수 x_1, x_2, x_3, x_4, x_5에 대하여

$$\frac{x_1}{1+x_2} + \frac{x_2}{1+x_3} + \frac{x_3}{1+x_4} + \frac{x_4}{1+x_5} + \frac{x_5}{1+x_1} \geq \frac{5}{6}$$

이 성립하면 성립함을 보이고, 성립하지 않을 경우는 반례를 들어라.

종합문제 **3.44** ★★★★──────────

양의 실수 a, b, c에 대하여

$$a^4 + b^4 + c^4 + 2(a^2 b^2 + b^2 c^2 + c^2 a^2) > (a^3 b + b^3 c + c^3 a)$$

임을 증명하여라.

종합문제 **3.45** ★★★★★

양의 실수 a, b, c가 $a^2 + b^2 + c^2 = 1$을 만족하고, n이 1보다 큰 정수일 때,

$$\frac{a}{1-a^n} + \frac{b}{1-b^n} + \frac{c}{1-c^n} \geq \frac{(n+1)^{1+\frac{1}{n}}}{n}$$

이 성립함을 증명하여라.

종합문제 **3.46** ★★★★★

다음 연립방정식

$$x + y + z = 6, \quad \frac{1}{x} + \frac{1}{y} + \frac{1}{z} = 2 - \frac{4}{xyz}$$

을 만족하는 양의 실수해의 쌍 (x, y, z)을 모두 구하여라.

종합문제 **3.47** ★★★★—————

모든 양의 정수 n에 대하여 $[(3+\sqrt{5})^n]$이 홀수임을 증명하여라. 단, $[x]$는 x를 넘지 않는 최대의 정수이다.

종합문제 **3.48** ★★★★—————

a, b, c가 0이 아닌 실수일 때,

$$\frac{a+b-c}{c} = \frac{a-b+c}{b} = \frac{-a+b+c}{a}$$

이면, $a+b+c=0$ 또는 $a=b=c$임을 증명하여라.

종합문제 **3.49** ★★★_____

다음을 만족하는 정수 x를 구하여라.

$$\left(1 + \frac{1}{x}\right)^{x+1} = \left(1 + \frac{1}{2003}\right)^{2003}$$

종합문제 **3.50** ★★★★_____

함수 $f : \mathbb{N} \to \mathbb{N}$이 다음 조건

(1) f를 단조증가함수이다. (즉, $x_1 < x_2$이면 $f(x_1) < f(x_2)$이다.)

(2) 모든 $m, n \in \mathbb{N}$에 대하여 $f(mn) = f(m)f(n)$이다.

(3) $m \neq n$이고, $m^n = n^m$이면 $f(m) = n$이거나 $f(n) = m$이다.

을 만족시킬 때, $f(30)$을 구하여라.

종합문제 **3.51** ★★★────────────

이차방정식 $x^2 - 1154x + 1 = 0$의 두 근을 α, β라고 할 때, $\sqrt[4]{\alpha} + \sqrt[4]{\beta}$의 값을 구하여라.

종합문제 **3.52** ★★★────────────

모든 실수 x에 대하여 $2f(x) + 3f(1 - x) = x^2$을 만족하는 함수 $f(x)$를 구하여라.

종합문제 **3.53** ★★★★————————

실수 x, y, z가 다음의 조건

  (i) $x + y + z = 3.$

  (ii) $x^2 \left(\dfrac{1}{y} + \dfrac{1}{z} \right) + y^2 \left(\dfrac{1}{z} + \dfrac{1}{x} \right) + z^2 \left(\dfrac{1}{x} + \dfrac{1}{y} \right) = -3.$

을 만족시킬 때, $x^2 + y^2 + z^2$의 값을 구하여라. 단, $xyz \neq 0$이다.

종합문제 **3.54** ★★★————————

$\sqrt{x} + \sqrt{y} = \sqrt{1998}$을 만족하는 자연수 x, y의 순서쌍 (x, y)를 모두 구하여라.

종합문제 **3.55** ★★★★★——————————

$a+b+c=1$을 만족하는 양의 실수 a, b, c에 대하여

$$ab\sqrt[4]{ab}+bc\sqrt[4]{bc}+ca\sqrt[4]{ca}<\frac{1}{4}$$

가 성립함을 증명하여라.

종합문제 **3.56** ★★★★——————————

$\frac{1}{x}+\frac{1}{y}+\frac{1}{z}=2$를 만족하는 1보다 큰 실수 x, y, z에 대해

$$\sqrt{x+y+z}\geq\sqrt{x-1}+\sqrt{y-1}+\sqrt{z-1}$$

이 성립함을 보여라.

종합문제 **3.57** ★★★★

1이상의 실수 a, b, c에 대해

$$\sqrt{a-1} + \sqrt{b-1} + \sqrt{c-1} \le \sqrt{c(ab+1)}$$

가 성립함을 보여라.

종합문제 **3.58** ★★★★★

$xyz = 1$을 만족하는 양의 실수 x, y, z에 대하여

$$\frac{x^9 + y^9}{x^6 + x^3 y^3 + y^6} + \frac{y^9 + z^9}{y^6 + y^3 z^3 + z^6} + \frac{z^9 + x^9}{z^6 + z^3 x^3 + x^6} \ge 2$$

임을 증명하여라.

종합문제 **3.59** ★★★ ———————

임의의 실수 a, b, c, d에 대하여

$$S = \sqrt{(a+1)^2 + 2(b-2)^2 + (c+3)^2}$$
$$+ \sqrt{(b+1)^2 + 2(c-2)^2 + (d+3)^2}$$
$$+ \sqrt{(c+1)^2 + 2(d-2)^2 + (a+3)^2}$$
$$+ \sqrt{(d+1)^2 + 2(a-2)^2 + (b+3)^2}$$

의 최솟값을 구하여라.

종합문제 **3.60** ★★★★ ———————

$a+b+c = 0$인 정수 a, b, c에 대하여 $2a^4 + 2b^4 + 2c^4$ 은 완전제곱수임을 증명하여라.

종합문제 **3.61** ★★★────────────

양의 실수 a, b에 대하여

$$2\sqrt{a} + 3\sqrt[3]{b} \geq 5\sqrt[5]{ab}$$

가 성립함을 증명하여라.

종합문제 **3.62** ★★★────────────

x에 관한 2024차 방정식

$$x^{2024} - 2024x^{2023} + a_{2022}x^{2022} + \cdots + a_2 x^2 + a_1 x + 1 = 0$$

의 해가 모두 양의 실수일 때, 이 방정식을 풀어라.

종합문제 **3.63** ★★★_____

α, β, γ가 임의의 삼각형의 세 내각일 때,

$$\frac{1}{\sin\alpha} + \frac{1}{\sin\beta} \geq \frac{8}{3+2\cos\gamma}$$

가 성립함을 증명하여라.

종합문제 **3.64** ★★★_____

a, b, c가 둔각삼각형이 아닌 삼각형이 세 변의 길이라고 할 때,

$$\sqrt{b^2+c^2-a^2} + \sqrt{c^2+a^2-b^2} + \sqrt{a^2+b^2-c^2}$$
$$\leq a+b+c$$

이 성립함을 증명하여라.

종합문제 **3.65** ★★★★——————

a, b, c가 임의의 삼각형의 세 변의 길이일 때,

$$\frac{1}{\sqrt{a}+\sqrt{b}-\sqrt{c}} + \frac{1}{\sqrt{b}+\sqrt{c}-\sqrt{a}} + \frac{1}{\sqrt{c}+\sqrt{a}-\sqrt{b}}$$
$$\geq \frac{3(\sqrt{a}+\sqrt{b}+\sqrt{c})}{a+b+c}$$

가 성립함을 증명하여라.

종합문제 **3.66** ★★★——————

실수 $a_1, a_2, \cdots, a_n$이 다음 두 조건

  (i) $a_1 + a_2 + \cdots + a_n \geq n^2$.

  (ii) $a_1^2 + a_2^2 + \cdots + a_n^2 \leq n^3 + 1$.

을 만족할 때, 모든 k에 대하여 $n - 1 \leq a_k \leq n + 1$ 임을 증명하여라. 단, $k = 1, 2, \cdots, n$이다.

종합문제 **3.67** ★★★★★─────

삼각형 ABC에서 $BC = a$, $CA = b$, $AB = c$이고, $\angle A = \alpha$, $\angle B = \beta$, $\angle C = \gamma$, 내접원의 반지름의 길이를 r이라 할 때,

$$a\sin\alpha + b\sin\beta + c\sin\gamma \geq 9r$$

임을 증명하여라.

종합문제 **3.68** ★★★★★─────

다음 세 조건을 만족하는 함수 $f : \mathbb{R} \to \mathbb{R}$을 모두 구하여라.

(i) $f(x) = -f(-x)$이다.

(ii) $f(x+1) = f(x) + 1$이다.

(iii) $f\left(\dfrac{1}{x}\right) = \dfrac{1}{x^2}f(x)$이다. 단, $x \neq 0$이다.

종합문제 **3.69** ★★★★★——————

예각삼각형 ABC에서 내접원의 반지름의 길이를 r, 삼각형 ABC의 넓이를 S라 할 때,

$$(\sqrt{\cot A} + \sqrt{\cot B} + \sqrt{\cot C})^2 \leq \frac{S}{r^2}$$

임을 증명하여라.

종합문제 **3.70** ★★★★★——————

$a + b + c = abc$를 만족하는 양의 실수 a, b, c에 대하여

$$a^5(bc-1) + b^5(ca-1) + c^5(ab-1)$$

의 최솟값을 구하여라.

종합문제 **3.71** ★★───────────

다음 연립방정식을 만족하는 순서쌍 (x, y, z)를 모두 구하여라.

$$x + y + z = 17$$

$$xy + yz + zx = 94$$

$$xyz = 168$$

종합문제 **3.72** ★★★★───────────

음이 아닌 실수 x, y가 관계식

$$x + y + \sqrt{2x^2 + 2xy + 3y^2} = 10$$

를 만족할 때, $x^2 y$의 최댓값을 구하여라.

종합문제 **3.73** ★★★————————————

실수 a, b, c가

$$\frac{b^2 + c^2 - a^2}{bc} + \frac{c^2 + a^2 - b^2}{ca} + \frac{a^2 + b^2 - c^2}{ab} = 2$$

을 만족할 때,

$$\frac{(b^2 + c^2 - a^2)(c^2 + a^2 - b^2)(a^2 + b^2 - c^2)}{(abc)^2}$$

의 값을 구하여라.

종합문제 **3.74** ★★★★★————————————

음이 아닌 실수 x, y, z에 대하여

$$8(x^3 + y^3 + z^3)^2 \ge 9(x^2 + yz)(y^2 + zx)(z^2 + xy)$$

가 성립함을 증명하여라.

종합문제 **3.75** ★★───────────

임의의 실수 a, b에 대하여

$$3a^4 - 4a^3 b + b^4 \geq 0$$

이 성립함을 증명하여라.

종합문제 **3.76** ★★★───────────

모든 실수 x에 대하여

$$x^2 f(x) + f(1-x) = 2x - x^4$$

을 만족하는 함수 $f(x)$를 모두 구하여라.

종합문제 **3.77** ★★★——————————————

0이 아닌 실수 a, b, c가 $ab + bc + ca \geq 0$을 만족할 때,

$$\frac{ab}{a^2 + b^2} + \frac{bc}{b^2 + c^2} + \frac{ca}{c^2 + a^2} > -\frac{1}{2}$$

이 성립함을 증명하여라.

종합문제 **3.78** ★★★——————————————

1보다 큰 실수 a, b, c가

$$\frac{b+c}{a^2 - 1} + \frac{c+a}{b^2 - 1} + \frac{a+b}{c^2 - 1} \geq 1$$

을 만족할 때,

$$\left(\frac{bc+1}{a^2 - 1}\right)^2 + \left(\frac{ca+1}{b^2 - 1}\right)^2 + \left(\frac{ab+1}{c^2 - 1}\right)^2 \geq \frac{10}{3}$$

이 성립함을 증명하여라.

종합문제 **3.79** ★★—————

양의 실수 x, y, z가 $x + y + z = 1$을 만족할 때,

$$\frac{xy}{x+y} + \frac{yz}{y+z} + \frac{zx}{z+x} \le \frac{1}{2}$$

이 성립함을 증명하여라.

종합문제 **3.80** ★★★—————

양의 정수 n에 대하여

$$f_n(x, y, z) = -\frac{(x-y)z^{n+2} + (y-z)x^{n+2} + (z-x)y^{n+2}}{(x-y)(y-z)(z-x)}$$

라고 할 때, $f_n(x, y, z)$이 차수 n인 단항식의 합으로 표현됨을 증명하고, $f_n(1, 1, 1)$을 구하여라.

종합문제 **3.81** ★★★

1보다 큰 양의 정수 n과 양의 실수 x_1, x_2, $\cdots$, x_n에 대하여 연립방정식

$$\begin{cases} x_1 + x_2 + \cdots + x_n = 1 \\ \dfrac{1}{x_1} + \dfrac{1}{x_2} + \cdots + \dfrac{1}{x_n} + \dfrac{1}{x_1 \cdot x_2 \cdots x_n} = n^3 + 1 \end{cases}$$

을 만족하는 쌍 $(n, x_1, x_2, \cdots, x_n)$을 모두 구하여라.

종합문제 **3.82** ★★★

양의 실수 a, b, c가 $a \geq b \geq c$를 만족할 때,

$$(a - b + c)\left(\frac{1}{a} - \frac{1}{b} + \frac{1}{c}\right) \geq 1$$

이 성립함을 증명하여라.

종합문제 **3.83** ★★————————————————

함수 $f : \mathbb{N}_0 \to \mathbb{R}_0^+$ 가 다음 조건

  (i) $f(100) = 10.$

  (ii)   모든 음이 아닌 정수 n에 대하여,

$$\frac{1}{f(0) + f(1)} + \cdots + \frac{1}{f(n) + f(n+1)} = f(n+1)$$

     이다.

을 만족할 때, $f(n)$을 구하여라. 단, $\mathbb{N}_0$은 음이 아닌 정수의 집합, $\mathbb{R}_0^+$은 음이 아닌 실수의 집합을 나타낸다.

종합문제 풀이

종합문제풀이 **3.1** _____

모든 실수 x, y에 대하여 $xf(y) + yf(x) = (x + y)f(x)f(y)$을 만족하는 함수 $f(x)$를 구하여라.

풀이 $y = x$를 대입하면 $2xf(x) = 2x[f(x)]^2$이다. 즉, $2xf(x)(1 - f(x)) = 0$이다. 모든 실수 x에 대하여 성립해야 하므로 $f(x) = 0$ 또는 $f(x) = 1$이다.

종합문제풀이 **3.2** _____

실수 α, β를 각각 $\alpha = 3 + 2\sqrt{2}$, $\beta = 3 - 2\sqrt{2}$라고 하자. 음이 아닌 정수 n에 대하여 $x_n = \dfrac{\alpha^n + \beta^n}{2}$라고 놓자. x_{2024}의 일의 자리 숫자를 구하여라.

풀이 α, β를 두 근으로 하는 이차방정식은 $x^2 - 6x + 1 = $이다. 그러므로 $\alpha^2 - 6\alpha + 1 = 0$, $\beta^2 - 6\beta + 1 = 0$이다. 또한, $n = 2, 3, \cdots$에 대하여,

$$\alpha^n - 6\alpha^{n-1} + \alpha^{n-2} = 0, \quad \beta^n - 6\beta^{n-1} + \beta^{n-2} = 0$$

이다. 그러면, $n = 2, 3, \cdots$에 대하여

$$x_n = 6x_{n-1} - x_{n-2}$$

이다. 그런데, $x_0 = 1$, $x_1 = 3$, $x_2 = 17$, $x_3 = 99$, $x_4 = 577$, $x_5 = 3363$, $x_6 = 19601$, $\cdots$에서 일의 자리 숫자를 살펴보면 $1, 3, 7, 9, 7, 3$이 반복된다. 따라서 $x_{2024} = x_{337 \times 6 + 2}$의 일의 자리 숫자는 x_2와 같다. 즉, x_{2024}의 일의 자리 숫자는 7이다.

양의 정수의 순서쌍 (x, y)에 대하여 정의된 함수 f 가 다음 조건을 만족한다고 하자.

  (i) $f(x, x) = x + 2$.

  (ii) $f(x, y) = f(y, x)$.

  (iii) $(x + y) \cdot f(x, y) = y \cdot f(x, x + y)$.

이 때, $f(9, 7)$를 구하여라.

풀이 $z = x + y$라고 놓고, 조건 (iii)에 대입하면

$$f(x, z) = \frac{z}{z - x} f(x, z - x)$$

이다. 그러므로

$$f(9, 7) = f(7, 9) \quad \text{(조건 (ii)에 의하여)}$$
$$= \frac{9}{2} f(7, 2)$$
$$= \frac{9}{2} \cdot \frac{7}{5} f(2, 5)$$
$$\vdots$$
$$= \frac{9}{2} \cdot \frac{7}{5} \cdot \frac{5}{3} \cdot \frac{3}{1} \cdot \frac{2}{1} \cdot f(1, 1)$$
$$= 189$$

이다.

α, β, γ를 $x^3 - 2x^2 - 3x - 4 = 0$의 서로 다른 세 근이라고 할 때,

$$\frac{\alpha^6 - \beta^6}{\alpha - \beta} + \frac{\beta^6 - \gamma^6}{\beta - \gamma} + \frac{\gamma^6 - \alpha^6}{\gamma - \alpha}$$

을 구하여라.

풀이

$$S_n = \frac{\alpha^n - \beta^n}{\alpha - \beta} + \frac{\beta^n - \gamma^n}{\beta - \gamma} + \frac{\gamma^n - \alpha^n}{\gamma - \alpha}$$

라고 하자. 그러면, $x = \alpha, \beta, \gamma$에 대하여

$$x^{n+3} = 2x^{n+2} + 3x^{n+1} + 4x^n$$

이므로

$$S_{n+3} = 2S_{n+2} + 3S_{n+1} + 4S_n$$

이 성립한다. 따라서

$$S_0 = 0, \quad S_1 = 3, \quad S_2 = 2(\alpha + \beta + \gamma) = 4$$

이다. 그러므로

$$S_3 = 2 \cdot 4 + 3 \cdot 3 + 4 \cdot 0 = 17$$
$$S_4 = 2 \cdot 17 + 3 \cdot 4 + 4 \cdot 3 = 58$$
$$S_5 = 2 \cdot 58 + 3 \cdot 17 + 4 \cdot 4 = 183$$
$$S_6 = 2 \cdot 183 + 3 \cdot 58 + 4 \cdot 17 = 608$$

이다.

종합문제풀이 **3.5** _____

$x \neq 0$인 x의 다항식 $p(x)$가

$$p(x)p(-x) = x^4 p\left(\frac{1}{x^2}\right)$$

을 만족할 때, $p(x)$를 모두 구하여라.

풀이 $p(x) = a_n x^n + a_{n-1} x^{n-1} + \cdots + a_1 x + a_0$라고 하면,

$$x^4 p\left(\frac{1}{x^2}\right) = a_n x^{4-2n} + \cdots + a_0 x^4$$

이다. $p(x)p(-x) = x^4 p\left(\frac{1}{x^2}\right)$이므로, $4 - 2n \geq 0$이다. 즉, $n \leq 2$이다. 이제 $p(x) = ax^2 + bx + c$라고 하면

$$(ax^2 + bx + c)(ax^2 - bx + c) = a + bx^2 + cx^4$$

이 성립한다. 양변을 전개하여 계수를 비교하면

$$a^2 = c, \quad 2ac - b^2 = b, \quad c^2 = a$$

이다. $a = 0$의 경우와 $a \neq 0$인 경우로 나누어 살펴보자.

(i) $a \neq 0$일 때, $a^2 = c$, $c^2 = a$에서 $a^4 = a$이므로 $a = 1$이다. 그래서 $c = 1$, $b = -2$ 또는 $b = 1$이다. 따라서 이 조건을 만족하는 다항식은 $p(x) = x^2 - 2x + 1$ 또는 $p(x) = x^2 + x + 1$이다.

(ii) $a = 0$일 때, $c = 0$가 되어 $b = 0$ 또는 $b = -1$이다. 그런데, $b = 0$이면 $p(x)$가 상수함수가 되므로 조건을 만족하지 못한다. 따라서 이 조건을 만족하는 다항식은 $p(x) = -x$이다.

따라서 (i), (ii),에 의하여 주어진 조건을 만족하는 함수 $p(x)$는 $p(x) = x^2 - 2x + 1$, $p(x) = x^2 + x + 1$, $p(x) = -x$이다.

종합문제풀이 **3.6** —————————

함수 f는 양의 정수 n에 대하여

$$f(1) + f(2) + \cdots + f(n) = n^2 f(n)$$

을 만족한다. $f(1) = 2024$일 때, $f(n)$을 구하여라.

풀이

$$f(1) + f(2) + \cdots + f(n) = n^2 f(n) \tag{1}$$

$$f(1) + f(2) + \cdots + f(n-1) = (n-1)^2 f(n-1) \tag{2}$$

이다. 식 (1) − (2)를 하면

$$f(n) = \frac{(n-1)^2}{n^2-1} f(n-1) = \frac{n-1}{n+1} f(n-1)$$

이다. 따라서 $n \geq 2$에 대하여

$$f(2) = \frac{1}{3} f(1)$$

$$f(3) = \frac{2}{4} f(2)$$

$$\vdots$$

$$f(n-1) = \frac{n-2}{n} f(n-2)$$

$$f(n) = \frac{n-1}{n+1} f(n-1)$$

이다. 변변 곱하여 정리하면,

$$f(n) = \frac{2}{n(n+1)} f(1) = \frac{4048}{n(n+1)}$$

이다.

종합문제풀이 **3.7** —————————

모든 실수 x에 대하여 함수 $f(x)$가

$$2f(x) + 3f(1-x) = 5x$$

를 만족할 때, $f(x)$를 구하여라.

풀이 주어진 식에 x대신 $1-x$를 대입하면

$$2f(1-x) + 3f(x) = 5(1-x)$$

이다. 주어진 식에 −2배를 하고, 위 식을 3배를 하여 변변 더하면

$$5f(x) = 15 - 25x$$

이다. 따라서 $f(x) = 3 - 5x$이다.

종합문제풀이 **3.8** _____

실수 x에 대하여 함수 f를

$$f(x) = \frac{4^x}{4^x + 2}$$

라고 정의할 때,

$$f\left(\frac{1}{2025}\right) + f\left(\frac{2}{2025}\right) + \cdots + f\left(\frac{2024}{2025}\right)$$

의 값을 구하여라.

풀이 주어진 식에 x대신 $1 - x$를 하면

$$f(1 - x) = \frac{4^{1-x}}{4^{1-x} + 2} = \frac{4}{4 + 2 \cdot 4^x} = \frac{2}{4^x + 2}$$

이므로 $f(x) + f(1 - x) = 1$이다. 그러므로

$$f\left(\frac{1}{2025}\right) + f\left(\frac{2024}{2025}\right) = \cdots = f\left(\frac{1012}{2025}\right) + f\left(\frac{1013}{2025}\right) = 1$$

이다. 따라서

$$f\left(\frac{1}{2025}\right) + f\left(\frac{2}{2025}\right) + \cdots + f\left(\frac{2024}{2025}\right) = 1012$$

이다.

종합문제풀이 **3.9** _____

모든 실수 x에 대하여 함수 $f(x)$가 $f(31 + x) = f(31 - x)$를 만족한다고 한다. $f(x) = 0$을 만족하는 실근이 정확하게 세 개일 때, 이 세 실근의 합을 구하여라.

풀이 $f(x) = 0$이 정확하게 세 개의 실근을 가지고, 함수 $f(x)$가 $x = 31$에 대하여 대칭이므로, 31은 반드시 한 근이어야 한다. 다른 두 근을 α, β라고 하면, α와 β는 31에 대하여 대칭이어야 한다. 따라서 $\alpha = 31 + d, \beta = 31 - d\,(d \neq 0)$으로 쓸 수 있다. 따라서 세 실근의 합은 93이다.

3.10

양의 정수 n에 대하여

$$f(n) = \frac{1}{\sqrt[3]{n^2+2n+1} + \sqrt[3]{n^2-1} + \sqrt[3]{n^2-2n+1}}$$

로 정의할 때, $f(1) + f(3) + f(5) + \cdots + f(999997) +$ $f(999999)$의 값을 구하여라.

$f(n)$

$$= \frac{1}{\sqrt[3]{(n+1)^2} + \sqrt[3]{(n+1)(n-1)} + \sqrt[3]{(n-1)^2}} \times \frac{\sqrt[3]{n+1} - \sqrt[3]{n-1}}{\sqrt[3]{n+1} - \sqrt[3]{n-1}}$$
$$= \frac{\sqrt[3]{n+1} - \sqrt[3]{n-1}}{2}$$

이다. 따라서

$$f(1) + f(3) + f(5) + \cdots + f(999997) + f(999999)$$
$$= \left(\frac{\sqrt[3]{2} - 0}{2} \right) + \left(\frac{\sqrt[3]{4} - \sqrt[3]{2}}{2} \right) + \cdots + \left(\frac{\sqrt[3]{1000000} - \sqrt[3]{999998}}{2} \right)$$
$$= \frac{100}{2} = 50$$

이다.

3.11

임의의 실수 x, y에 대하여 정의된 함수 f가 관계식

$$f(x + y^2) = 3\{f(y)\}^2 + f(x), \quad f(1) \neq 0$$

을 만족할 때, $f(627)$을 구하여라.

(i) $x = y = 0$일 때, $f(0) = 3\{f(0)\}^2 + f(0)$이므로 $f(0) = 0$이다.

(ii) $x = 0$, $y = 1$일 때, $f(1) = 3\{f(1)\}^2 + f(0) = 3\{f(1)\}^2$이고, $f(1) \neq 0$이므로 $f(1) = \frac{1}{3}$이다.

(iii) $y = 1$일 때,

$$f(x+1) = 3\{f(1)\}^2 + f(x)$$
$$= 3\{f(1)\}^2 + 3\{f(1)\}^2 + f(x-1)$$
$$\vdots$$
$$= 3(x+1)\{f(1)\}^2 + f(0)$$

이다.

따라서 (i), (ii), (iii)에 의하여

$$f(627) = f(626+1) = 3(626+1)\left(\frac{1}{3}\right)^2 + 0 = 209$$

이다.

종합문제풀이 **3.12** _____

$a+b+c \neq 0$인 0이 아닌 실수 a, b, c가

$$\frac{1}{a} + \frac{1}{b} + \frac{1}{c} = \frac{1}{a+b+c}$$

을 만족할 때, 임의의 홀수 n에 대하여

$$\frac{1}{a^n} + \frac{1}{b^n} + \frac{1}{c^n} = \frac{1}{a^n+b^n+c^n}$$

이 성립함을 증명하여라.

풀이 주어진 등식의 양변에 $abc(a+b+c)$를 곱하면

$$(bc+ca+ab)(a+b+c) = abc$$

이다. 이를 인수분해하면

$$(a+b)(b+c)(c+a) = 0$$

이다. 따라서 $a+b = 0$, $b+c = 0$, $c+a = 0$ 중 하나가 성립한다. $a+b = 0$이라고 가정해도 일반성을 잃지 않는다. 그러면, $a^n + b^n = 0$이 되어

$$\frac{1}{a^n} + \frac{1}{b^n} + \frac{1}{c^n} = \frac{1}{c^n} = \frac{1}{a^n+b^n+c^n}$$

이다.

종합문제풀이 **3.13** _____

실수 x, y, z가 $x+y+z = 10$, $xy+yz+zx = 33$을 만족할 때, z의 최댓값을 구하여라.

풀이 $0 \leq (x-y)^2 = (x+y)^2 - 4xy$이므로 이를 z에 대한 식으로 바꾸면

$$0 \leq (10-z)^2 - 4\{33 - z(10-z)\}$$
$$= -3z^2 + 20z - 32$$
$$= -(3z-8)(z-4)$$

이다. 그러므로 $\frac{8}{3} \leq z \leq 4$이다. 따라서 $x = y = 3$일 때, z의 최댓값은 4이다.

종합문제풀이 **3.14** _____

실수 a, b, c, d, e가

$$a + b + c + d + e = 30, \quad a^2 + b^2 + c^2 + d^2 + e^2 = 225$$

을 만족할 때, e의 최댓값을 구하여라.

풀이 산술-기하평균 부등식 $x^2 + y^2 \geq 2xy$에 의하여,

$(30 - e)^2$

$= (a + b + c + d)^2$

$= a^2 + b^2 + c^2 + d^2 + 2(ab + ac + ad + bc + bd + cd)$

$\leq 4(a^2 + b^2 + c^2 + d^2)$

$= 4(225 - e^2)$

이다. 이를 정리하면

$$5e^2 - 60e \leq 0$$

이므로 $0 \leq e \leq 12$이다. 따라서 $a = b = c = d = \frac{9}{2}$이면 e는 최댓값을 12를 갖는다.

종합문제풀이 **3.15** _____

$x + y + z = 9$를 만족하는 음이 아닌 실수 x, y, z에 대하여 $xyz + xy + yz + zx$의 최댓값을 구하여라.

풀이 $x + 1, y + 1, z + 1$에 대하여 산술-기하평균 부등식에 의하여

$$\frac{(x+1) + (y+1) + (z+1)}{3} \geq \sqrt[3]{(x+1)(y+1)(z+1)}$$

이므로,

$xyz + xy + yz + zx$

$= (x+1)(y+1)(z+1) - (x+y+z) - 1$

$\leq \left(\frac{x+y+z+3}{3} \right)^3 - 10 = 54$

이다. 따라서 $x = y = z = 3$일 때, $xyz + xy + yz + zx$은 최댓값 54를 갖는다.

종합문제풀이 **3.16** _____

$x + y = 2$를 만족하는 음이 아닌 실수 x, y에 대하여

$$x^2 y^2 (x^2 + y^2)$$

의 최댓값을 구하여라.

풀이 산술-기하평균 부등식에 의하여

$$\sqrt{xy} \le \frac{x+y}{2} = \frac{2}{2} = 1$$

이다. 즉, $xy \le 1$이다. 또, 산술-기하평균 부등식에 의하여

$$x^2 y^2 = \sqrt{x^4 y^4} \le \frac{x^4 y^4 + 1}{2} \le \frac{x^3 y^3 + 1}{2}$$

이다. 즉, $x^2 y^2 (2 - xy) \le 1$이다. 그러므로

$$x^2 + y^2 = (x+y)^2 - 2xy = 4 - 2xy = 2(2 - xy)$$

이다. 따라서

$$x^2 y^2 (x^2 + y^2) = 2x^2 y^2 (2 - xy) \le 2$$

이다. $x = y = 1$일 때, $x^2 y^2 (x^2 + y^2)$은 최댓값 2를 갖는다.

종합문제풀이 **3.17** _____

x, y가 $x - y = 1$을 만족할 때, $x^3 - y^3$의 최솟값을 구하여라.

풀이 $x - y = 1$이므로 $x^3 - y^3 = (x - y)(x^2 + xy + y^2) = x^2 + xy + y^2$이다. $x = 1 + y$를 $x^2 + xy + y^2$에 대입하면

$$(1 + y)^2 + (1 + y)y + y^2 = 3y^2 + 3y + 1$$
$$= 3\left(y + \frac{1}{2}\right)^2 + \frac{1}{4}$$
$$\ge \frac{1}{4}$$

이다. 그러므로 $y = -\frac{1}{2}$, $x = \frac{1}{2}$일 때, 최솟값 $\frac{1}{4}$를 갖는다.

종합문제풀이 **3.18**

음이 아닌 실수 $x_1, x_2, \cdots, x_{100}$이 다음 세 조건

(i) $x_1 \geq x_2 \geq \cdots \geq x_{100}$

(ii) $x_1^2 + x_2^2 \geq 200$

(iii) $x_3^2 + x_4^2 + \cdots + x_{100}^2 \geq 200$

을 만족할 때, $x_1 + x_2 + \cdots + x_{100}$의 최솟값을 구하여라.

풀이 $x_2 = 0$이면, $x_3 = x_4 = \cdots = x_{100} = 0$이 되어 $x_3^2 + x_4^2 + \cdots + x_{100}^2 \geq 200$에 모순된다. 그래서, $x_2 > 0$이다. $j = 3, 4, \cdots, 100$에 대하여 $x_2 \geq x_j$이므로

$$x_2(x_3 + x_4 + \cdots + x_{100}) \geq x_3^2 + x_4^2 + \cdots + x_{100}^2 \geq 200$$

이다. 양변을 x_2로 나누면

$$x_3 + x_4 + \cdots + x_{100} \geq \frac{200}{x_2}$$

가 된다. $x_1 \geq x_2$와 산술-기하평균 부등식에 의하여

$$\begin{aligned} x_1 + x_2 + \cdots + x_{100} &\geq x_1 + x_2 + \frac{200}{x_2} \\ &\geq 2x_2 + \frac{200}{x_2} \\ &\geq 2\sqrt{2x_2 \cdot \frac{200}{x_2}} \\ &= 40 \end{aligned}$$

이다. 따라서 $x_1 + x_2 + \cdots + x_{100}$의 최솟값은 40이고, 이때, $x_1 = x_2 = x_3 = x_4 = 10$이고, $x_5 = x_6 = \cdots = x_{100} = 0$이다.

종합문제풀이 **3.19**

서로 다른 두 정수 x, y가

$$x^3 + y^3 + (3 - x - y)^3 = 3$$

을 만족할 때, $10x + y$의 최댓값과 최솟값을 구하여라.

풀이 $x^3 + y^3 + (3 - x - y)^3 = 3$을 전개하여 정리하면, $(x - 3)(y - 3)(x + y) = 8$이 된다. 그러므로 $x - 3$, $y - 3$, $x + y$은 모두 8의 약수이다. $x - 3 \geq 1$, $y - 3 \geq 1$이면 $x + y \leq 8$이므로 $x + y = 8$이 되어 $x = y = 4$가 된다. 이것은 $x \neq y$에 모순된다. 따라서 $x - 3 \leq -1$ 또는 $y - 3 \leq -1$이다. 이제 $x - 3 \leq -1$이라고 가정하자. 그러면 (i) $x - 3 = -1$, (ii) $x - 3 = -2$, (iii) $x - 3 = -4$, (iv) $x - 3 = -8$ 중 하나가 된다.

(i) $x - 3 = -1$일 때, $x = 2$이므로, $(y - 3)(y + 2) = -8$이 되어 만족하는 정수 y가 없다.

(ii) $x - 3 = -2$일 때, $x = 1$이므로, $(y - 3)(y + 1) = -4$가 되어 만족하는 정수 $y = 1$이 존재하나, $x = y = 1$이 되어 만족하는 정수해가 아니다.

(iii) $x - 3 = -4$일 때, $x = -1$이므로, $(y - 3)(y - 1) = -2$가 되어 만족하는 정수 y가 없다.

(iv) $x - 3 = -8$일 때, $x = -5$이므로, $(y - 3)(y - 5) = -1$이 되어 만족하는 정수 $y = 4$가 존재한다.

그러므로 위 네 가지 경우로 부터 $x = -5$, $y = 4$이다. 마찬가지로 $y - 3 \leq -1$인 경우를 하면 대칭성의

원리에 의하여 $x = 4$, $y = -5$의 해를 얻는다. 따라서 $10x + y$의 최댓값은 35이고, 최솟값은 -46이다.

음이 아닌 실수 x, y, z가

$$x + y + z = 8, \quad 2x + 3y + 4z = 18$$

을 만족할 때, $10x + 8y + 5z$의 최댓값과 최솟값을 구하여라.

풀이 $x + y + z = 8$, $2x + 3y + 4z = 18$에서 x와 y를 z에 관한 식으로 나타내면, $x = 6 + z$, $y = 2 - 2z$이다. 이를 $10x + 8y + 5z$에 대입하면

$$10x + 8y + 5z = 60 + 10z + 16 - 16z + 5z = 76 - z$$

가 된다. $y = 2 - 2z \geq 0$, $z \geq 0$으로 부터 $0 \leq z \leq 1$이므로 최댓값은 $z = 0$일 때, 76이고, 최솟값은 $z = 1$일 때, 75이다.

$1 \leq x \leq y \leq z \leq 4$를 만족하는 임의의 실수 x, y, z에 대하여

$$(x-1)^2 + \left(\frac{y}{x}-1\right)^2 + \left(\frac{z}{y}-1\right)^2 + \left(\frac{4}{z}-1\right)^2$$

의 최솟값을 구하여라.

풀이 코시·슈바르츠 부등식에 의하여

$$\left((x-1)^2 + \left(\frac{y}{x}-1\right)^2 + \left(\frac{z}{y}-1\right)^2 + \left(\frac{4}{z}-1\right)^2\right)$$
$$\times \left(1^2+1^2+1^2+1^2\right)$$
$$\geq \left(x+\frac{y}{x}+\frac{z}{y}+\frac{4}{z}-4\right)^2$$

이다. $1 \leq x \leq y \leq z \leq 4$이므로 산술·기하평균 부등식에 의하여

$$x+\frac{y}{x}+\frac{z}{y}+\frac{4}{z} \geq 4\sqrt[4]{x \cdot \frac{y}{x} \cdot \frac{z}{y} \cdot \frac{4}{z}} = 4\sqrt{2}$$

이다. 따라서

$$\left((x-1)^2 + \left(\frac{y}{x}-1\right)^2 + \left(\frac{z}{y}-1\right)^2 + \left(\frac{4}{z}-1\right)^2\right)$$
$$\times \left(1^2+1^2+1^2+1^2\right)$$
$$\geq \left(4\sqrt{2}-4\right)^2 = 48-32\sqrt{2}$$

이다. 즉,

$$(x-1)^2 + \left(\frac{y}{x}-1\right)^2 + \left(\frac{z}{y}-1\right)^2 + \left(\frac{4}{z}-1\right)^2 \geq 12-8\sqrt{2}$$

이다. 등호는 $x=\sqrt{2}$, $y=2$, $z=2\sqrt{2}$일 때 성립한다.

실수 x, y에 대하여 $2x^2+3xy+2y^2=1$인 관계가 성립할 때, $x+y+xy$의 최솟값을 구하여라.

풀이 x, y에 관한 대칭식이므로, $x+y=u$, $xy=v$로 놓자. $2x^2+3xy+2y^2=2(x+y)^2-xy$이므로 주어진 식은 $2u^2-v=1$과 동치이다. $x+y+xy=z$라고 놓으면 $z=u+v=2u^2+u-1$이 된다. 또한, 근과 계수와의 관계로 부터 x와 y는 이차방정식 $t^2-ut+v=0$의 두 실근이 된다. 판별식 $D \geq 0$에서 $u^2-4v \geq 0$이다. 즉,

$$u^2-4(2u^2-1) \geq 0, \quad -7u^2+4 \geq 0, \quad -\frac{2}{\sqrt{7}} \leq u \leq \frac{2}{\sqrt{7}}$$

이다. 그러므로

$$z=2u^2+u-1=2\left(u+\frac{1}{4}\right)^2-\frac{9}{8}$$

이다. 따라서 구하는 최솟값은 $u=-\frac{1}{4}$일 때, $-\frac{9}{8}$이다.

종합문제풀이 **3.23** _____

$x + y = 1$를 만족하는 양의 실수 x, y에 대하여,

$$\left(1 + \frac{1}{x^2}\right)\left(1 + \frac{1}{y^2}\right)$$

의 최솟값을 구하여라.

풀이 산술-기하평균 부등식으로 부터

$$\left(1 + \frac{1}{x^2}\right)\left(1 + \frac{1}{y^2}\right) = 1 + \frac{1}{x^2} + \frac{1}{y^2} + \frac{1}{x^2 y^2}$$

$$\geq 1 + \frac{2}{xy} + \frac{1}{x^2 y^2}$$

$$= \left(1 + \frac{1}{xy}\right)^2$$

이다. $xy = x(1-x)\,(0 < x < 1)$에서 $\frac{1}{xy} \geq 4$이므로

$$\left(1 + \frac{1}{x^2}\right)\left(1 + \frac{1}{y^2}\right) \geq 25$$

이다.

종합문제풀이 **3.24** _____

양의 정수 a, b, c에 대하여 $abc + ab + bc + ca + a + b + c = 29$일 때, $a + b + c$의 값을 구하여라.

풀이 좌변을 인수분해하여 정리하면

$$abc + ab + bc + ca + a + b + c$$

$$= (abc + ab) + (bc + b) + (ca + a) + c$$

$$= ab(c+1) + b(c+1) + a(c+1) + (c+1) - 1$$

$$= (a+1)(b+1)(c+1) - 1$$

이다. 따라서

$$(a+1)(b+1)(c+1) = 30$$

이다. a, b, c는 자연수이고, $30 = 2 \cdot 3 \cdot 5$이므로 $\{a+1, b+1, c+1\} = \{2, 3, 5\}$이다. 따라서 $a + b + c = 7$이다.

다음을 계산하여라.

$$\frac{3}{1!+2!+3!} + \frac{4}{2!+3!+4!} + \cdots + \frac{2025}{2023!+2024!+2025!}$$

풀이 모든 자연수 k에 대하여

$$\begin{aligned}
\frac{k+2}{k!+(k+1)!+(k+2)!} &= \frac{k+2}{k!(1+k+1+(k+1)(k+2))} \\
&= \frac{k+2}{k!(k+2)^2} \\
&= \frac{1}{k!(k+2)} \\
&= \frac{k+1}{(k+2)!} \\
&= \frac{1}{(k+1)!} - \frac{1}{(k+2)!}
\end{aligned}$$

이다. 이것을 이용하면

$$\begin{aligned}
&\frac{3}{1!+2!+3!} + \frac{4}{2!+3!+4!} + \cdots + \frac{2025}{2023!+2024!+2025!} \\
&= \left(\frac{1}{2!} - \frac{1}{3!}\right) + \cdots + \left(\frac{1}{2024!} - \frac{1}{2025!}\right) \\
&= \frac{1}{2} - \frac{1}{2025!}
\end{aligned}$$

이다.

다음 등식을 만족하는 실수 x, y, z를 구하여라.

$$x^4 + y^4 + z^4 - 4xyz = -1$$

풀이 주어진 식을 완전제곱식 형태로 고치면

$$(x^2 - y^2)^2 + 2(xy - z)^2 + (z^2 - 1)^2 = 0$$

이다. 그러므로

$$x^2 - y^2 = 0, \quad xy - z = 0, \quad z^2 - 1 = 0$$

이다. 따라서 $(x, y, z) = (1, 1, 1)$, $(1, -1, -1)$, $(-1, -1, 1)$, $(-1, 1, -1)$이다.

종합문제풀이 **3.27 (BMO, '1997)** _____

다음 연립방정식의 모든 양의 실수해를 구하여라.

$$\begin{cases} a+b+c+d = 12, \\ abcd = 27 + ab + ac + ad + bc + bd + cd \end{cases}$$

풀이 $abcd = 27 + ab + ac + ad + bc + bd + cd$에 산술-기하평균 부등식을 적용하면

$$abcd \geq 27 + 6\sqrt[6]{a^3 b^3 c^3 d^3} = 27 + 6\sqrt{abcd}$$

이다. 모든 항을 좌변으로 이항하여 정리하면,

$$(\sqrt{abcd}+3)(\sqrt{abcd}-9) \geq 0$$

이므로

$$\sqrt{abcd} \geq 9 \tag{1}$$

이다. 단, 등호는 $a = b = c = d$일 때 성립한다. 마찬가지로, $a+b+c+d = 12$에 산술-기하평균 부등식을 적용하면

$$a+b+c+d = 12 \geq 4\sqrt[4]{abcd}$$

이다. 이것을 정리하면

$$\sqrt{abcd} \leq 9 \tag{2}$$

이다. 단, 등호는 $a = b = c = d$일 때 성립한다. 따라서 식 (1), (2)로 부터

$$\sqrt{abcd} = 9$$

이다. 단, 등호는 $a = b = c = d$일 때 성립한다. 즉, $a = b = c = d = 3$이다. 이것이 유일한 해이다.

종합문제풀이 **3.28 (KMO, '1987)** _____

함수 $f : \mathbb{R} \to \mathbb{R}$이 임의의 두 실수 x, y에 대하여

$$f(x+y)f(x-y) \leq \{f(x)\}^2 - \{f(y)\}^2$$

을 만족시킬 때, 다음을 증명하여라.

(1) $f(-x) = -f(x)$

(2) $f(x+y)f(x-y) = \{f(x)\}^2 - \{f(y)\}^2$

풀이

(1) $x = y = 0$을 주어진 식에 대입하면 $\{f(0)\}^2 \leq \{f(0)\}^2 - \{f(0)\}^2 = 0$이다. $f(0)$은 실수이므로 $\{f(0)\}^2 \geq 0$이다. 즉, $f(0) = 0$이다. 이제 $x = 0$이라 하면 모든 실수 y에 대하여 $f(y)f(-y) \leq -\{f(y)\}^2$이다. 그러므로

$$f(y)\{f(y) + f(-y)\} \leq 0 \tag{a}$$

이다. 식 (a)에 y대신 $-y$를 대입하면

$$f(-y)\{f(-y) + f(y)\} \leq 0 \tag{b}$$

이다. 식 (a)와 (b)를 더하면

$$\{f(y) + f(-y)\}^2 \leq 0$$

이고, $f(y) + f(-y)$이 실수이므로

$$f(y) + f(-y) = 0$$

이다. 즉, $f(y) = -f(-y)$이다.

(2) 주어진 식

$$f(x+y)f(x-y) \leq \{f(x)\}^2 - \{f(y)\}^2 \tag{c}$$

에서 x, y를 바꾸면

$$f(y+x)f(y-x) \le \{f(y)\}^2 - \{f(x)\}^2$$

이다. (1)에서 $f(y-x) = -f(x-y)$이므로

$$-f(x+y)f(x-y) \le \{f(y)\}^2 - \{f(x)\}^2$$

이다. 따라서

$$f(x+y)f(x-y) \ge \{f(x)\}^2 - \{f(y)\}^2 \quad \text{(d)}$$

이다. 식 (c)와 (d)로 부터

$$f(x+y)f(x-y) = \{f(x)\}^2 - \{f(y)\}^2$$

이다.

종합문제풀이 **3.29** _____

임의의 양의 실수 a, b, c에 대하여

$$(a-1)^2 + \left(\frac{2b}{a}-1\right)^2 + \left(\frac{3c}{b}-1\right)^2 + \left(\frac{6}{c}-1\right)^2$$

의 최솟값을 구하여라.

풀이 코시-슈바르츠 부등식에 의하여,

$$(1^2 + 1^2 + 1^2 + 1^2)$$
$$\times \left\{(a-1)^2 + \left(\frac{2b}{a}-1\right)^2 + \left(\frac{3c}{b}-1\right)^2 + \left(\frac{6}{c}-1\right)^2\right\}$$
$$\ge \left\{(a-1) + \left(\frac{2b}{a}-1\right) + \left(\frac{3c}{b}-1\right) + \left(\frac{6}{c}-1\right)\right\}^2$$

이고, 산술-기하평균 부등식에 의하여

$$\left(a+\frac{2b}{a}\right) + \left(\frac{3c}{b}+\frac{6}{c}\right) - 4 \ge 2\sqrt{2b} + \frac{6\sqrt{2}}{\sqrt{b}} - 4$$
$$\ge 4\sqrt{6} - 4$$

이다. 단, 등호는 $a = \frac{2b}{a} = \frac{3c}{b} = \frac{6}{c}$이다. 따라서

$$(a-1)^2 + \left(\frac{2b}{a}-1\right)^2 + \left(\frac{3c}{b}-1\right)^2 + \left(\frac{6}{c}-1\right)^2$$
$$\ge \frac{1}{4}(4\sqrt{6}-4)^2 = 4(\sqrt{6}-1)^2$$

이다.

종합문제풀이 **3.30** _____

$a + b + c = abc$를 만족시키는 양의 실수 a, b, c에 대하여

$$\frac{1}{\sqrt{1+a^2}} + \frac{1}{\sqrt{1+b^2}} + \frac{1}{\sqrt{1+c^2}} \le \frac{3}{2}$$

임을 증명하여라.

풀이 코시-슈바르츠 부등식에 의하여

$$\left(\frac{1}{\sqrt{1+a^2}} + \frac{1}{\sqrt{1+b^2}} + \frac{1}{\sqrt{1+c^2}}\right)^2$$
$$\le (1^2 + 1^2 + 1^2)\left(\frac{1}{1+a^2} + \frac{1}{1+b^2} + \frac{1}{1+c^2}\right)$$
$$= 3 \cdot \left(\frac{1}{1+a^2} + \frac{1}{1+b^2} + \frac{1}{1+c^2}\right)$$

이다. 단, 등호는 $\sqrt{1+a^2} = \sqrt{1+b^2} = \sqrt{1+c^2}$일 때, 즉, $a = b = c$일 때 성립한다. 이를 $a + b + c = abc$에 대입하면 $3a = a^3$이고, $a = \sqrt{3}$이다. 따라서

$$\frac{1}{\sqrt{1+a^2}} + \frac{1}{\sqrt{1+b^2}} + \frac{1}{\sqrt{1+c^2}} \le \frac{3}{2}$$

이다. 등호는 $a = b = c = \sqrt{3}$일 때 성립한다.

종합문제풀이 **3.31** _____

다음 부등식이 성립함을 증명하여라.

$$\frac{1}{\sqrt{1}+\sqrt{2}} + \frac{1}{\sqrt{3}+\sqrt{4}} + \cdots + \frac{1}{\sqrt{9999}+\sqrt{10000}} > 49$$

풀이

$$A = \frac{1}{\sqrt{1}+\sqrt{2}} + \frac{1}{\sqrt{3}+\sqrt{4}} + \cdots + \frac{1}{\sqrt{9999}+\sqrt{10000}}$$
$$B = \frac{1}{\sqrt{2}+\sqrt{3}} + \frac{1}{\sqrt{4}+\sqrt{5}} + \cdots + \frac{1}{\sqrt{10000}+\sqrt{10001}}$$

라 하자. 그러면,

$$\frac{1}{\sqrt{1}+\sqrt{2}} > \frac{1}{\sqrt{2}+\sqrt{3}},$$
$$\vdots$$
$$\frac{1}{\sqrt{9999}+\sqrt{10000}} > \frac{1}{\sqrt{10000}+\sqrt{10001}}$$

이므로

$$A > B \qquad\qquad (1)$$

이다. A와 B의 합을 구하면

$A + B$
$$= \frac{1}{\sqrt{1}+\sqrt{2}} + \frac{1}{\sqrt{2}+\sqrt{3}} + \cdots + \frac{1}{\sqrt{10000}+\sqrt{10001}}$$
$$= (\sqrt{2} - 1) + (\sqrt{3} - \sqrt{2}) + \cdots + (\sqrt{10001} - \sqrt{10000})$$
$$= \sqrt{10001} - 1 \qquad\qquad (2)$$

이다. 따라서 식 (1), (2)에서

$$2A > A + B = \sqrt{10001} - 1$$

이다. 즉, $A > \dfrac{\sqrt{10001}-1}{2} > \dfrac{100-1}{2} = \dfrac{99}{2} > 49$이다.

종합문제풀이 **3.32**

양의 실수 a, b, c에 대하여,

$$\frac{4ab}{a+b+2c} + \frac{4bc}{b+c+2a} + \frac{4ca}{c+a+2b} \leq a+b+c$$

임을 증명하여라.

풀이 산술-조화평균 부등식에 의하여,

$$\frac{ab}{a+c} + \frac{ab}{b+c} \geq \frac{4}{\frac{a+c}{ab} + \frac{b+c}{ab}} = \frac{4ab}{a+b+2c}$$

$$\frac{bc}{b+a} + \frac{bc}{c+a} \geq \frac{4}{\frac{b+a}{bc} + \frac{c+a}{bc}} = \frac{4bc}{b+c+2a}$$

$$\frac{ca}{c+b} + \frac{ca}{a+b} \geq \frac{4}{\frac{c+b}{ca} + \frac{a+b}{ca}} = \frac{4ca}{c+a+2b}$$

이다. 세 식을 변변 더하면

$$\frac{1}{c+a}(ab+bc) + \frac{1}{b+c}(ab+ac) + \frac{1}{a+b}(ac+bc)$$

$$\geq \frac{4ab}{a+b+2c} + \frac{4bc}{b+c+2a} + \frac{4ca}{c+a+2b}$$

이다. 위 식에서 좌변을 정리하면 $a+b+c$이므로, 주어진 부등식이 된다. 등호는 $a=b=c$일 때 성립한다.

종합문제풀이 **3.33**

양의 실수 x, y, z에 대하여,

$$\frac{x}{y+z} + \frac{y}{z+x} + \frac{z}{x+y}$$
$$\geq \frac{x^2+yz}{(x+y)(z+x)} + \frac{y^2+zx}{(x+y)(y+z)} + \frac{z^2+xy}{(z+x)(y+z)}$$

임을 증명하여라.

풀이 주어진 부등식은

$$\frac{x^3+y^3+z^3+3xyz-xy(x+y)-yz(y+z)-zx(z+x)}{(x+y)(y+z)(z+x)} \geq 0$$

과 동치이다. 분모가 0보다 크므로, 분자가 0보다 큼을 보이면 된다.

$$x^3+y^3+z^3+3xyz-xy(x+y)$$
$$\quad -yz(y+z)-zx(z+x)$$
$$= x^3-(y+z)x^2+xyz+y^3-(x+z)y^2+xyz$$
$$\quad +z^3-(x+y)z^2+xyz$$
$$= x(x-y)(x-z)+y(y-x)(y-z)+z(z-x)(z-y)$$

이다. $r=1$인 슈르 부등식에 의하여,

$$x(x-y)(x-z)+y(y-x)(y-z)+z(z-x)(z-y) \geq 0$$

이다. 따라서 주어진 부등식이 성립한다. 등호는 $x=y=z$일 때 성립한다.

종합문제풀이 **3.34** _____

양의 실수 x, y, z가 $\dfrac{1}{x+1} + \dfrac{1}{y+1} + \dfrac{1}{z+1} = 2$을 만족할 때,

$$\frac{1}{4x+1} + \frac{1}{4y+1} + \frac{1}{4z+1} \geq 1$$

임을 증명하여라.

풀이 양의 실수 x에 대하여

$$\frac{1}{4x+1} - \left(\frac{1}{x+1} - \frac{1}{3} \right) = \frac{4x^2 - 4x + 1}{3(4x+1)(x+1)}$$

이므로 분모는 양수이고, 분자는 $(2x-1)^2 \geq 0$이 된다. 따라서

$$\frac{1}{4x+1} \geq \frac{1}{x+1} - \frac{1}{3}$$

이다. 그러므로

$$\frac{1}{4x+1} + \frac{1}{4y+1} + \frac{1}{4z+1} \geq \frac{1}{x+1} + \frac{1}{y+1} + \frac{1}{z+1} - 1 = 2 - 1 = 1$$

이다.

종합문제풀이 **3.35** _____

$xyz = 1$을 만족하는 양의 실수 x, y, z에 대하여

$$x(y^2 - \sqrt{y}) + y(z^2 - \sqrt{z}) + z(x^2 - \sqrt{x}) \geq 0$$

가 성립함을 증명하여라.

풀이 $xyz = 1$이므로 $x = \dfrac{a^2}{b^2}$, $y = \dfrac{b^2}{c^2}$, $z = \dfrac{c^2}{a^2}$로 치환하자. 그러면 주어진 부등식은

$$\frac{a^2 b^2}{c^4} + \frac{b^2 c^2}{a^4} + \frac{c^2 a^2}{b^4} \geq \frac{a^2}{bc} + \frac{b^2}{ca} + \frac{c^2}{ab}$$

이다. 양변을 $a^2 b^2 c^2$으로 나누면

$$\frac{1}{a^3} \cdot \frac{1}{a^3} + \frac{1}{b^3} \cdot \frac{1}{b^3} + \frac{1}{c^3} \cdot \frac{1}{c^3} \geq \frac{1}{a^3} \cdot \frac{1}{b^3} + \frac{1}{b^3} \cdot \frac{1}{c^3} + \frac{1}{c^3} \cdot \frac{1}{a^3}$$

이다. 위 부등식은 재배열 부등식에 의하여 성립함을 알 수 있다. 등호는 $a = b = c$일 때 성립한다. 따라서 주어진 부등식은 성립한다. 등호는 $x = y = z = 1$일 때 성립한다.

종합문제풀이 **3.36** _____

1보다 작은 양의 실수 x, y, z에 대하여

$$\frac{x}{1-x} + \frac{y}{1-y} + \frac{z}{1-z} \geq \frac{3\sqrt[3]{xyz}}{1-\sqrt[3]{xyz}}$$

가 성립함을 보여라.

풀이 $0 < x < 1$에서 $f(x) = \frac{x}{1-x}$는 볼록함수이다. 따라서 젠센 부등식에 의하여,

$$\frac{1}{3}\left(f(x) + f(y) + f(z)\right) \geq f\left(\frac{x+y+z}{3}\right)$$

이다. 즉,

$$\frac{x}{1-x} + \frac{y}{1-y} + \frac{z}{1-z} \geq 3 \cdot \frac{\frac{x+y+z}{3}}{1 - \frac{x+y+z}{3}}$$

이다. 산술-기하평균 부등식에 의하여,

$$\frac{x+y+z}{3} \geq \sqrt[3]{xyz}, \quad \frac{1}{1 - \frac{x+y+z}{3}} \geq \frac{1}{1 - \sqrt[3]{xyz}}$$

이다. 따라서

$$\frac{x}{1-x} + \frac{y}{1-y} + \frac{z}{1-z} \geq 3 \cdot \frac{\frac{x+y+z}{3}}{1 - \frac{x+y+z}{3}} \geq \frac{3\sqrt[3]{xyz}}{1 - \sqrt[3]{xyz}}$$

이다. 등호는 $x = y = z$일 때, 성립한다.

종합문제풀이 **3.37 (KMO, '1987)** _____

$x^3 + 2x - 1 = 0$의 근을 α라고 할 때, $(\alpha^2 + \alpha + 1)P(\alpha) = 1$을 만족시키는 차수가 최소인 다항식 $P(x)$를 구하여라.

풀이 $\alpha^3 + 2\alpha - 1 = 0$에서 $\alpha^3 = 1 - 2\alpha$이므로 3차 이상의 항은 항상 2차 이하의 항으로 나타낼 수 있다. 따라서

$$P(\alpha) = a\alpha^2 + b\alpha + c$$

라 하면

$$\begin{aligned}
&(\alpha^2 + \alpha + 1)P(\alpha) \\
&= (\alpha^2 + \alpha + 1)(a\alpha^2 + b\alpha + c) \\
&= a\alpha^4 + (a+b)\alpha^3 + (a+b+c)\alpha^2 + (b+c)\alpha + c \\
&= a\alpha(1-2\alpha) + (a+b)(1-2\alpha) \\
&\quad + (a+b+c)\alpha^2 + (b+c)\alpha + c \\
&= (-a+b+c)\alpha^2 + (-a-b+c)\alpha + a+b+c \\
&= 1
\end{aligned}$$

에서,

$$-a+b+c = 0, \quad -a-b+c = 0, \quad a+b+c = 1$$

에서 $b = 0$, $a = c = \frac{1}{2}$이다.

$$P(\alpha) = \frac{1}{2}\alpha^2 + \frac{1}{2}$$

이다. 따라서 구하는 다항식은 $P(x) = \frac{1}{2}x^2 + \frac{1}{2}$이다.

종합문제풀이 **3.38** _____

양의 실수 x, y, z에 대하여

$$\frac{1}{x+y} + \frac{1}{y+z} + \frac{1}{z+x} \leq \frac{(x+y+z)^2}{6xyz}$$

이 성립함을 증명하여라.

풀이 $(x+y)^2 - 4xy = (x-y)^2 \geq 0$이므로 $4xy \leq (x+y)^2$이다. 마찬가지로 $4yz \leq (y+z)^2$, $4zx \leq (z+x)^2$이다. 따라서

$$4xyz\left(\frac{1}{x+y} + \frac{1}{y+z} + \frac{1}{z+x}\right)$$
$$= \frac{4xy}{x+y}z + \frac{4yz}{y+z}x + \frac{4zx}{z+x}y$$
$$\leq (x+y)z + (y+z)x + (z+x)y$$
$$= 2(xy + yz + zx) \tag{1}$$

이다. $xy + yz + zx \leq x^2 + y^2 + z^2$이므로,

$$3(xy + yz + zx) \leq x^2 + y^2 + z^2 + 2(xy + yz + zx)$$
$$= (x+y+z)^2 \tag{2}$$

이다. 식 (1)과 (2)로 부터

$$4xyz\left(\frac{1}{x+y} + \frac{1}{y+z} + \frac{1}{z+x}\right) \leq \frac{2}{3}(x+y+z)^2$$

이다. 양변을 $4xyz$으로 나누면

$$\frac{1}{x+y} + \frac{1}{y+z} + \frac{1}{z+x} \leq \frac{(x+y+z)^2}{6xyz}$$

이다. 등호는 $x = y = z$일 때 성립한다.

종합문제풀이 **3.39** _____

$x^2 + y^2 + z^2 = 1$을 만족하는 양의 실수 x, y, z에 대하여

$$x^2 yz + xy^2 z + xyz^2 \leq \frac{1}{3}$$

임을 증명하여라.

풀이 코시-슈바르츠 부등식에 의하여

$$x^2 yz + xy^2 z + xyz^2$$
$$= xyz(x + y + z)$$
$$\leq xyz(1^2 + 1^2 + 1^2)^{\frac{1}{2}}(x^2 + y^2 + z^2)^{\frac{1}{2}}$$
$$= \sqrt{3}xyz$$

이다. 그런데, 산술-기하평균 부등식에 의하여

$$\frac{1}{3} = \frac{1}{3}(x^2 + y^2 + z^2) \geq \sqrt[3]{x^2 y^2 z^2}$$

이 성립한다. 즉, $xyz \leq \frac{1}{3\sqrt{3}}$이다. 앞의 두 결과로 부터

$$x^2 yz + xy^2 z + xyz^2 \leq \frac{1}{3}$$

이다. 등호는 $x = y = z = \frac{1}{\sqrt{3}}$일 때 성립한다.

종합문제풀이 **3.40 (IMO, '1961)** ─────────

a, b, c가 넓이가 S인 한 삼각형의 세 변의 길이라고 할 때,

$$a^2 + b^2 + c^2 \geq 4\sqrt{3}S$$

가 성립함을 증명하여라.

풀이 a, b, c가 한 삼각형의 세 변의 길이이므로, $a = y+z, b = z+x, c = x+y$를 만족하는 양의 실수 x, y, z가 존재한다. 또,

$$S = \sqrt{s(s-a)(s-b)(s-c)} = \sqrt{(x+y+z)xyz}$$

이다. 단, $s = \dfrac{a+b+c}{2}$이다. 따라서 주어진 부등식은

$$(y+z)^2 + (z+x)^2 + (x+y)^2 \geq 4\sqrt{3}\sqrt{(x+y+z)xyz}$$

이 된다. 양변을 제곱하면

$$((y+z)^2 + (z+x)^2 + (x+y)^2)^2 \geq 48(x+y+z)xyz \quad (1)$$

이다. 절대부등식 $x^2 + y^2 \geq 2xy$와 $(x+y+z)^2 \geq 3(xy+yz+zx)$으로 부터

$$\left((y+z)^2 + (z+x)^2 + (x+y)^2\right)^2$$
$$\geq 16(yz+zx+xy)^2$$
$$\geq 16 \cdot 3(yz \cdot zx + zx \cdot xy + xy \cdot yz)$$
$$= 48(x+y+z)xyz$$

이다. 따라서 식 (1)이 성립한다. 등호는 $x = y = z$일 때, 즉, $a = b = c$일 때 성립한다.

종합문제풀이 **3.41 (IMO, '1961)** ─────────

a, b, c가 넓이가 S인 한 삼각형의 세 변의 길이라고 할 때,

$$2ab + 2bc + 2ca - (a^2 + b^2 + c^2) \geq 4\sqrt{3}S$$

가 성립함을 증명하여라.

풀이 a, b, c가 한 삼각형의 세 변의 길이이므로, $a = y+z, b = z+x, c = x+y$를 만족하는 양의 실수 x, y, z가 존재한다. 또,

$$S = \sqrt{s(s-a)(s-b)(s-c)} = \sqrt{(x+y+z)xyz}$$

이다. 단, $s = \dfrac{a+b+c}{2}$이다. 따라서 주어진 부등식은

$$xy + yz + zx \geq \sqrt{3xyz(x+y+z)}$$

이 된다. 위 부등식은

$$(xy + yz + zx)^2 - 3xyz(x+y+z)$$
$$= \frac{(xy-yz)^2 + (yz-zx)^2 + (zx-xy)^2}{2}$$
$$\geq 0$$

에 의하여 성립한다. 등호는 $x = y = z$일 때, 즉 $a = b = c$일 때, 성립한다.

종합문제풀이 **3.42**

방정식 $(x^2 - 3x + 1)^{x+1} = 1$의 정수해를 구하여라.

풀이 $b = x^2 - 3x + 1$, $y = x + 1$라고 놓으면 주어진 방정식은 $b^y = 1$이다. 이 방정식이 성립할 경우는 (i) $b = 1$인 경우, (ii) $b = -1$, y가 짝수인 경우, (iii) $b \neq 0$, $y = 0$인 경우, 이렇게 세 가지로 나누어진다.

(i) $b = 1$일 경우, $x^2 - 3x = 0$이 되어 $x = 0$ 또는 $x = 3$이다.

(ii) $b = -1$, y가 짝수인 경우, $(x - 2)(x - 1) = 0$이고, $x + 1$는 짝수이다. 그러므로 $x = 1$이다.

(iii) $b \neq 0$, $y = 0$인 경우, $x = -1$이다.

따라서 위 세 가지 경우로부터 주어진 방정식의 정수해 $x = -1, 0, 1, 3$이다.

종합문제풀이 **3.43 (CRUX, 2917)**

$x_1 + x_2 + x_3 + x_4 + x_5 = 1$을 만족하는 음이 아닌 실수 x_1, x_2, x_3, x_4, x_5에 대하여

$$\frac{x_1}{1 + x_2} + \frac{x_2}{1 + x_3} + \frac{x_3}{1 + x_4} + \frac{x_4}{1 + x_5} + \frac{x_5}{1 + x_1} \geq \frac{5}{6}$$

이 성립하면 성립함을 보이고, 성립하지 않을 경우는 반례를 들어라.

풀이 주어진 명제는 거짓이다. $x_1 = 0.5$, $x_2 = 0.4$, $x_3 = 0.05$, $x_4 = 0.03$, $x_5 = 0.02$라고 하면, x_1, x_2, x_3, x_4, x_5은 모두 0보다 크고, $x_1 + x_2 + x_3 + x_4 + x_5 = 1$을 만족한다. 하지만,

$$\frac{x_1}{1 + x_2} + \frac{x_2}{1 + x_3} + \frac{x_3}{1 + x_4} + \frac{x_4}{1 + x_5} + \frac{x_5}{1 + x_1}$$
$$= \frac{0.5}{1.4} + \frac{0.4}{1.05} + \frac{0.05}{1.03} + \frac{0.03}{1.02} + \frac{0.02}{1.5}$$
$$= 0.829384 \cdots < \frac{5}{6}$$

이다.

양의 실수 a, b, c에 대하여

$$a^4+b^4+c^4+2(a^2b^2+b^2c^2+c^2a^2) > (a^3b+b^3c+c^3a)$$

임을 증명하여라.

풀이 양변에 2배를 하고, 우변을 좌변을 이항한 후 정리하면

$$2[a^4 + b^4 + c^4 + 2(a^2b^2 + b^2c^2 + c^2a^2)]$$

$$-2(a^3b + b^3c + c^3a)$$

$$= a^2(a^2 - 2ab + b^2) + b^2(b^2 - 2bc + c^2)$$

$$qquad + c^2(c^2 - 2ca + a^2) + a^4 + b^4 + c^4$$

$$+ 2(a^2b^2 + b^2c^2 + c^2a^2) + (a^2b^2 + b^2c^2 + c^2a^2)$$

$$= a^2(a-b)^2 + b^2(b-c)^2 + c^2(c-a)^2$$

$$+ (a^2 + b^2 + c^2)^2 + (a^2b^2 + b^2c^2 + c^2a^2)$$

$$> 0$$

이다. 따라서 주어진 부등식은 성립한다.

양의 실수 a, b, c가 $a^2 + b^2 + c^2 = 1$을 만족하고, n 이 1보다 큰 정수일 때,

$$\frac{a}{1-a^n} + \frac{b}{1-b^n} + \frac{c}{1-c^n} \geq \frac{(n+1)^{1+\frac{1}{n}}}{n}$$

이 성립함을 증명하여라.

풀이 $0 < x < 1$에 대하여, 산술-기하평균 부등식 에 의하여 다음이 성립한다.

$$(x(1 - x^n))^n = \frac{nx^n(1-x^n)^n}{n}$$

$$\leq \frac{1}{n}\left(\frac{nx^n + n(1-x^n)}{n+1}\right)^{n+1}$$

$$= \frac{n^n}{(n+1)^{n+1}}$$

즉, $x(1-x^n) \leq \dfrac{n}{(n+1)^{1+\frac{1}{n}}}$ 이다. 그러므로 a, b, c 모두 0보다 크고 1보다 작은 값이므로 위의 식으로 부터

$$\frac{a}{1-a^n} + \frac{b}{1-b^n} + \frac{c}{1-c^n}$$

$$= \frac{a^2}{a(1-a^n)} + \frac{b^2}{b(1-b^n)} + \frac{c^2}{c(1-c^n)}$$

$$\geq \frac{a^2(n+1)^{1+\frac{1}{n}}}{n} + \frac{b^2(n+1)^{1+\frac{1}{n}}}{n} + \frac{c^2(n+1)^{1+\frac{1}{n}}}{n}$$

$$= \frac{(n+1)^{1+\frac{1}{n}}}{n}(a^2 + b^2 + c^2)$$

$$= \frac{(n+1)^{1+\frac{1}{n}}}{n}$$

이다. 등호는 $n = 2$, $a = b = c = \dfrac{1}{\sqrt{3}}$ 일 때 성립한다.

종합문제풀이 **3.46** _____

다음 연립방정식

$$x + y + z = 6, \quad \frac{1}{x} + \frac{1}{y} + \frac{1}{z} = 2 - \frac{4}{xyz}$$

을 만족하는 양의 실수해의 쌍 (x, y, z)을 모두 구하여라.

풀이 x, y, z가 첫번째 조건 $x + y + z = 6$을 만족한다고 하자. 그러면, 산술-조화평균 부등식에 의하여

$$\frac{1}{x} + \frac{1}{y} + \frac{1}{z} \geq \frac{9}{x+y+z} = \frac{3}{2}$$

이다. 또, 기하-조화평균 부등식에 의하여,

$$\frac{1}{xyz} \geq \left(\frac{3}{x+y+z}\right)^3 = \frac{1}{8}$$

이 성립한다. 위 두 부등식으로 부터

$$\frac{1}{x} + \frac{1}{y} + \frac{1}{z} \geq \frac{3}{2} = 2 - 4\left(\frac{1}{8}\right) \geq 2 - \frac{4}{xyz}$$

이다. 따라서 두번째 조건으로 부터 등호가 성립할 때의 조건이 우리가 구하는 해가 됨을 알 수 있다. 즉, $x = y = z = 2$일 때만 성립한다. 그러므로 $(x, y, z) = (2, 2, 2)$가 유일한 해가 된다.

종합문제풀이 **3.47** _____

모든 양의 정수 n에 대하여 $[(3 + \sqrt{5})^n]$이 홀수임을 증명하여라. 단, $[x]$는 x를 넘지 않는 최대의 정수이다.

풀이 모든 양의 정수 n에 대하여

$$S_n = (3 + \sqrt{5})^n + (3 - \sqrt{5})^n$$

라고 하자. 이항정리에 의하여

$$S_n = \sum_{k=0}^{n} \binom{n}{k} 3^{n-k} \left((\sqrt{5})^k + (-\sqrt{5})^k\right)$$
$$= 2 \sum_{k=0}^{\left[\frac{n}{2}\right]} \binom{n}{2k} 3^{n-2k} 5^k$$

이다. 따라서 S_n은 짝수이다. 그런데, $0 < 3 - \sqrt{5} < 1$이므로 $0 < (3 - \sqrt{5})^n < 1$이다. 따라서 $S_n - 1 < (3 + \sqrt{5})^n < S_n$이다. 그러므로 $[(3 + \sqrt{5})^n] = S_n - 1$이다. 즉, 홀수이다.

종합문제풀이 **3.48 (KMO, '1987)** —————

a, b, c가 0이 아닌 실수일 때,

$$\frac{a+b-c}{c} = \frac{a-b+c}{b} = \frac{-a+b+c}{a}$$

이면, $a+b+c=0$ 또는 $a=b=c$임을 증명하여라.

풀이 $a+b+c \neq 0$일 때, 가비의 리에 의하여

$$\frac{a+b-c}{c} = \frac{a-b+c}{b} = \frac{-a+b+c}{a} = \frac{a+b+c}{c+b+a} = 1$$

이다. 그러면,

$$a+b = 2c, \quad c+a = 2b, \quad b+c = 2a$$

이다. 위 세 식을 연립하여 풀면 $a=b=c$이다.
$a+b+c=0$일 때, $a+b=-c, c+a=-b, b+c=-a$
이므로

$$\frac{a+b-c}{c} = \frac{a-b+c}{b} = \frac{-a+b+c}{a} = -2$$

이다. 따라서 $a+b+c=0$ 또는 $a=b=c$이다.

종합문제풀이 **3.49 (HKPSC, '2003)** —————

다음을 만족하는 정수 x를 구하여라.

$$\left(1+\frac{1}{x}\right)^{x+1} = \left(1+\frac{1}{2003}\right)^{2003}$$

풀이 $y = x+1$이라 두자. 그러면 주어진 방정식은

$$\left(1+\frac{1}{y-1}\right)^{y} = \left(1+\frac{1}{2003}\right)^{2003}$$

이다. 이제 $y = -z$라고 두고, 위 식에 대입하여 정리하면

$$\left(1+\frac{1}{-z-1}\right)^{-z} = \left(1+\frac{1}{2003}\right)^{2003}$$
$$\left(\frac{z}{z+1}\right)^{-z} = \left(1+\frac{1}{2003}\right)^{2003}$$
$$\left(\frac{z+1}{z}\right)^{z} = \left(1+\frac{1}{2003}\right)^{2003}$$

이다. 그러면 $z = 2003$이 위 식의 해가 됨을 알 수 있다. 즉, $y = -2003$이고, $x = -2004$이다.

종합문제풀이 **3.50 (KMO, '1989)** ——————

함수 $f : \mathbb{N} \to \mathbb{N}$이 다음 조건

(1) f를 단조증가함수이다. (즉, $x_1 < x_2$이면 $f(x_1) < f(x_2)$이다.)

(2) 모든 $m, n \in \mathbb{N}$에 대하여 $f(mn) = f(m)f(n)$이다.

(3) $m \neq n$이고, $m^n = n^m$이면 $f(m) = n$이거나 $f(n) = m$이다.

을 만족시킬 때, $f(30)$을 구하여라.

풀이 조건 (2)로부터 $f(30) = f(2)f(3)f(5)$이므로 $f(2), f(3), f(5)$를 구하면 된다.

(i) 조건 (3)에서, $2^4 = 4^2$이므로 $f(2) = 4$이거나 $f(4) = 2$이다. 그런데, 조건 (1)에서 f가 단조증가함수이므로 자연수 n에 대하여 $f(n) \geq n$이다. 따라서 $f(2) = 4$이다.

(ii) $f(8) < f(9)$이므로 $\{f(3)\}^2 > \{f(2)\}^3 = 8^2$이다. 즉, $f(3) > 8$이다. 또, $f(243) = f(256)$이므로 $\{f(3)\}^5 < \{f(2)\}^8 = 65536 < 10^5$이다. 즉 $f(3) < 10$이다. 따라서 $f(3) = 9$이다.

(ii) $f(24) < f(25)$이므로 $\{f(5)\}^2 > \{f(2)\}^3 f(3) = 24^2$이다. 즉, $f(5) > 24$이다. 또 $f(125) < f(128)$이므로 $\{f(5)\}^3 < \{f(2)\}^7 = 16384 < 26^3$이다. 즉, $f(5) < 26$이다. 따라서 $f(5) = 25$이다.

따라서 (i), (ii), (iii)에 의해서,

$$f(30) = f(2)f(3)f(5) = 900$$

이다.

종합문제풀이 **3.51 (KMO, '1997)** _____

이차방정식 $x^2 - 1154x + 1 = 0$의 두 근을 α, β라고 할 때, $\sqrt[4]{\alpha} + \sqrt[4]{\beta}$의 값을 구하여라.

풀이 근과 계수와의 관계에 의하여 $\alpha + \beta = 1154$, $\alpha\beta = 1$이다. $\sqrt[4]{\alpha} + \sqrt[4]{\beta} = k$라고 할 때,

$$k^2 = \sqrt{\alpha} + 2\sqrt[4]{\alpha\beta} + \sqrt{\beta} = \sqrt{\alpha} + \sqrt{\beta} + 2$$

이다. $\sqrt{\alpha} + \sqrt{\beta} = m$이라고 할 때,

$$m^2 = \alpha + \beta + 2\sqrt{\alpha\beta} = 1156$$

이다. $1156 = 4 \times 17^2$이므로 $m = 34$이다. 따라서

$$k^2 = 36, \qquad k = 6$$

이다. 그러므로 $\sqrt[4]{\alpha} + \sqrt[4]{\beta} = 6$이다.

종합문제풀이 **3.52 (KMO, '1997)** _____

모든 실수 x에 대하여 $2f(x) + 3f(1-x) = x^2$을 만족하는 함수 $f(x)$를 구하여라.

풀이 x에 $1 - x$를 대입하면

$$2f(1-x) + 3f(x) = (1-x)^2 \qquad (1)$$

이다. 이를 주어진 식에 대입하여 정리하면

$$
\begin{aligned}
f(x) &= \frac{1}{2}x^2 - \frac{3}{2}f(1-x) \\
&= \frac{1}{2}x^2 - \frac{3}{2}\left\{\frac{1}{2}(1-x)^2 - \frac{3}{2}f(x)\right\} \\
&= \frac{1}{2}x^2 - \frac{3}{4}(1-x)^2 + \frac{9}{4}f(x) \\
&= -\frac{1}{4}x^2 + \frac{3}{2}x - \frac{3}{4} + \frac{9}{4}f(x)
\end{aligned}
$$

이다. 따라서 $f(x) = \frac{1}{5}x^2 - \frac{6}{5}x + \frac{3}{5}$이다.

종합문제풀이 **3.53 (KMO, '2002)** _____

실수 x, y, z가 다음의 조건

(i) $x + y + z = 3$.

(ii) $x^2\left(\dfrac{1}{y} + \dfrac{1}{z}\right) + y^2\left(\dfrac{1}{z} + \dfrac{1}{x}\right) + z^2\left(\dfrac{1}{x} + \dfrac{1}{y}\right) = -3$.

을 만족시킬 때, $x^2 + y^2 + z^2$의 값을 구하여라. 단, $xyz \neq 0$이다.

풀이 주어진 두 조건을 변변 더하여 정리하면

$$0 = x + y + z + x^2\left(\frac{1}{y} + \frac{1}{z}\right) + y^2\left(\frac{1}{z} + \frac{1}{x}\right) + z^2\left(\frac{1}{x} + \frac{1}{y}\right)$$
$$= x^2\left(\frac{1}{x} + \frac{1}{y} + \frac{1}{z}\right) + y^2\left(\frac{1}{x} + \frac{1}{y} + \frac{1}{z}\right) + z^2\left(\frac{1}{x} + \frac{1}{y} + \frac{1}{z}\right)$$
$$= (x^2 + y^2 + z^2)\left(\frac{1}{x} + \frac{1}{y} + \frac{1}{z}\right)$$

이다. $xyz \neq 0$이므로 $x^2 + y^2 + z^2 \neq 0$이다. 따라서 $\dfrac{1}{x} + \dfrac{1}{y} + \dfrac{1}{z} = 0$이다. 그러면,

$$\frac{1}{x} + \frac{1}{y} + \frac{1}{z} = \frac{xy + yz + zx}{xyz} = 0$$

이므로 $xy + yz + zx = 0$이다. 따라서

$$x^2 + y^2 + z^2 = (x + y + z)^2 - 2(xy + yz + zx) = 9$$

이다.

종합문제풀이 **3.54 (KMO, '1997)** _____

$\sqrt{x} + \sqrt{y} = \sqrt{1998}$을 만족하는 자연수 x, y의 순서쌍 (x, y)를 모두 구하여라.

풀이

$$\sqrt{x} + \sqrt{y} = \sqrt{1998}$$
$$= \sqrt{2 \cdot 3^3 \cdot 37}$$
$$= 3\sqrt{2 \cdot 3 \cdot 37}$$
$$= \sqrt{2 \cdot 3 \cdot 37} + 2\sqrt{2 \cdot 3 \cdot 37}$$

이다. 따라서 $(\sqrt{x}, \sqrt{y}) = (\sqrt{2 \cdot 3 \cdot 37}, 2\sqrt{2 \cdot 3 \cdot 37})$, $(2\sqrt{2 \cdot 3 \cdot 37}, \sqrt{2 \cdot 3 \cdot 37})$이다. 그러므로 $(x, y) = (2 \cdot 3 \cdot 37, 2^3 \cdot 3 \cdot 37)$, $(2^3 \cdot 3 \cdot 37, 2 \cdot 3 \cdot 37)$이다.

종합문제풀이 **3.55 (CRUX, M146)** ───────────

$a+b+c = 1$을 만족하는 양의 실수 a, b, c에 대하여

$$ab\sqrt[4]{ab} + bc\sqrt[4]{bc} + ca\sqrt[4]{ca} < \frac{1}{4}$$

가 성립함을 증명하여라.

풀이 $a \le b \le c$라고 가정해도 일반성을 잃지 않는다. 산술-기하평균 부등식에 의하여

$$\sqrt{(a+b)c} \le \frac{(a+b)+c}{2} = \frac{1}{2}$$

이다. 양변을 네 제곱을 하고 정리하면

$$\frac{1}{16} \ge (a+b)^2 c^2$$
$$= a^2 c^2 + b^2 c^2 + 2abc^2$$
$$> a^2 c^2 + b^2 c^2 + abc^2$$
$$> a^2 c^2 + b^2 c^2 + a^2 b^2 \quad (a \le b \le c \text{로 부터})$$

이다. 즉, $a^2 b^2 + b^2 c^2 + c^2 a^2 < \frac{1}{16}$이다. 코시-슈바르츠 부등식에 의하여

$$\left(ab\sqrt[4]{ab} + bc\sqrt[4]{bc} + ca\sqrt[4]{ca}\right)^2$$
$$\le (\sqrt{ab} + \sqrt{bc} + \sqrt{ca})(a^2 b^2 + b^2 c^2 + c^2 a^2)$$
$$< \frac{1}{16}(\sqrt{ab} + \sqrt{bc} + \sqrt{ca})$$

이다. 또, 산술-기하평균 부등식에 의하여,

$$\sqrt{ab} + \sqrt{bc} + \sqrt{ca} \le \frac{a+b}{2} + \frac{b+c}{2} + \frac{c+a}{2} = a+b+c = 1$$

이다. 위 두 부등식으로 부터

$$\left(ab\sqrt[4]{ab} + bc\sqrt[4]{bc} + ca\sqrt[4]{ca}\right)^2 < \frac{1}{16}$$

이다. 즉,

$$ab\sqrt[4]{ab} + bc\sqrt[4]{bc} + ca\sqrt[4]{ca} < \frac{1}{4}$$

이다.

종합문제풀이 **3.56 (IrMO, '1998)** _____

$\frac{1}{x} + \frac{1}{y} + \frac{1}{z} = 2$를 만족하는 1보다 큰 실수 x, y, z에 대해

$$\sqrt{x+y+z} \geq \sqrt{x-1} + \sqrt{y-1} + \sqrt{z-1}$$

이 성립함을 보여라.

풀이 코시-슈바르츠 부등식에 의하여

$$(x+y+z)\left(\frac{x-1}{x} + \frac{y-1}{y} + \frac{z-1}{z}\right)$$
$$\geq (\sqrt{x-1} + \sqrt{y-1} + \sqrt{z-1})^2$$

이다. 그런데,

$$\frac{x-1}{x} + \frac{y-1}{y} + \frac{z-1}{z} = 1 + 1 + 1 - \left(\frac{1}{x} + \frac{1}{y} + \frac{1}{z}\right) = 1$$

이므로,

$$x+y+z \geq (\sqrt{x-1} + \sqrt{y-1} + \sqrt{z-1})^2$$

이다. 즉,

$$\sqrt{x+y+z} \geq \sqrt{x-1} + \sqrt{y-1} + \sqrt{z-1}$$

이다. 등호는 $x = y = z = \frac{3}{2}$일 때 성립한다.

종합문제풀이 **3.57 (HKMO, '1988)** _____

1이상의 실수 a, b, c에 대해

$$\sqrt{a-1} + \sqrt{b-1} + \sqrt{c-1} \leq \sqrt{c(ab+1)}$$

가 성립함을 보여라.

풀이 먼저 $\sqrt{a-1} + \sqrt{b-1} \leq \sqrt{ab}$임을 보이자. $a-1 = x$, $b-1 = y$라 두고 위 식에 대입하면

$$\sqrt{x} + \sqrt{y} \leq \sqrt{(x+1)(y+1)} \tag{1}$$

이다. 코시-슈바르츠 부등식에 의하여

$$(\sqrt{x} + \sqrt{y})^2 \leq (x+1)(1+y)$$

이다. 따라서 식 (1)이 성립한다. 즉, $\sqrt{a-1} + \sqrt{b-1} \leq \sqrt{ab}$이다. 따라서

$$\sqrt{a-1} + \sqrt{b-1} + \sqrt{c-1} \leq \sqrt{ab} + \sqrt{c-1} \tag{2}$$

이다. 코시-슈바르츠 부등식에 의하여,

$$(\sqrt{ab} + \sqrt{c-1})^2 \leq (ab+1)(1+(c-1))$$

이다. 즉,

$$\sqrt{ab} + \sqrt{c-1} \leq \sqrt{c(ab+1)} \tag{3}$$

이다. 식 (2)와 (3)에 의하여

$$\sqrt{a-1} + \sqrt{b-1} + \sqrt{c-1} \leq \sqrt{c(ab+1)}$$

이다. 등호는 $(a-1)(b-1) = 1$, $ab(c-1) = 1$일 때 성립한다.

종합문제풀이 **3.58 (RoMO, '1997)**

$xyz = 1$을 만족하는 양의 실수 x, y, z에 대하여

$$\frac{x^9 + y^9}{x^6 + x^3 y^3 + y^6} + \frac{y^9 + z^9}{y^6 + y^3 z^3 + z^6} + \frac{z^9 + x^9}{z^6 + z^3 x^3 + x^6} \geq 2$$

임을 증명하여라.

풀이 먼저

$$\frac{x^9 + y^9}{x^6 + x^3 y^3 + y^6} \geq \frac{1}{3}(x^3 + y^3) \qquad (1)$$

이 성립함을 보이자. 양변에 $3(x^6 + x^3 y^3 + y^6)$을 곱하고 정리하면

$$3(x^9 + y^9) \geq x^9 + 2x^3 y^3(x^3 + y^3) + y^9$$

$$2(x^9 + y^9) \geq 2x^3 y^3(x^3 + y^3)$$

$$x^6 - x^3 y^3 + y^6 \geq x^3 y^3$$

$$(x^3 - y^3)^2 \geq 0$$

이다. 그러므로 식 (1)이 성립한다. 마찬가지 방법으로

$$\frac{y^9 + z^9}{y^6 + y^3 z^3 + z^6} \geq \frac{1}{3}(y^3 + z^3), \quad \frac{z^9 + x^9}{z^6 + z^3 x^3 + x^6} \geq \frac{1}{3}(z^3 + x^3)$$

이다. 따라서 산술-기하평균 부등식에 의하여

$$\frac{x^9 + y^9}{x^6 + x^3 y^3 + y^6} + \frac{y^9 + z^9}{y^6 + y^3 z^3 + z^6} + \frac{z^9 + x^9}{z^6 + z^3 x^3 + x^6}$$

$$\geq \frac{2}{3}(x^3 + y^3 + z^3)$$

$$\geq 2\sqrt[3]{x^3 y^3 z^3} = 2xyz = 2$$

이다. 등호는 $x = y = z = 1$일 때 성립한다.

종합문제풀이 **3.59**

임의의 실수 a, b, c, d에 대하여

$$S = \sqrt{(a+1)^2 + 2(b-2)^2 + (c+3)^2}$$

$$+ \sqrt{(b+1)^2 + 2(c-2)^2 + (d+3)^2}$$

$$+ \sqrt{(c+1)^2 + 2(d-2)^2 + (a+3)^2}$$

$$+ \sqrt{(d+1)^2 + 2(a-2)^2 + (b+3)^2}$$

의 최솟값을 구하여라.

풀이 민코스키 부등식에 의하여,

$$S \geq \sqrt{(4+s)^2 + 2(s-8)^2 + (s+12)^2} = \sqrt{4s^2 + 288}$$

이다. 단, $s = a + b + c + d$이다. 따라서 $s = 0$, 즉 $a + b + c + d = 0$일 때, S는 최솟값 $\sqrt{288} = 12\sqrt{2}$를 갖는다.

종합문제풀이 **3.60** _____

$a+b+c=0$인 정수 a, b, c에 대하여 $2a^4+2b^4+2c^4$ 은 완전제곱수임을 증명하여라.

풀이 $a+b+c=0$을 만족하는 정수 a, b, c를 세 근 으로 갖는 3차 방정식을 $p(x)=x^3+\alpha x^2+\beta x+\gamma=0$ 라고 두자. 그러면 근과 계수와의 관계에 의하여, $\alpha=-(a+b+c)=0$이므로

$$a^3+\beta a+\gamma=0$$
$$b^3+\beta b+\gamma=0$$
$$c^3+\beta c+\gamma=0$$

이다. 위 세 식에 위에서부터 차례대로 $2a, 2b, 2c$를 양변에 곱하고 변변 더하면,

$$2a^4+2b^4+2c^4+2\beta(a^2+b^2+c^2)+2\gamma(a+b+c)=0$$

이다. $a+b+c=0$이므로

$$2a^4+2b^4+2c^4+2\beta(a^2+b^2+c^2)=0$$

이다. 그런데,

$$a^2+b^2+c^2=(a+b+c)^2-2(ab+bc+ca)=-2\beta$$

이다. 따라서

$$2a^4+2b^4+2c^4=(2\beta)^2$$

이다.

종합문제풀이 **3.61** _____

양의 실수 a, b에 대하여

$$2\sqrt{a}+3\sqrt[3]{b}\geq 5\sqrt[5]{ab}$$

가 성립함을 증명하여라.

풀이 산술-기하평균 부등식에 의하여

$$\frac{2\sqrt{a}+3\sqrt[3]{b}}{5}=\frac{\sqrt{a}+\sqrt{a}+\sqrt[3]{b}+\sqrt[3]{b}+\sqrt[3]{b}}{5}$$
$$\geq\sqrt[5]{\sqrt{a}\cdot\sqrt{a}\cdot\sqrt[3]{b}\cdot\sqrt[3]{b}\cdot\sqrt[3]{b}}$$
$$=\sqrt[5]{ab}$$

이다. 따라서 $2\sqrt{a}+3\sqrt[3]{b}\geq 5\sqrt[5]{ab}$이다. 등호는 $\sqrt{a}=\sqrt[3]{b}$일 때, 즉 $b^2=a^3$일 때, 성립한다.

종합문제풀이 **3.62** ──────────────

x에 관한 2024차 방정식

$$x^{2024} - 2024x^{2023} + a_{2022}x^{2022} + \cdots + a_2 x^2 + a_1 x + 1 = 0$$

의 해가 모두 양의 실수일 때, 이 방정식을 풀어라.

풀이 주어진 방정식의 해를 $x_1, x_2, \cdots, x_{2024}$이라고 하자. 그러면, 근과 계수와의 관계에 의하여,

$$x_1 + x_2 + \cdots + x_{2024} = 2024, \quad x_1 x_2 \cdots x_{2024} = 1$$

이다. 그런데, 위 식과 산술-기하평균 부등식에 의하여,

$$1 = \frac{x_1 + x_2 + \cdots + x_{2024}}{2024} \geq \sqrt[2024]{x_1 x_2 \cdots x_{2024}} = 1$$

이다. 따라서 등호 성립 조건에 의하여 $x_1 = x_2 = \cdots = x_{2024} = 1$이다.

종합문제풀이 **3.63** ──────────────

α, β, γ가 임의의 삼각형의 세 내각일 때,

$$\frac{1}{\sin\alpha} + \frac{1}{\sin\beta} \geq \frac{8}{3 + 2\cos\gamma}$$

가 성립함을 증명하여라.

풀이 $f(x) = \dfrac{1}{\sin x}$는 $0 < x < \pi$에서 볼록이므로

$$\frac{1}{\sin\alpha} + \frac{1}{\sin\beta} \geq \frac{2}{\sin\frac{\alpha+\beta}{2}} = \frac{2}{\cos\frac{\gamma}{2}}$$

이다. 이제, $\dfrac{2}{\cos\frac{\gamma}{2}} \geq \dfrac{8}{3 + 2\cos\gamma}$이 성립함을 보이면 된다. 즉,

$$2(3 + 2\cos\gamma) - 8\cos\frac{\gamma}{2} \geq 0$$

임을 보이면 된다. 그런데, $\cos\gamma = 2\cos^2\frac{\gamma}{2} - 1$이므로 이를 위 식에 대입하여 정리하면,

$$\left(2\cos\frac{\gamma}{2} - 1\right)^2 \geq 0$$

이다. 따라서 주어진 부등식이 성립한다. 등호는 $\alpha = \beta = \dfrac{\pi}{3}$, $\gamma = \dfrac{2\pi}{3}$일 때 성립한다.

종합문제풀이 **3.64** —————————

a, b, c가 둔각삼각형이 아닌 삼각형이 세 변의 길이라고 할 때,

$$\sqrt{b^2+c^2-a^2}+\sqrt{c^2+a^2-b^2}+\sqrt{a^2+b^2-c^2}$$
$$\leq a+b+c$$

이 성립함을 증명하여라.

풀이 $f(x)=\sqrt{x}$는 $x\geq 0$에서 오목함수이므로 젠센 부등식에 의하여

$$\sqrt{b^2+c^2-a^2}+\sqrt{c^2+a^2-b^2}\leq 2c$$
$$\sqrt{c^2+a^2-b^2}+\sqrt{a^2+b^2-c^2}\leq 2a$$
$$\sqrt{a^2+b^2-c^2}+\sqrt{b^2+c^2-a^2}\leq 2b$$

이다. 위 세 식을 변변 더하고 양변을 2로 나누면

$$\sqrt{b^2+c^2-a^2}+\sqrt{c^2+a^2-b^2}+\sqrt{a^2+b^2-c^2}$$
$$\leq a+b+c$$

이다. 등호는 $a=b=c$일 때 성립한다.

종합문제풀이 **3.65 (CRUX, 2571)** —————

a, b, c가 임의의 삼각형의 세 변의 길이일 때,

$$\frac{1}{\sqrt{a}+\sqrt{b}-\sqrt{c}}+\frac{1}{\sqrt{b}+\sqrt{c}-\sqrt{a}}+\frac{1}{\sqrt{c}+\sqrt{a}-\sqrt{b}}$$
$$\geq \frac{3(\sqrt{a}+\sqrt{b}+\sqrt{c})}{a+b+c}$$

가 성립함을 증명하여라.

풀이 산술-기하평균 부등식에 의하여

$$(\sqrt{a}+\sqrt{b}+\sqrt{c})^2=(a+b+c)+2(\sqrt{ab}+\sqrt{bc}+\sqrt{ca})$$
$$\leq 3(a+b+c)$$

이다. 또한,

$$\frac{\sqrt{a}+\sqrt{b}+\sqrt{c}}{3}$$
$$=\frac{(\sqrt{a}+\sqrt{b}-\sqrt{c})+(\sqrt{b}+\sqrt{c}-\sqrt{a})+(\sqrt{c}+\sqrt{a}-\sqrt{b})}{3}$$

이므로 산술-조화평균 부등식에 의하여,

$$\frac{3}{\frac{1}{\sqrt{a}+\sqrt{b}-\sqrt{c}}+\frac{1}{\sqrt{b}+\sqrt{c}-\sqrt{a}}+\frac{1}{\sqrt{c}+\sqrt{a}-\sqrt{b}}}\leq \frac{\sqrt{a}+\sqrt{b}+\sqrt{c}}{3}$$
$$\leq \frac{a+b+c}{\sqrt{a}+\sqrt{b}+\sqrt{c}}$$

이다. 즉,

$$\frac{1}{\sqrt{a}+\sqrt{b}-\sqrt{c}}+\frac{1}{\sqrt{b}+\sqrt{c}-\sqrt{a}}+\frac{1}{\sqrt{c}+\sqrt{a}-\sqrt{b}}$$
$$\geq \frac{3(\sqrt{a}+\sqrt{b}+\sqrt{c})}{a+b+c}$$

이다. 등호는 $a=b=c$일 때 성립한다.

종합문제풀이 **3.66** _____

실수 $a_1, a_2, \cdots, a_n$이 다음 두 조건

  (i) $a_1 + a_2 + \cdots + a_n \geq n^2$.

  (ii) $a_1^2 + a_2^2 + \cdots + a_n^2 \leq n^3 + 1$.

을 만족할 때, 모든 k에 대하여 $n-1 \leq a_k \leq n+1$ 임을 증명하여라. 단, $k = 1, 2, \cdots, n$이다.

풀이 조건 (i)로 부터

$$(a_1 - n) + (a_2 - n) + \cdots + (a_n - n) \geq 0$$

이 성립한다. 그러면 조건 (i)와 (ii)로 부터

$$(a_1 - n)^2 + (a_2 - n)^2 + \cdots + (a_n - n)^2$$
$$= a_1^2 + a_2^2 + \cdots + a_n^2 + n^3 - 2n(a_1 + a_2 + \cdots + a_n)$$
$$\leq 2n^3 + 1 - 2n^3 \leq 1$$

이다. 따라서 모든 k에 대하여 $(a_k - n)^2 \leq 1$이다. 즉, $n-1 \leq a_k \leq n+1$이다.

종합문제풀이 **3.67** _____

삼각형 ABC에서 $BC = a$, $CA = b$, $AB = c$이고, $\angle A = \alpha$, $\angle B = \beta$, $\angle C = \gamma$, 내접원의 반지름의 길이를 r이라 할 때,

$$a \sin\alpha + b \sin\beta + c \sin\gamma \geq 9r$$

임을 증명하여라.

풀이 삼각형 ABC의 외접원의 반지름이 길이를 R이라 하면, 사인법칙으로 부터

$$\frac{a^2}{2R} + \frac{b^2}{2R} + \frac{c^2}{2R} \geq 9r$$

이다. 양변에 $2R$를 곱하면

$$a^2 + b^2 + c^2 \geq 18Rr \qquad (1)$$

이다. 삼각형 ABC의 넓이를 S라 할 때,

$$S = \frac{abc}{4R} = \frac{r(a+b+c)}{2}$$

이다. 그러므로 $Rr = \dfrac{abc}{2(a+b+c)}$이고, 이를 식 (1)에 대입하면,

$$a^2 + b^2 + c^2 \geq \frac{9abc}{a+b+c} \qquad (2)$$

이다. 양변에 $a + b + c$를 곱하면

$$(a+b+c)(a^2 + b^2 + c^2) \geq 9abc \qquad (3)$$

이다. 산술-기하평균 부등식에 의하여,

$$a + b + c \geq 3\sqrt[3]{abc}, \qquad a^2 + b^2 + c^2 \geq 3\sqrt[3]{a^2 b^2 c^2}$$

이다. 위 식을 변변 곱하면 식 (3)이 된다. 따라서 주어진 부등식이 성립한다. 등호는 $a = b = c$일 때, 성립한다.

종합문제풀이 **3.68** _____

다음 세 조건을 만족하는 함수 $f : \mathbb{R} \to \mathbb{R}$을 모두 구하여라.

  (i) $f(x) = -f(-x)$이다.

  (ii) $f(x+1) = f(x) + 1$이다.

  (iii) $f\left(\dfrac{1}{x}\right) = \dfrac{1}{x^2} f(x)$이다. 단, $x \neq 0$이다.

풀이 $g(x) = f(x) - x$라고 하자. 그러면, $g(x)$는 다음을 만족한다.

  (a) $g(x) = -g(-x)$이다.

  (b) $g(x+1) = g(x)$이다.

  (c) $g\left(\dfrac{1}{x}\right) = \dfrac{1}{x^2} g(x)$이다. 단, $x \neq 0$이다.

식 (a)와 (b)로 부터 $g(0) = g(-1) = 0$이다. 또한 $x \neq 0, -1$인 모든 실수 x에 대하여

$$
\begin{aligned}
g(x) &= g(x+1) \\
&= (x+1)^2 g\left(\frac{1}{x+1}\right) \\
&= -(x+1)^2 g\left(-\frac{1}{x+1}\right) \\
&= -(x+1)^2 g\left(1 - \frac{1}{x+1}\right) \\
&= -(x+1)^2 g\left(\frac{x}{x+1}\right) \\
&= -(x+1)^2 \frac{x^2}{(x+1)^2} g\left(\frac{x+1}{x}\right) \\
&= -x^2 g\left(1 + \frac{1}{x}\right) \\
&= -x^2 g\left(\frac{1}{x}\right) = -g(x)
\end{aligned}
$$

이다. 즉, $g(x) = 0$이다. 따라서 $f(x) = x$이다.

종합문제풀이 **3.69 (CRUX, 2662)** _____

예각삼각형 ABC에서 내접원의 반지름의 길이를 r, 삼각형 ABC의 넓이를 S라 할 때,

$$
(\sqrt{\cot A} + \sqrt{\cot B} + \sqrt{\cot C})^2 \leq \frac{S}{r^2}
$$

임을 증명하여라.

풀이 사인법칙과 제2 코사인 법칙으로 부터

$$
\cot A = \frac{\cos A}{\sin A} = \frac{b^2 + c^2 - a^2}{2bc \sin A} = \frac{R}{abc}(b^2 + c^2 - a^2)
$$

이다. 따라서 주어진 식은

$$
\frac{R}{abc}(\sqrt{b^2 + c^2 - a^2} + \sqrt{c^2 + a^2 - b^2} + \sqrt{a^2 + b^2 - c^2})^2
$$
$$
\leq \frac{S}{r^2}
$$

이다. 그런데, $S = \dfrac{abc}{4R} = \dfrac{r(a+b+c)}{2}$이므로 위 부등식은

$$
(\sqrt{b^2 + c^2 - a^2} + \sqrt{c^2 + a^2 - b^2} + \sqrt{a^2 + b^2 - c^2})^2
$$
$$
\leq (a+b+c)^2
$$

이다. 즉,

$$
\sqrt{b^2 + c^2 - a^2} + \sqrt{c^2 + a^2 - b^2} + \sqrt{a^2 + b^2 - c^2}
$$
$$
\leq a + b + c
$$

이다. 이제 위 부등식을 증명하면 주어진 부등식을 증명하는 것과 같게 된다. 멱평균 부등식에 의하여

$$
\sqrt{b^2 + c^2 - a^2} + \sqrt{c^2 + a^2 - b^2} \leq 2c
$$
$$
\sqrt{c^2 + a^2 - b^2} + \sqrt{a^2 + b^2 - c^2} \leq 2a
$$
$$
\sqrt{a^2 + b^2 - c^2} + \sqrt{b^2 + c^2 - a^2} \leq 2b
$$

이다. 위 세 식을 변변 더하고 양변을 2로 나누면

$$\sqrt{b^2+c^2-a^2}+\sqrt{c^2+a^2-b^2}+\sqrt{a^2+b^2-c^2}$$
$$\leq a+b+c$$

이다. 따라서 주어진 부등식은 성립한다. 등호는 $a=b=c$일 때 성립한다.

종합문제풀이 **3.70** _____

$a+b+c=abc$를 만족하는 양의 실수 $a,\,b,\,c$에 대하여

$$a^5(bc-1)+b^5(ca-1)+c^5(ab-1)$$

의 최솟값을 구하여라.

풀이 산술-기하평균 부등식에 의하여,

$$abc=a+b+c\geq 3\sqrt[3]{abc}$$

이다. 즉, $abc\geq 3\sqrt{3}$이다. 그러므로 $a+b+c=abc$와 산술-기하평균으로 부터

$$a^5(bc-1)+b^5(ca-1)+c^5(ab-1)$$
$$=abc(a^4+b^4+c^4)-a^5-b^5-c^5$$
$$=(a+b+c)(a^4+b^4+c^4)-a^5-b^5-c^5$$
$$=a(b^4+c^4)+b(c^4+a^4)+c(a^4+b^4)$$
$$\geq a(2b^2c^2)+b(2c^2a^2)+c(2a^2b^2)$$
$$\geq 6\sqrt[3]{ab^2c^2\cdot bc^2a^2\cdot ca^2b^2}$$
$$=6(abc)^{\frac{5}{3}}$$
$$\geq 6(3\sqrt{3})^{\frac{5}{3}}$$
$$=54\sqrt{3}$$

이다. 즉, $a^5(bc-1)+b^5(ca-1)+c^5(ab-1)$은 $a=b=c$일 때, 최솟값 $54\sqrt{3}$을 갖는다.

종합문제풀이 **3.71** _____

다음 연립방정식을 만족하는 순서쌍 (x, y, z)를 모두 구하여라.

$$x + y + z = 17$$

$$xy + yz + zx = 94$$

$$xyz = 168$$

풀이 x, y, z를 3차방정식 $f(t) = 0$의 세 근이라고 하면, 근과 계수와의 관계에 의하여

$$f(t) = t^3 - 17t^3 + 94t - 168 = 0$$

이다. $f(t)$를 인수분해하면

$$f(t) = (t - 4)(t - 6)(t - 7)$$

이다. 따라서 주어진 연립방정식을 만족하는 순서쌍 (x, y, z)는 $(x, y, z) = (4, 6, 7), (4, 7, 6), (6, 4, 7), (6, 7, 4), (7, 4, 6), (7, 6, 4)$이다.

종합문제풀이 **3.72 (FHMC, Problem 467)** _____

음이 아닌 실수 x, y가 관계식

$$x + y + \sqrt{2x^2 + 2xy + 3y^2} = 10$$

를 만족할 때, $x^2 y$의 최댓값을 구하여라.

풀이 산술-기하평균 부등식에 의하여

$$x + y = \frac{x}{2} + \frac{x}{2} + y \geq 3\sqrt[3]{\frac{x^2 y}{4}}$$

이다. 등호는 $x = 2y$일 때 성립한다. 또한, 산술-기하평균 부등식에 의하여

$$2x^2 + 2xy + 3y^2$$
$$= \underbrace{\frac{2x^2}{8} + \cdots + \frac{2x^2}{8}}_{\frac{2x^2}{8} \text{가 8개}} + \underbrace{\frac{2xy}{4} + \cdots + \frac{2xy}{4}}_{\frac{2xy}{4} \text{가 4개}} + y^2 + y^2 + y^2$$
$$\geq 15 \sqrt[15]{\left(\frac{2x^2}{8}\right)^8 \left(\frac{2xy}{4}\right)^4 (y^2)^3}$$
$$= 15 \left(\frac{x^2 y}{4}\right)^{\frac{2}{3}}$$

이다. 등호는 $\frac{2x^2}{8} = \frac{2xy}{4} = y^2$일 때, 즉 $x = 2y$일 때 성립한다. 그러므로

$$10 = x + y + \sqrt{2x^2 + 2xy + 3y^2}$$
$$\geq (3 + \sqrt{15}) \sqrt[3]{\frac{x^2 y}{4}}$$

이다. 따라서

$$x^2 y \leq \frac{4000}{(3 + \sqrt{15})^3}$$

이다. 즉, $x^2 y$의 최댓값은 $\dfrac{4000}{(3 + \sqrt{15})^3}$이다.

종합문제풀이 **3.73 (FHMC, Problem 405)** ⎯⎯

실수 a, b, c가

$$\frac{b^2+c^2-a^2}{bc} + \frac{c^2+a^2-b^2}{ca} + \frac{a^2+b^2-c^2}{ab} = 2$$

을 만족할 때,

$$\frac{(b^2+c^2-a^2)(c^2+a^2-b^2)(a^2+b^2-c^2)}{(abc)^2}$$

의 값을 구하여라.

풀이 주어진 조건의 양변에 abc를 곱하고, 정리하면

$$a(b^2+c^2-a^2) + b(c^2+a^2-b^2) + c(a^2+b^2-c^2)$$
$$-2abc = 0$$

이다. 이를 인수분해하면

$$(b+c-a)(c+a-b)(a+b-c) = 0$$

이다. 따라서 $b+c = a, c+a = b, a+b = c$ 중 적어도 하나는 성립한다. $b+c = a$라고 가정해도 일반성을 잃지 않는다. 따라서

$$\frac{(b^2+c^2-a^2)(c^2+a^2-b^2)(a^2+b^2-c^2)}{(abc)^2}$$
$$= \frac{(-2bc)(2ca)(2ab)}{(abc)^2} - 8$$

이다.

종합문제풀이 **3.74 (FHMC, Problem 227)** ⎯⎯

음이 아닌 실수 x, y, z에 대하여

$$8(x^3 + y^3 + z^3)^2 \geq 9(x^2 + yz)(y^2 + zx)(z^2 + xy)$$

가 성립함을 증명하여라.

풀이 $xyz = 0$일 때와 $xyz \neq 0$일 때로 나누어 살펴보자.

(i) $xyz = 0$일 때, $z = 0, x \geq 0, y \geq 0$이라고 가정해도 일반성을 잃지 않는다. 그러면 주어진 부등식은

$$8(x^3 + y^3)^2 \geq 9x^2 y^2 xy$$

와 동치가 된다. 위 부등식은

$$8x^6 + 7x^3 y^3 + 8y^6 \geq 0$$

이 되어 항상 성립한다. 따라서 주어진 부등식이 성립한다.

(ii) $xyz \neq 0$일 때, $x > 0, y > 0, z > 0$이다.

$$a = \frac{x^2}{yz}, \quad b = \frac{y^2}{zx}, \quad c = \frac{z^2}{xy}$$

라고 놓으면 $a, b, c > 0, abc = 1$이고, 주어진 부등식은

$$8(a+b+c)^2 - 9\left(1+\frac{1}{a}\right)\left(1+\frac{1}{b}\right)\left(1+\frac{1}{c}\right) \geq 0$$

과 동치이다. 따라서

$$8(a+b+c)^2 - 9\left(1+\frac{1}{a}\right)\left(1+\frac{1}{b}\right)\left(1+\frac{1}{c}\right)$$

$$= 8(a^2+b^2+c^2) + 16(ab+bc+ca) - 18$$

$$\qquad - 9\left(\frac{1}{a}+\frac{1}{b}+\frac{1}{c}\right) - 9\left(\frac{1}{ab}+\frac{1}{bc}+\frac{1}{ca}\right)$$

$$= 8(a^2+b^2+c^2) + 7\left(\frac{1}{a}+\frac{1}{b}+\frac{1}{c}\right)$$

$$\qquad - 9(a+b+c) - 18$$

$$= \frac{1}{a}(8a^3-9a^2-6a+7) + \frac{1}{b}(8b^3-9b^2-6b+7)$$

$$\qquad + \frac{1}{c}(8c^3-9c^2-6c+7)$$

$$= \frac{(a-1)^2(8a+7)}{a} + \frac{(b-1)^2(8b+7)}{b} + \frac{(c-1)^2(8c+7)}{c}$$

$$\geq 0$$

이다. 따라서 주어진 부등식이 성립한다.

따라서 (i), (ii)에 의하여 주어진 부등식이 성립한다. 등호는 $x=y=z$일 때 성립한다.

종합문제풀이 **3.75 (FHMC, Problem 220)** ____

임의의 실수 a, b에 대하여

$$3a^4 - 4a^3b + b^4 \geq 0$$

이 성립함을 증명하여라.

풀이 산술-기하평균 부등식에 의하여,

$$\frac{a^4+a^4+a^4+b^4}{4} \geq \sqrt[4]{a^{12}b^4} = a^3b$$

이다. 따라서 $3a^4 - 4a^3b + b^4 \geq 0$이다. 단, 등호는 $a=b$일 때 성립한다.

종합문제풀이 **3.76 (FHMC, Problem 177)** ⎯⎯⎯

모든 실수 x에 대하여

$$x^2 f(x) + f(1-x) = 2x - x^4$$

을 만족하는 함수 $f(x)$를 모두 구하여라.

풀이 x대신 $1-x$를 대입하면

$$(1-x)^2 f(1-x) + f(x) = 2(1-x) - (1-x)^4$$

이다. 주어진 식의 양변에 $(1-x)^2$을 곱하고, 위 식을 변변 빼면,

$$(x^2(1-x)^2 - 1)f(x) = (1-x)^2(2x - x^4) - 2(1-x) + (1-x)^4$$

이다. 좌변은 $(x^2 - x + 1)(x^2 - x - 1)$로 인수분해되고, 우변은 $-(x-1)(x+1)(x^2 - x + 1)(x^2 - x - 1)$로 인수분해된다. 따라서 양변을 $(x^2 - x + 1)(x^2 - x - 1)$로 나누면 $f(x) = 1 - x^2$이다.

종합문제풀이 **3.77** ⎯⎯⎯⎯⎯⎯⎯⎯⎯⎯⎯⎯

0이 아닌 실수 a, b, c가 $ab + bc + ca \geq 0$을 만족할 때,

$$\frac{ab}{a^2 + b^2} + \frac{bc}{b^2 + c^2} + \frac{ca}{c^2 + a^2} > -\frac{1}{2}$$

이 성립함을 증명하여라.

풀이

$$\frac{ab}{a^2 + b^2} + \frac{bc}{b^2 + c^2} + \frac{ca}{c^2 + a^2}$$

$$= \left(\frac{ab}{a^2 + b^2} + \frac{1}{2}\right) + \left(\frac{bc}{b^2 + c^2} + \frac{1}{2}\right) + \left(\frac{ca}{c^2 + a^2} + \frac{1}{2}\right) - \frac{3}{2}$$

$$= \frac{(a+b)^2}{2(a^2 + b^2)} + \frac{(b+c)^2}{2(b^2 + c^2)} + \frac{(c+a)^2}{2(c^2 + a^2)} - \frac{3}{2}$$

$$> \frac{(a+b)^2}{2(a^2 + b^2 + c^2)} + \frac{(b+c)^2}{2(a^2 + b^2 + c^2)} + \frac{(c+a)^2}{2(a^2 + b^2 + c^2)} - \frac{3}{2}$$

$$= \frac{2(a^2 + b^2 + c^2) + 2(ab + bc + ca)}{2(a^2 + b^2 + c^2)} - \frac{3}{2}$$

$$= 1 + \frac{ab + bc + ca}{a^2 + b^2 + c^2} - \frac{3}{2}$$

$$= \frac{ab + bc + ca}{a^2 + b^2 + c^2} - \frac{1}{2}$$

$$\geq -\frac{1}{2}$$

이다. 마지막 부등식은 $ab + bc + ca \geq 0$을 이용하면 된다. 따라서

$$\frac{ab}{a^2 + b^2} + \frac{bc}{b^2 + c^2} + \frac{ca}{c^2 + a^2} > -\frac{1}{2}$$

이다.

종합문제풀이 **3.78** _____

1보다 큰 실수 a, b, c가

$$\frac{b+c}{a^2-1} + \frac{c+a}{b^2-1} + \frac{a+b}{c^2-1} \geq 1$$

을 만족할 때,

$$\left(\frac{bc+1}{a^2-1}\right)^2 + \left(\frac{ca+1}{b^2-1}\right)^2 + \left(\frac{ab+1}{c^2-1}\right)^2 \geq \frac{10}{3}$$

이 성립함을 증명하여라.

풀이 먼저 다음 사실

$$\left(\frac{bc+1}{a^2-1}\right)^2 - \left(\frac{b+c}{a^2-1}\right)^2 = \frac{(b^2-1)(c^2-1)}{(a^2-1)^2}$$

$$\left(\frac{ca+1}{b^2-1}\right)^2 - \left(\frac{c+a}{b^2-1}\right)^2 = \frac{(c^2-1)(a^2-1)}{(b^2-1)^2}$$

$$\left(\frac{ab+1}{c^2-1}\right)^2 - \left(\frac{a+b}{c^2-1}\right)^2 = \frac{(a^2-1)(b^2-1)}{(c^2-1)^2}$$

에 주목하자. 따라서

$$\left(\frac{bc+1}{a^2-1}\right)^2 + \left(\frac{ca+1}{b^2-1}\right)^2 + \left(\frac{ab+1}{c^2-1}\right)^2$$

$$= \left(\frac{b+c}{a^2-1}\right)^2 + \left(\frac{c+a}{b^2-1}\right)^2 + \left(\frac{a+b}{c^2-1}\right)^2 + \frac{(b^2-1)(c^2-1)}{(a^2-1)^2}$$

$$+ \frac{(c^2-1)(a^2-1)}{(b^2-1)^2} + \frac{(a^2-1)(b^2-1)}{(c^2-1)^2} \tag{1}$$

이다. 그런데, 코시-슈바르츠 부등식으로부터

$$\left(\frac{b+c}{a^2-1}\right)^2 + \left(\frac{c+a}{b^2-1}\right)^2 + \left(\frac{a+b}{c^2-1}\right)^2$$

$$\geq \frac{\left(\frac{b+c}{a^2-1} + \frac{c+a}{b^2-1} + \frac{a+b}{c^2-1}\right)^2}{3}$$

$$\geq \frac{1}{3} \tag{2}$$

이다. 또, 산술-기하평균 부등식으로부터

$$\frac{(b^2-1)(c^2-1)}{(a^2-1)^2} + \frac{(c^2-1)(a^2-1)}{(b^2-1)^2} + \frac{(a^2-1)(b^2-1)}{(c^2-1)^2}$$

$$\geq 3\sqrt[3]{\frac{(b^2-1)(c^2-1)}{(a^2-1)^2} \cdot \frac{(c^2-1)(a^2-1)}{(b^2-1)^2} \cdot \frac{(a^2-1)(b^2-1)}{(c^2-1)^2}}$$

$$= 3 \tag{3}$$

이다. 따라서 식 (1), (2), (3)으로부터

$$\left(\frac{bc+1}{a^2-1}\right)^2 + \left(\frac{ca+1}{b^2-1}\right)^2 + \left(\frac{ab+1}{c^2-1}\right)^2 \geq \frac{10}{3}$$

이다. 단, 등호는 $a = b = c = 3 + \sqrt{10}$일 때, 성립한다.

종합문제풀이 **3.79** _____

양의 실수 x, y, z가 $x + y + z = 1$을 만족할 때,

$$\frac{xy}{x+y} + \frac{yz}{y+z} + \frac{zx}{z+x} \leq \frac{1}{2}$$

이 성립함을 증명하여라.

풀이 산술-기하평균 부등식으로부터

$$\frac{xy}{x+y} + \frac{yz}{y+z} + \frac{zx}{z+x} \leq \frac{\frac{(x+y)^2}{4}}{x+y} + \frac{\frac{(y+z)^2}{4}}{y+z} + \frac{\frac{(z+x)^2}{4}}{z+x}$$

$$= \frac{x+y}{4} + \frac{y+z}{4} + \frac{z+x}{4}$$

$$= \frac{x+y+z}{2} = \frac{1}{2}$$

이다. 따라서

$$\frac{xy}{x+y} + \frac{yz}{y+z} + \frac{zx}{z+x} \leq \frac{1}{2}$$

이다. 단, 등호는 $x = y = z = \frac{1}{3}$일 때, 성립한다.

종합문제풀이 **3.80** _____

양의 정수 n에 대하여

$$f_n(x, y, z) = -\frac{(x-y)z^{n+2} + (y-z)x^{n+2} + (z-x)y^{n+2}}{(x-y)(y-z)(z-x)}$$

라고 할 때, $f_n(x, y, z)$이 차수 n인 단항식의 합으로 표현됨을 증명하고, $f_n(1, 1, 1)$을 구하여라.

풀이 다음 사실에 주목하자.

$$\frac{1}{(x-y)(x-z)} + \frac{1}{(y-x)(y-z)} + \frac{1}{(z-y)(z-x)} = 0.$$

위 사실을 이용하면,

$f_n(x, y, z)$

$$= -\frac{(x-y)z^{n+2} + (y-z)x^{n+2} + (z-x)y^{n+2}}{(x-y)(y-z)(z-x)}$$

$$= \frac{x^{n+2}}{(x-y)(x-z)} + \frac{y^{n+2}}{(y-x)(y-z)} + \frac{z^{n+2}}{(z-y)(z-x)}$$

$$= \frac{-x^{n+2}}{(y-x)(y-z)} + \frac{-x^{n+2}}{(z-y)(z-x)} + \frac{y^{n+2}}{(y-x)(y-z)} + \frac{z^{n+2}}{(z-y)(z-x)}$$

$$= \frac{y^{n+2} - x^{n+2}}{(y-x)(y-z)} + \frac{z^{n+2} - x^{n+2}}{(z-y)(z-x)}$$

$$= \frac{y^{n+1} + y^n x + \cdots + x^n y + x^{n+1}}{y-z} + \frac{z^{n+1} + z^n x + \cdots + x^n z + x^{n+1}}{z-y}$$

$$= \frac{(y^{n+1} - z^{n+1}) + x(y^n - z^n) + \cdots + x^n(y-z)}{y-z}$$

$$= (y^n + y^{n-1}z + \cdots + yz^{n-1} + z^n) + x(y^{n-1} + y^{n-2}z$$

$$+ \cdots + yz^{n-2} + z^{n-1}) + \cdots + x^{n-1}(y+z) + x^n$$

이다. 따라서 $f_n(x, y, z)$는 $a + b + c = n$을 만족하는 모든 음이 아닌 정수쌍 (a, b, c)에 대하여 단항식 $x^a y^b z^c$의 모든 합이다. 또, $f_n(1, 1, 1)$은 모든 단항식의 계수의 합과 같다. 즉, $f_n(1, 1, 1) = (n+1) + n + \cdots + 2 + 1 = \frac{(n+1)(n+2)}{2}$이다.

종합문제풀이 **3.81**

1보다 큰 양의 정수 n과 양의 실수 $x_1, x_2, \cdots, x_n$에 대하여 연립방정식

$$\begin{cases} x_1 + x_2 + \cdots + x_n = 1 \\ \dfrac{1}{x_1} + \dfrac{1}{x_2} + \cdots + \dfrac{1}{x_n} + \dfrac{1}{x_1 \cdot x_2 \cdots x_n} = n^3 + 1 \end{cases}$$

을 만족하는 쌍 $(n, x_1, x_2, \cdots, x_n)$을 모두 구하여라.

풀이 T_2의 도움정리의 확장으로부터

$$\frac{1}{x_1} + \frac{1}{x_2} + \cdots + \frac{1}{x_n} \geq \frac{n^2}{x_1 + x_2 + \cdots + x_n} = n^2$$

이다. 또, 산술-기하평균 부등식으로부터

$$\frac{1}{x_1 x_2 \cdots x_n} \geq \frac{1}{\left(\frac{x_1 + x_2 + \cdots + x_n}{n}\right)^n} = n^n$$

이다. 따라서

$$n^3 + 1 \geq n^n + n^2$$

이고, 이는 $n \leq 2$일 때만 성립한다. 즉, $n = 2$이다. 그러므로 우리는 연립방정식

$$\begin{cases} x_1 + x_2 = 1 \\ \dfrac{1}{x_1} + \dfrac{1}{x_2} + \dfrac{1}{x_1 x_2} = 9 \end{cases}$$

를 풀면 된다. 위 식을 정리하면

$$x_1 + x_2 = 1, \quad x_1 x_2 = \frac{2}{9}$$

이다. 이제, 비에트의 정리로부터 x_1, x_2를 두 근으로 하는 이차방정식

$$9t^2 - 9t + 2 = 0$$

을 생각하고, 이 방정식을 풀면 $t = \frac{1}{3}$, $t = \frac{2}{3}$이다. 따라서 구하는 (n, x_1, x_2)는 $\left(2, \frac{1}{3}, \frac{2}{3}\right)$, $\left(2, \frac{2}{3}, \frac{1}{3}\right)$이다.

종합문제풀이 **3.82**

양의 실수 a, b, c가 $a \geq b \geq c$를 만족할 때,

$$(a - b + c)\left(\frac{1}{a} - \frac{1}{b} + \frac{1}{c}\right) \geq 1$$

이 성립함을 증명하여라.

풀이 주어진 부등식을 증명하는 것은

$$\frac{1}{a} - \frac{1}{b} + \frac{1}{c} \geq \frac{1}{a - b + c} \tag{1}$$

을 증명하는 것과 동치이다. 또, 식 (1)은

$$\frac{a + c}{ac} \geq \frac{a + c}{b(a - b + c)} \tag{2}$$

와 동치이다. 따라서 $ac \leq b(a - b + c)$를 보이면 된다. 즉, $(b - a)(b - c) \leq 0$을 보이면 된다. 이는 주어진 조건($a \geq b \geq c$)으로부터 성립한다. 따라서

$$(a - b + c)\left(\frac{1}{a} - \frac{1}{b} + \frac{1}{c}\right) \geq 1$$

이다. 단, 등호는 $a = b = c$일 때, 성립한다.

[종합문제풀이] **3.83** _____

함수 $f : \mathbb{N}_0 \to \mathbb{R}_0^+$가 다음 조건

  (i) $f(100) = 10$.

  (ii) 모든 음이 아닌 정수 n에 대하여,

$$\frac{1}{f(0) + f(1)} + \cdots + \frac{1}{f(n) + f(n+1)} = f(n+1)$$

    이다.

을 만족할 때, $f(n)$을 구하여라. 단, $\mathbb{N}_0$은 음이 아닌 정수의 집합, $\mathbb{R}_0^+$은 음이 아닌 실수의 집합을 나타낸다.

[풀이] 조건 (ii)에 의하여, 모든 음이 아닌 정수 n에 대하여

$$f(n+1) - f(n) = \frac{1}{f(n) + f(n+1)}$$

이다. 즉,

$$f(n+1)^2 = 1 + f(n)^2 = 2 + f(n-1)^2 = \cdots = n+1 + f(0)^2$$

이다. 위 식에 $n = 99$을 대입하면, 조건 (i)에 의하여

$$100 = f(100)^2 = 100 + f(0)^2$$

이다. 그러므로 $f(0) = 0$이다. 따라서

$$f(n) = \sqrt{n}$$

이다.

참고 문헌

[1] T. Andreescu, Z. Feng, **101 Problems in Algebra from the Training of the USA IMO Team**, Australian Mathematics Trust, 2001.

[2] T. Andreescu, **Mathematical Reflections, Issue 1 ~ 6**, 2006.

[3] T. Andreescu, **Mathematical Reflections, Issue 1 ~ 6**, 2007.

[4] T. Andreescu, **Mathematical Reflections, Issue 1 ~ 6**, 2008.

[5] T. Andreescu, **Mathematical Reflections, Issue 1 ~ 6**, 2009.

[6] T. Andreescu, **Mathematical Reflections, Issue 1 ~ 6**, 2010.

[7] E. J. Barbeau, M. S. Klamkin, W. O. J. Moser, **Five Hundred Mathematical Challenges**, The Mathematical Association of America, 1997.

[8] Canadian Mathematical Society, **Crux Mathematicorum with Mathematical Mayhem, No 1 ~ 8**, VOL 27, 2001.

[9] Canadian Mathematical Society, **Crux Mathematicorum with Mathematical Mayhem, No 1 ~ 8**, VOL 28, 2002.

[10] Canadian Mathematical Society, **Crux Mathematicorum with Mathematical Mayhem, No 1 ~ 8**, VOL 29, 2003.

[11] Canadian Mathematical Society, **Crux Mathematicorum with Mathematical Mayhem, No 1 ~ 8**, VOL 30, 2004.

[12] Canadian Mathematical Society, **Crux Mathematicorum with Mathematical Mayhem, No 1 ~ 8**, VOL 31, 2005.

[13] Canadian Mathematical Society, **Crux Mathematicorum with Mathematical Mayhem, No 1 ~ 8**, VOL 32, 2006.

[14] Canadian Mathematical Society, **Crux Mathematicorum with Mathematical Mayhem, No 1 ~ 8**, VOL 33, 2007.

[15] Canadian Mathematical Society, **Crux Mathematicorum with Mathematical Mayhem, No 1 ~ 8**, VOL 34, 2008.

[16] Canadian Mathematical Society, **Crux Mathematicorum with Mathematical Mayhem, No 1 ~ 8**, VOL 35, 2009.

[17] Canadian Mathematical Society, **Crux Mathematicorum with Mathematical Mayhem, No 1 ~ 8**, VOL 36, 2010.

[18] Canadian Mathematical Society, **Crux Mathematicorum with Mathematical Mayhem, No 1 ~ 8**, VOL 37, 2011.

[19] Canadian Mathematical Society, **Crux Mathematicorum with Mathematical Mayhem, No 1 ~ 8**, VOL 38, 2012.

[20] Canadian Mathematical Society, **Crux Mathematicorum with Mathematical Mayhem, No 1 ~ 8**, VOL 39, 2013.

[21] Canadian Mathematical Society, **Crux Mathematicorum with Mathematical Mayhem, No 1 ~ 8**, VOL 40, 2014.

[22] Canadian Mathematical Society, **Crux Mathematicorum with Mathematical Mayhem, No 1 ~ 8**, VOL 41, 2015.

[23] Canadian Mathematical Society, **Crux Mathematicorum with Mathematical Mayhem, No 1 ~ 8**, VOL 42, 2016.

[24] Canadian Mathematical Society, **Crux Mathematicorum with Mathematical Mayhem, No 1 ~ 8**, VOL 43, 2017.

[25] Canadian Mathematical Society, **Crux Mathematicorum with Mathematical Mayhem, No 1 ~ 8**, VOL 44, 2018.

[26] Canadian Mathematical Society, **Crux Mathematicorum with Mathematical Mayhem, No 1 ~ 8**, VOL 45, 2019.

[27] Canadian Mathematical Society, **Crux Mathematicorum with Mathematical Mayhem, No 1 ~ 8**, VOL 46, 2020.

[28] Canadian Mathematical Society, **Crux Mathematicorum with Mathematical Mayhem, No 1 ~ 8**, VOL 47, 2021.

[29] Canadian Mathematical Society, **Crux Mathematicorum with Mathematical Mayhem, No 1 ~ 8**, VOL 48, 2022.

[30] T. Andreescu, G. Dospinescu, 신인숙, 이주형 옮김, **책으로부터의 문제(PLOBLEMS FROM THE BOOK, 한국어판)**, 씨실과날실, 2010.

[31] T. Andreescu, Z. Feng, 이주형 옮김, **101 대수(101 Problems in Algebra from the Training of the USA IMO Team, 한국어판)**, 씨실과날실, 2009.

[32] V. V. Prasolov, 한인기 옮김, **대수·기초해석·조합의 탐구문제들 (상)**, 교우사, 2006.

[33] V. V. Prasolov, 한인기 옮김, **대수·기초해석·조합의 탐구문제들 (하)**, 교우사, 2006.

[34] KAIST 수학문제연구회, **수학올림피아드 셈본 중학생 초급**, 셈틀로미디어, 2003.

[35] KAIST 수학문제연구회, **수학올림피아드 셈본 중학생 중급**, 셈틀로 미디어, 2003.

[36] KAIST 수학문제연구회, **수학올림피아드 셈본 중학생 고급**, 셈틀로 미디어, 2003.

[37] 고봉균, **Baltic Way 팀 수학경시대회**, 셈틀로미디어, 2006.

[38] 고봉균, **셈이의 문제해결기법**, 셈틀로미디어, 2004.

[39] 대한수학회 올림피아드 편집위원회, **고교수학경시대회 기출문제집 1권**, 좋은책, 2002.

[40] 대한수학회 올림피아드 편집위원회, **고교수학경시대회 기출문제집 2권**, 좋은책, 2002.

[41] 대한수학회 올림피아드 편집위원회, **고교수학경시대회 기출문제집 3권**, 좋은책, 2002.

[42] 대한수학회 올림피아드 편집위원회, **고교수학경시대회 기출문제집 4권**, 좋은책, 2003.

[43] 대한수학회 올림피아드 편집위원회, **전국주요대학주최 고교수학경시대회**, 도서출판 글맥, 1999.

[44] 류한영, 강형종, 이주형, **한국수학올림피아드 모의고사 및 풀이집**, 도서출판 세화, 2007.

[45] 서울대학교 국정도서편찬위원회, **고등학교 고급수학**, 교육인적자원부, 2003.

[46] 중국 사천대학, 최승범 옮김, **중학생을 위한 올림피아드 수학의 지름길 - 중급 (상)**, 씨실과날실, 2009.

[47] 중국 사천대학, 최승범 옮김, **중학생을 위한 올림피아드 수학의 지름길 - 중급 (하)**, 씨실과날실, 2009.

[48] 중국 사천대학, 최승범 옮김, **고등학생을 위한 올림피아드 수학의 지름길 - 고급 (상)**, 씨실과날실, 2009.

[49] 중국 사천대학, 최승범 옮김, **고등학생을 위한 올림피아드 수학의 지름길 - 고급 (하)**, 씨실과날실, 2009.

[50] 중국 북경교육대학교, 박상민 옮김, **올림피아드 수학의 지름길 - 실전/종합(상)**, 씨실과날실, 2009.

[51] 중국 북경교육대학교, 박상민 옮김, **올림피아드 수학의 지름길 - 실전/종합(하)**, 씨실과날실, 2009.

[52] 중국 인화학교, 조해 옮김, **올림피아드 중등수학 클래스 1단계**, 씨실과날실, 2008.

[53] 중국 인화학교, 조해 옮김, **올림피아드 중등수학 클래스 2단계**, 씨실과날실, 2008.

[54] 중국 인화학교, 조해 옮김, **올림피아드 중등수학 클래스 3단계**, 씨실과날실, 2008.

찾아보기